中等职业教育新课改规划教材

计算机应用基础

JISUANJI YINGYONG JICHU

主　编　彭铁光　刘承良　史春水

图书在版编目(CIP)数据

计算机应用基础 / 彭铁光, 刘承良, 史春水主编.
— 杭州 : 浙江工商大学出版社, 2016.7

ISBN 978-7-5178-1726-0

Ⅰ. ①计… Ⅱ. ①彭… ②刘… ③史… Ⅲ. ①电子计算机 - 中等专业学校 - 教材 Ⅳ. ①TP3

中国版本图书馆 CIP 数据核字(2016)第 160783 号

计算机应用基础

主　编　彭铁光　刘承良　史春水

责任编辑　秦　艳　姚　媛

封面设计　宣是设计

责任印制　包建辉

出版发行　浙江工商大学出版社

(杭州市教工路 198 号　邮政编码 310012)

(E-mail:zjgsupress@163.com)

(网址:http://www.zjgsupress.com)

电话:0571-88904980,88831806(传真)

排　　版　奥创工作室

印　　刷　北京文良精锐印刷有限公司

开　　本　787mm×1092mm　1/16

印　　张　13

字　　数　333 千

版 印 次　2016 年 7 月第 1 版　2018 年 1 月第 2 次印刷

书　　号　ISBN 978-7-5178-1726-0

定　　价　32.00 元

浙江工商大学出版社营销部邮购电话　0571-88904970

编 委 会

主　编　彭铁光　刘承良　史春水

副主编　郭登科　杨海峰　蒲小黎

曾毅敏　蔡建华　谭冬平

前　言

随着“互联网+”时代的来临，计算机技术，特别是互联网技术的飞速发展，已经彻底改变了我们每一个人的工作、学习、生活方式，作为21世纪的主力军，学会掌握和应用计算机技术变得尤为重要。“计算机应用基础”作为公共必修课之一，是学生获取计算机操作能力的入门课程，其重要性不言而喻。本书根据教育部提出的“计算机教学基本要求”，在知识讲解上稳扎稳打，循序渐进，注重操作与实践，旨在培养学生了解相关理论知识的同时，掌握计算机的实践操作技能。

全书共分六章，主要介绍了计算机的发展、分类与应用，计算机系统的基本组成，Windows 7操作系统、Word 2010、Excel 2010、PowerPoint 2010等系统软件、应用软件的应用，计算机网络基础与网络互联设备、Internet基础、TCP/IP协议。

考虑到当前Windows 10的特点及使用情况，我们特意在附录部分增加了Windows 10的概述，以期让读者在掌握Windows基本操作的基础上，了解操作系统以后的发展风格及趋势。

本书语言简练，通俗易懂，相应软件工具的讲解均配有截图和操作步骤，便于读者理解与实践。在内容编排上，力求学以致用，基础教学内容全面；在编写形式上，力求深入浅出、图文并茂。

由于编者水平有限，加之时间仓促，书中难免有欠缺与不足，烦请广大读者批评与指正，以促使我们修订完善。

编　者

目录

第一章 计算机基础知识

- 了解计算机的发展。
- 掌握计算机硬件系统和软件系统的组成。
- 掌握衡量计算机性能的主要技术指标。

第一节 计算机的发展概况

最初,“Computer”一词指的是从事数值运算的人,他们往往借助于某种机械运算装置来完成数值运算工作。随着时代的演变和技术的进步,“Computer”一词现在专指计算机,即电子数字计算机。

一、第一台通用电子数字计算机

一般认为,世界上第一台通用电子数字计算机是 1946 年在美国宾夕法尼亚大学问世的 ENIAC(electronic numerical integrator and computer,电子数字积分计算机)。这台机器用了 18 000 多个电子管,占地面积约 170 m^2,总重量达 30 t,耗电 140 kW,每秒能做 5 000 次加减运算或 400 次乘法运算。用今天的眼光来看,这台计算机耗费巨大又不完善,但它却是科学史上一次划时代的创新,奠定了现代电子数字计算机的基础。

最初,ENIAC 的结构设计不够灵活,每一次重新编程都必须重新连线(rewiring)。此后,ENIAC 的开发人员认识到这一缺陷,提出了一种更加灵活、合理的设计,这就是著名的存储程序体系结构(stored program architecture)。在存储程序体系结构中,给计算机一个指令序列(即程序),计算机会存储它们,并在未来的某个时间里,从计算机存储器中读出,依照程序给定的顺序执行它们。现代计算机区别于其他机器的主要特征,就在于其是否具有这种可编程能力。

由于早在 ENIAC 完成之前，数学家约翰·冯·诺伊曼(John von Neumann)就在其论文中提出了存储程序计算机的设计思想，因此，存储程序体系结构又称为冯·诺伊曼体系结构(von Neumann architecture)。自从 20 世纪 50 年代第一台通用电子数字计算机出现以来，尽管计算机技术已经发生了翻天覆地的变化，但是，大多数当代计算机仍然采用冯·诺伊曼体系结构。

二、数字计算机的发展史

自从 ENIAC 计算机问世以来，从使用器件的角度来说，计算机的发展大致经历了五代(表 1-1)。

表 1-1　数字计算机的发展史

	时间	使用器件	执行速度(次/秒)	典型应用
第一代	1946—1957	电子管	几千至几万	数据处理机
第二代	1958—1964	晶体管	几万至几十万	工业控制机
第三代	1965—1970	小规模/中规模集成电路	几十万至几百万	小型计算机
第四代	1971—1985	大规模/超大规模集成电路	几百万至几千万	微型计算机
第五代	1986—	甚大规模集成电路	几亿至上百亿	单片计算机

第一代计算机从 1946 年到 1957 年，使用电子管(vacuum tube)作为电子器件，使用机器语言与符号语言编制程序。计算机运算速度只有每秒几千至几万次，体积庞大，存储容量小，成本很高，可靠性较低，主要用于科学计算。在此期间，形成了计算机的基本体系结构，确定了程序设计的基本方法，“数据处理机”开始得到应用。

第二代计算机从 1958 年到 1964 年，使用晶体管(transistor)作为电子器件，开始使用计算机高级语言。计算机运算速度提高到每秒几万至几十万次，体积缩小，存储容量扩大，成本降低，可靠性提高，不仅用于科学计算，还用于数据处理和事务处理，并逐渐用于工业控制。在此期间，“工业控制机”开始得到应用。

第三代计算机从 1965 年到 1970 年，使用小规模集成电路(small scale integration, SSI)与中规模集成电路(medium scale integration, MSI)作为电子器件，而操作系统的出现使计算机的功能越来越强，应用范围越来越广。计算机运算速度进一步提高到每秒几十万至几百万次，体积进一步减小，成本进一步下降，可靠性进一步提高，为计算机的小型化、微型化提供了良好的条件。在此期间，计算机不仅用于科学计算，还用于文字处理、企业管理和自动控制等领域，出现了管理信息系统(management information system, MIS)，形成了机种多样化、生产系列化、使用系统化的特点，“小型计算机”开始出现。

第四代计算机从 1971 年到 1985 年，使用大规模集成电路(large scale integration, LSI)与超大规模集成电路(very large scale integration, VLSI)作为电子器件。计算机运算速度大大

提高，达到每秒几百万至几千万次，体积大大缩小，成本大大降低，可靠性大大提高。在此期间，计算机在办公自动化、数据库管理、图像识别、语音识别和专家系统等众多领域大显身手，由几片大规模集成电路组成的“微型计算机”开始出现，并进入家庭。

第五代计算机从 1986 年开始，采用甚大规模集成电路（ultra large scale integration，ULSI）作为电子器件，运算速度高达每秒几亿至上百亿次。由一片甚大规模集成电路实现的“单片计算机”开始出现。

第二节 计算机的分类

根据计算机的效率、速度、价格、运行的经济性和适应性来划分，计算机可分为专用计算机和通用计算机两大类。

专用计算机是专为解决某些特定问题而设计的功能单一的计算机，一般说来，其结构要比通用计算机简单，具有可靠性高、速度快、成本低的优点，但是其适应性很差。

通用计算机功能齐全，通用性强，适应面广，可完成各种各样的工作，但是牺牲了效率、速度和经济性。

通用计算机又可分为超级计算机（supercomputer）、大型机（mainframe）、服务器（server）、工作站（workstation）、微型机（microcomputer）和单片机（wingle－chip computer）六类，它们的区别在于体积、复杂度、功耗、性能指标、数据存储容量、指令系统规模和价格，如图1－1所示。

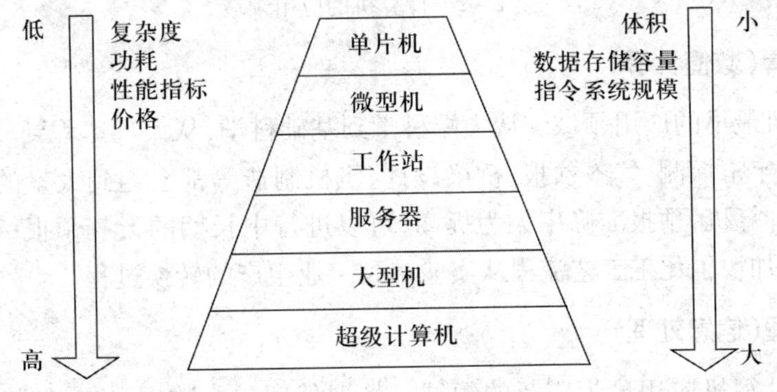

图 1－1 通用计算机的分类

一般而言，超级计算机主要用于科学计算，运算速度远远超过其他计算机，数据存储容量很大，结构复杂，价格昂贵。单片机是只用单片集成电路（integrated circuit，IC）做成的计算机，体积小，结构简单，性能指标较低，价格便宜。介于超级计算机和单片机之间的是大型机、服务器、工作站和微型机，它们的结构规模和性能指标依次递减。但是，随着超大规模集成电路的迅速发展，微型机、工作站、服务器彼此之间的界限也在发生变化，今天的工作站有可能是明天的微型机，而今天的微型机也可能是明天的单片机。

第三节　计算机的应用

一、计算机的应用领域

计算机具有高速运算、逻辑判断、大容量存储和快速存取等功能，这决定了它在现代社会的各种领域都会成为越来越重要的工具。计算机的应用相当广泛，涉及科学研究、军事技术、工农业生产、文化教育、娱乐等各个方面。按应用领域可分为五大类，如图 1－2 所示。

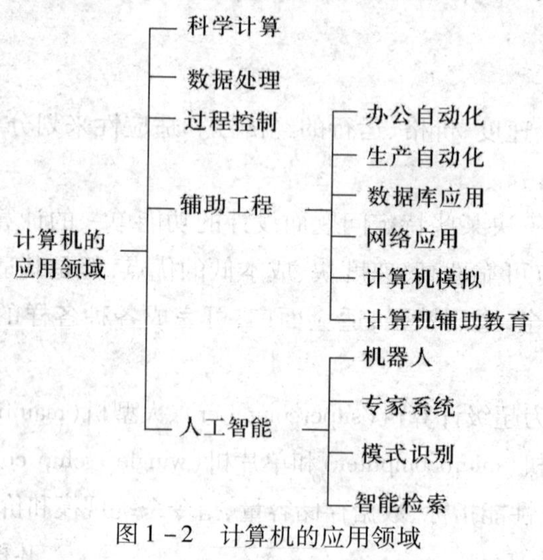

图 1－2　计算机的应用领域

1. 科学计算（数值计算）

这是计算机最早的应用领域。从尖端科学到基础科学，从大型工程到一般工程，都离不开数值计算，如宇宙探测、气象预报、桥梁设计、飞机制造等都会遇到大量的数值计算问题。气象预报有了计算机，预报准确率大为提高，可以进行中长期的天气预报；利用计算机进行化工模拟计算，加快了化工工艺流程从实验室到工业生产的转换过程。

2. 数据处理（信息处理）

这是目前计算机应用最为广泛的领域。数据处理包括数据采集、转换、存储、分类、组织、计算、检索等方面。如人口统计、档案管理、银行业务、情报检索、企业管理、办公自动化、交通调度、市场预测等都有大量的数据处理工作。

3. 过程控制（自动控制）

计算机是生产自动化的基本技术工具，它对生产自动化的影响有两个方面：一是在自动控制理论上，再是在自动控制系统的组织上。生产自动化程度越高，对信息传递的速度和准确度的要求也就越高，这一任务靠人工操作已无法完成，只有计算机才能胜任。

4. 辅助工程

(1)计算机辅助设计(computer aided design,CAD):利用计算机的高速处理、大容量存储和图形处理功能,辅助设计人员进行产品设计。不仅可以进行计算,而且可以在计算的同时绘图,甚至可以进行动画设计,使设计人员从不同的侧面观察了解设计的效果,对设计进行评估,以求取得最佳效果,大大提高了设计效率和质量。

(2)计算机辅助制造(computer aided made,CAM):在机器制造业中利用计算机控制各种机床和设备,自动完成离散产品的加工、装配、检测和包装等制造过程的技术,称为计算机辅助制造。近年来,各工业发达国家又进一步将计算机集成制造系统(computer integrated manufacturing system,CIMS)作为自动化技术的前沿方向,CIMS是集工程设计、生产过程控制、生产经营管理于一体的高度计算机化、自动化和智能化的现代化生产大系统。

(3)计算机辅助教学(computer aided instruction,CAI):通过学生与计算机系统之间的"对话"实现教学的技术称为计算机辅助教学。"对话"是在计算机指导程序和学生之间进行的,它使教学内容生动、形象逼真,能够模拟其他手段难以做到的动作和场景。通过交互方式帮助学生自学、自测,方便灵活,可满足不同层次人员对教学的不同要求。

此外还有其他计算机辅助系统:如利用计算机作为工具辅助产品测试的计算机辅助测试(CAT);利用计算机对学生的教学、训练和对教学事务进行管理的计算机辅助教育(CAE);利用计算机对文字、图像等信息进行处理、编辑、排版的计算机辅助出版系统(CAP);计算机管理教学(CMI)辅助应用。

5. 人工智能

人工智能(artifical intelligence,AI)是用计算机模拟人类的智能活动,进行判断、理解、学习、图像识别、问题求解等。它是计算机应用的一个崭新领域,是计算机向智能化方向发展的趋势。现在,人工智能的研究已取得不少成果,有的已开始走向实用阶段。例如,能模拟高水平医学专家进行疾病诊疗的专家系统,具有一定思维能力的智能机器人,等等。

二、操作者应具备的能力

用计算机解决实际问题,根据具体情况,操作者或多或少应具有,如图1-3所示的能力。

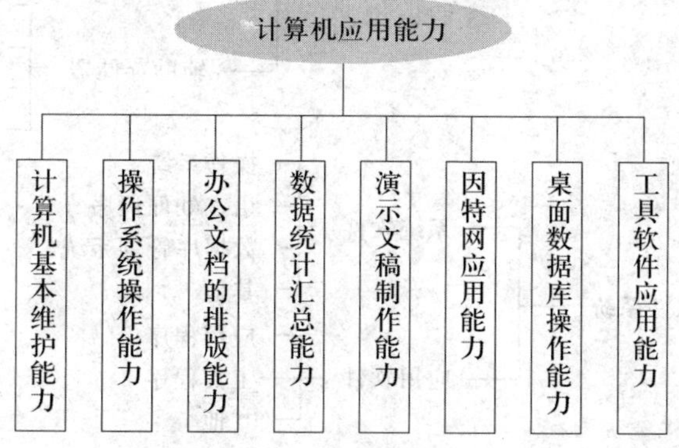

图1-3 操作者应具备的能力

第四节　计算机系统的基本组成

一个完整的计算机系统包括硬件系统和软件系统两大部分。计算机硬件系统是指构成计算机的所有实体部件的集合，通常这些部件由电路（电子元件）、机械等物理部件组成。直观地看，计算机硬件是一大堆设备，它们都是看得见摸得着的，是计算机进行工作的物质基础，也是计算机软件发挥作用、施展技能的舞台。

计算机软件是指在硬件设备上运行的各种程序以及相关资料。所谓程序实际上是用户用于指挥计算机执行各种动作以便完成指定任务的指令的集合。用户要让计算机做的工作可能是很复杂的，因而指挥计算机工作的程序也可能是庞大而复杂的，有时还可能要对程序进行修改与完善。因此，为了便于阅读和修改，必须对程序作必要的说明或整理出有关的资料。这些说明或资料（称之为文档）在计算机执行过程中可能是不需要的，但对于用户阅读、修改、维护、交流这些程序却是必不可少的。因此，也有人简单地用一个公式来说明其包括的基本内容：软件 = 程序 + 文档。

计算机系统的组成如图 1－4 所示。

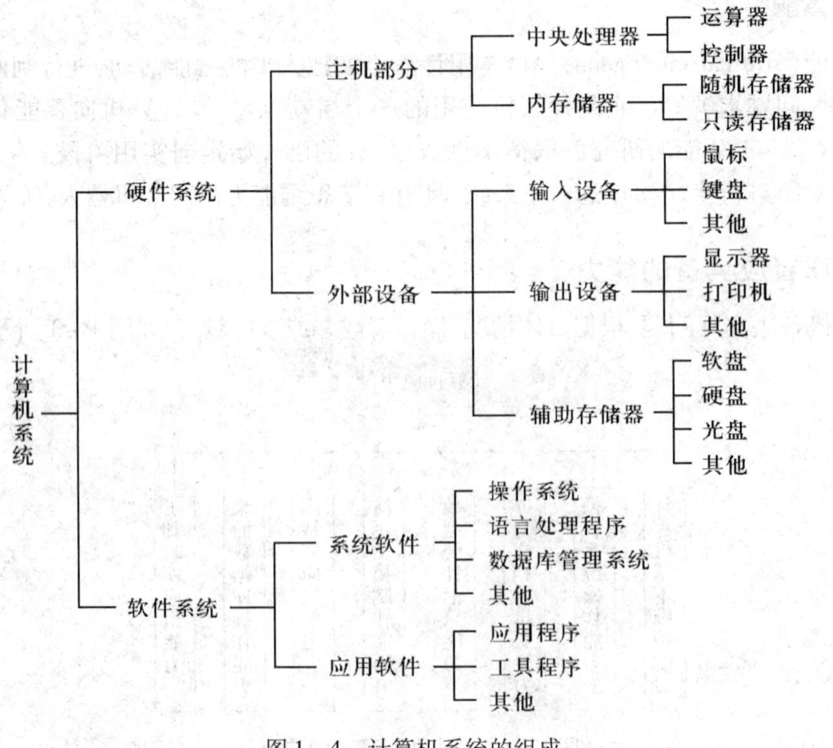

图 1－4　计算机系统的组成

一、计算机的硬件系统

(一)计算机基本结构

现代计算机是一个自动化的信息处理装置。它之所以能实现自动化信息处理,是由于采用了“存储程序”工作原理。这一原理是1946年由冯·诺依曼和他的同事们在一篇题为《关于电子计算机逻辑设计的初步讨论》的论文中提出并论证的。这一原理确立了现代计算机的基本组成和工作方式。

计算机硬件由五个基本部分组成:运算器、控制器、存储器、输入设备和输出设备。

计算机内部采用二进制来表示程序和数据。

采用“存储程序”的方式,将程序和数据放入同一个存储器中(内存储器),计算机能够自动高速地从存储器中取出指令加以执行。

可以说计算机硬件的五大部件中每一个部件都有相对独立的功能,分别完成各自不同的工作。如图1-5所示,五大部件实际上是在控制器的控制下协调统一地工作。首先,把表示计算步骤的程序和计算中需要的原始数据,在控制器输入命令的控制下,通过输入设备送入计算机的存储器存储。其次,当计算开始时,在取指令作用下把程序指令逐条送入控制器。控制器对指令进行译码,并根据指令的操作要求向存储器和运算器发出存取操作命令和运算命令,经过运算器计算并把结果存放在存储器内。最后,在控制器的取数和输出命令作用下,通过输出设备输出计算结果。

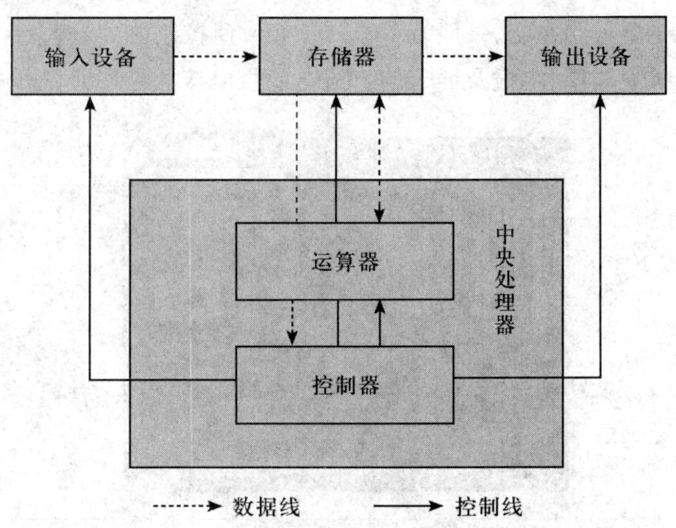

图1-5　硬件系统工作原理图

(二)微型计算机的硬件系统

从外观上看,微机的基本硬件包括主机、显示器、键盘和鼠标。其中,主机包括微处理器、主板、内存储器、硬盘、电源以及主板I/O总线扩展槽上的各种功能扩展卡。

1. 微处理器

微处理器是用一片或少数几片大规模集成电路组成的中央处理器。这些电路执行控制部件和算术逻辑部件的功能。微处理器与传统的中央处理器相比,具有体积小、重量轻和容易模块化等优点。微处理器的基本组成部分有:寄存器堆、运算器、时序控制电路以及数据和地址总线。微处理器能完成取指令、执行指令,以及与外界存储器和逻辑部件交换信息等操作,是微型计算机的运算控制部分。

目前,主流的微处理器是Intel公司的 Core 系列处理器(图 1 -6)和 AMD 公司的 APU 系列处理器。

图 1 -6　Core(酷睿)i7 微处理器

2. 主板

主板(图 1 -7),又叫主机板(mainboard)、系统板(systemboard)或母板(motherboard)。它安装在机箱内,是微机最基本的也是最重要的部件之一。主板一般为矩形电路板,上面安装了组成计算机的主要电路系统,一般有 BIOS 芯片、I/O 控制芯片、键盘和面板控制开关接口、指示灯插接件、扩充插槽、主板及插卡的直流电源供电接插件等元件。

图 1 -7　主板

3. 内存储器

内存储器是计算机中重要的部件之一,它是与 CPU 进行沟通的桥梁。计算机中所有程序的运行都是在内存储器中进行的,因此内存储器的性能对计算机的影响非常大。内存储器也被称为内存(图 1 -8),其作用是暂时存放 CPU 中的运算数据,以及与硬盘等外部存储

器交换的数据,内存储器最突出的特点是存取速度快,但是容量小、价格贵,断电后数据不能保存。只要计算机在运行中,CPU 就会把需要运算的数据调到内存中进行运算,当运算完成后 CPU 再将结果传送出来,内存的运行也决定了计算机的稳定运行。内存是由内存芯片、电路板、金手指等部分组成的。

图 1－8　内存

内存一般采用半导体存储单元,包括随机存储器(RAM)、只读存储器(ROM),以及高速缓存(cache)。

4. 外存储器

外储存器是指除计算机内存及 CPU 缓存以外的储存器,此类储存器一般断电后仍然能保存数据。外存储器的特点是容量大、价格低,但是存取速度慢。微机常见的外存储器有软盘存储器(图 1－9)、硬盘存储器(图 1－10)、光盘存储器(图 1－11)以及移动储存器(图 1－12、图 1－13)等。

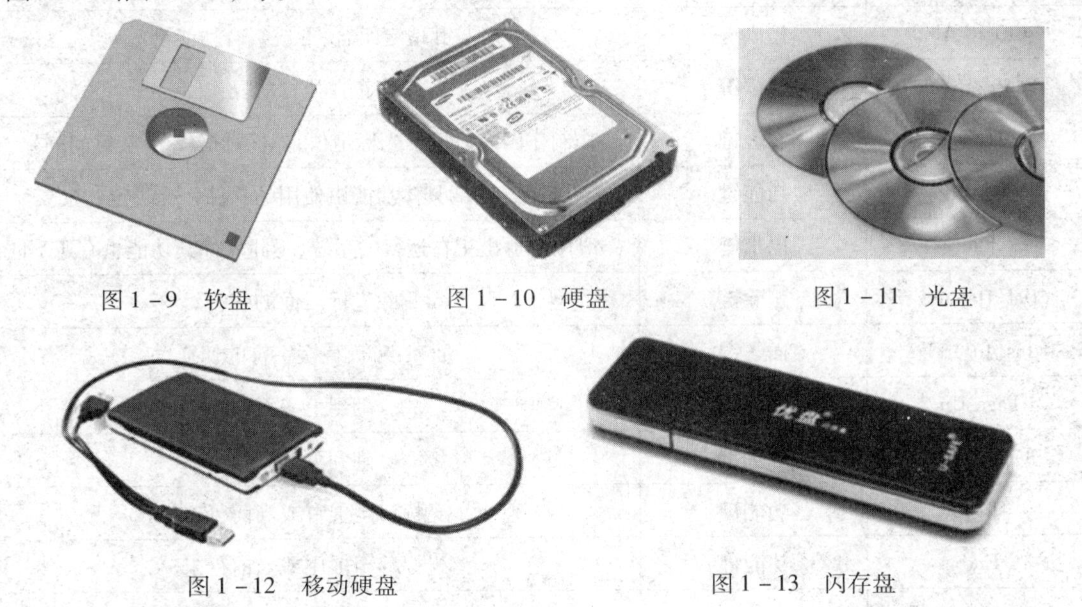

图 1－9　软盘　　图 1－10　硬盘　　图 1－11　光盘

图 1－12　移动硬盘　　图 1－13　闪存盘

5. 输入设备

输入设备是向计算机输入数据和信息的设备,是计算机与用户或其他设备通信的桥梁。

输入设备是用户和计算机系统之间进行信息交换的主要装置之一。键盘、鼠标、摄像头、扫描仪、光笔、手写输入板、游戏杆、语音输入装置等都属于输入设备。

(1)键盘。键盘是最常用也是最主要的输入设备之一,通过键盘可以将英文字母、数字、标点符号等输入到计算机中,从而向计算机发出命令、输入数据等。微机键盘可以根据按键数、工作原理、键盘外形等进行分类。其中,键盘的按键数曾经出现过 83 键、93 键、96 键、101 键、104 键、107 键等。目前,市场上主流键盘是 104 键键盘,其按键分为字符键区、功能键区和数字小键盘 3 个区域,常用键位的功能见表 1－2。

表 1－2　键盘中各键位的功能

键符	键名	功能及说明
A ~ Z(a ~ z)	字母键	字母键有大写和小写字符之分
0 ~ 9	数字键	数字键的下挡为数字,上挡为符号
Shift(↑)	换挡键	用来选择双字符键的上挡字符
Caps Lock	大小写字母切换键	计算机默认状态为小写(开关键)
Enter	回车键	输入行结束、换行、执行 DOS 命令
Backspace(←)	退格键	删除当前光标左边一个字符,光标左移一位
Space	空格键	在光标当前位置输入空格
PrtSc(PritScreen)	屏幕复制键	DOS 系统:打印当前屏(整屏); Windows 系统:将当前屏幕复制到剪贴板(整屏)
Ctrl 和 Alt	控制键	与其他键组合,形成组合功能键
Pause/Break	暂停键	暂停正在执行的操作
Tab	制表键	在制作图表时用于光标定位;光标跳格(8 个字符间隔)
F1 ~ F12	功能键	各键的具体功能由使用的软件系统决定
Esc	退出键	一般用于退出正在运行的系统,不同软件其功能也有所不同
Del(Delete)	删除键	删除光标后面的字符
Ins(Insert)	插入键	插入字符、替换字符的切换
Page Up	翻页键	翻到上一页
Page Down	翻页键	翻到下一页
Home	功能键	光标移至屏首或当前行首
End	功能键	光标移至屏尾或当前行末
PgUp(PageUp)	功能键	当前页上翻一页,不同的软件赋予不同的光标快速移动功能
PgDn(PageDown)	功能键	当前页下翻一页,不同的软件赋予不同的光标快速移动功能

键盘是人与计算机交互最重要的设备之一,使用键盘必须掌握键盘的正确指法和操作方法。操作键盘时,右手管理主键盘的右半部分,左手管理主键盘的左半部分。打字键区的正中央有8个基本键,即左边的“A,S,D,F”键,右边的“J,K,L,;”键,其中的“F,J”两个键上都有一个凸起的小棱杠,以便于盲打时手指能通过触觉定位。开始打字前,左手小指、无名指、中指和食指应分别虚放在“A,S,D,F”键上,右手的食指、中指、无名指和小指应分别虚放在“J,K,L,;”键上,两个大拇指则虚放在空格键上。基本键是打字时手指所处的基准位置,击打其他任何键,手指都是从这里出发,而且打完后又须立即退回到基本键位。

掌握了基本键及其指法,就可以进一步掌握打字键区的其他键位了,左手食指负责的键位有“4,5,R,T,F,G,V,B”8个键,中指负责“3,E,D,C”4个键,无名指负责“2,W,S,X”4个键,小指负责“1,Q,A,Z”及其左边的所有键位。右手食指负责“6,7,Y,U,H,J,N,M”8个键,中指负责“8,I,K,,”4个键,无名指负责“9,O,L,。”4个键,小指负责“0,P,;,/”及其右边的所有键位。这么一划分,整个键盘的手指分工就一清二楚了。各个手指击键的分工如图1-14所示。

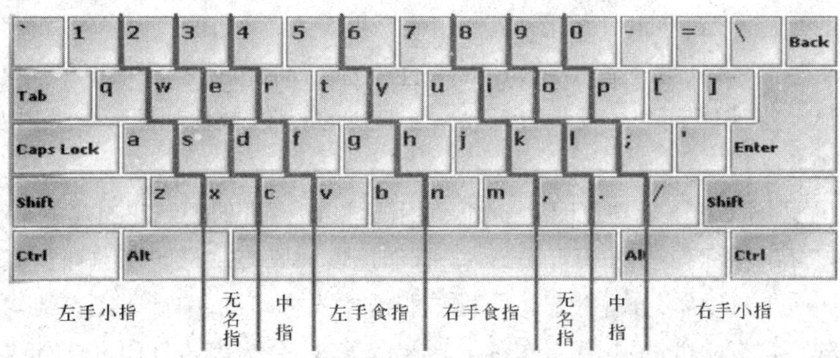

图1-14 键盘的标准指法图

(2)鼠标(图1-15)。鼠标是计算机显示系统纵横坐标定位的指示器,鼠标的使用是为了使计算机的操作更加简便,可以代替键盘烦琐的指令。鼠标按接口类型可分为串行鼠标、PS/2鼠标、总线鼠标、USB鼠标(多为光电鼠标)四种。鼠标按其工作原理及其内部结构的不同可以分为机械式、光机式和光电式。常用的鼠标是带滚轮的二键光电鼠标,基本操作如下。

移动:通过移动鼠标使屏幕上的光标做同步移动。

单击:移动鼠标指针指向对象,然后快速按下鼠标左键并弹起的过程。

双击:移动鼠标指针指向对象,连续两次单击鼠标左键并弹起的过程。

右击:也称为右键单击,移动鼠标指针指向对象,快速按下鼠标右键并弹起的过程。

拖动:移动鼠标指针指向对象,按住鼠标左键的同时移动鼠标指针到其他位置,然后释放鼠标左键的过程。

(3)扫描仪(图1-16)。扫描仪(scanner)是利用光电技术和数字处理技术,以扫描方式将图形或图像信息转换为数字信号的装置。扫描仪通常被用于计算机外部仪器设备,通过捕获图像并将其转换成计算机可以显示、编辑、存储和输出的数字化输入设备。扫描仪的性能指标主要有表示扫描仪精度的分辨率;表示扫描图像灰度层次范围的灰度级;表示扫描图像彩色范围的色彩数,以及扫描速度和扫描幅面等。

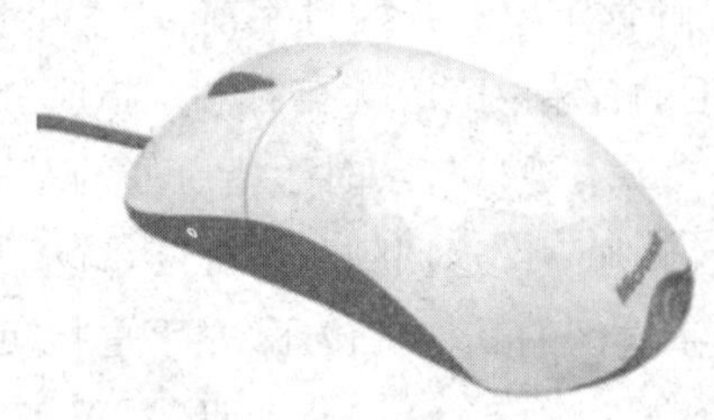

图 1－15　鼠标

图 1－16　扫描仪

6. 输出设备

输出设备是计算机的终端设备,用于接收计算机数据的输出显示、打印、声音、控制外围设备操作等,也是把各种计算结果数据或信息以数字、字符、图像、声音等形式表示出来的设备。常见的有显示器、打印机、绘图仪、音箱或耳机等。

(1)显示器(图 1－17)。显示器(display)通常也被称为监视器,是人机交互必不可少的设备。通过显示器,用户可以方便地查看输入计算机的程序、数据和图形信息以及经过计算机处理后得到的结果。

(2)打印机(图 1－18)。打印机(printer)用于将计算机处理结果打印在相关介质上。衡量打印机好坏的指标有三项:打印分辨率、打印速度和噪声。打印机的种类很多,按打印元件对纸是否有击打动作,分击打式打印机与非击打式打印机;按打印字符结构,分全形字打印机和点阵字符打印机;按一行字在纸上形成的方式,分为串式打印机与行式打印机;按所采用的技术,分柱形、球形、喷墨式、热敏式、激光式、静电式、磁式、发光二极管式等打印机。打印机的主要技术指标包括打印速度、首页打印时间、分辨率、缓存容量、墨盒数量、硒鼓寿命和月打印负荷等。

图 1－17　显示器

图 1－18　打印机

7. 微型计算机的主要性能指标

(1)字长。字长是计算机内部一次可以处理的二进制数码的位数。字长越长,数据处理的速度越快。然而,字长越长,计算机的硬件代价相应也增大。早期计算机的字长一般是

8 位和 16 位,目前微型计算机的字长以 64 位为主。

(2)存储容量。某个存储设备所能容纳的二进制信息的总和称为存储容量。内存容量是指为计算机系统所配置的主存(RAM)总字节数,是 CPU 可直接访问的存储空间,是衡量计算机性能的一个重要指标。目前微型计算机的内存容量多为 1 GB 以上。外存多以硬盘和光盘为主,高档微型计算机的硬盘一般都具有 500 GB 以上的存储容量。

(3)运算速度。计算机的运算速度一般用每秒钟所能执行的指令条数来表示。如:直接给出 CPU 的主频和每条指令的执行所需的时钟周期,周期一般以 MHz 为单位。主频即计算机的时钟频率,它在很大程度上决定了主机的工作速度,主频越高,速度越快。

(4)存取周期。把信息代码写入存储器,称为“写”,把信息代码从存储器中读出,称为“读”。存储器进行一次“读”或“写”操作所需的时间称为存储器的访问时间(或读写时间),而连续启动两次独立的“读”或“写”操作(如连续的两次“读”操作)所需的最短时间,称为存取周期(或存储周期)。微型机的内存储器目前都由大规模集成电路制成,其存取周期很短,约为几十到一百纳秒(ns)。

以上只是一些主要性能指标。除了上述这些主要性能指标外,微型计算机还有其他一些指标,例如,所配置外围设备的性能指标以及所配置系统软件的情况等。另外,各项指标之间也不是彼此孤立的,在实际应用时,应该把它们综合起来考虑,而且还要遵循“性能价格比”的原则。

二、计算机的软件系统

一个完整的计算机系统是由硬件和软件两部分组成的。硬件是组成计算机的物理实体。但仅有硬件计算机还不能工作,要使计算机解决各种问题,必须有软件的支持,软件是介于用户和硬件系统之间的界面。

程序是软件的主体。软件按其功能划分,可分为系统软件和应用软件两大类型。

(一)系统软件

系统软件是指控制和协调计算机及外部设备,支持应用软件开发和运行的系统,是无须用户干预的各种程序的集合,主要功能是调度、监控和维护计算机系统;负责管理计算机系统中各种独立的硬件,使得它们可以协调工作。

常见的系统软件主要指操作系统,当然也包括语言处理程序(汇编和编译程序等)、服务性程序(支撑软件)和数据库管理系统等。

1. 操作系统(operating system,OS)

操作系统是系统软件的核心。为了使计算机系统的所有资源(包括硬件和软件)协调一致、有条不紊地工作,必须用一个软件来进行统一管理和统一调度,这种软件称为操作系统。它的功能就是管理计算机系统的全部硬件资源、软件资源及数据资源。从图 1 - 19 可以看出,操作系统是最基本的系统软件,其他所有软件都建立在操作系统的基础之上。操作系统是用户与计算机硬件之间的接口,没有操作系统作为中介,用户对计算机的操作和使用将变得非常难而且低效。操作系统能够合理地组织计算机整个工作流程,最大限度地提高资源利用率。操作系统在为用户提供一个方便、友善、使用灵活的服务界面的同时,也提供了其他软件开发、运行的平台。它具备五个方面的功能,即 CPU 管理、作业管理、存储器管理、设备管理及文件管理。操作系统是每一台计算机必不可少的软件,现在具有一定规模的现代计算机甚至具备几个不同的操作系统。操作系统的性能在很大程度上决定了计算机系统工作的优劣。微型计算机常用的操作系统有 DOS(disk operating system),UNIX,Linux,Windows,NetWare 等。

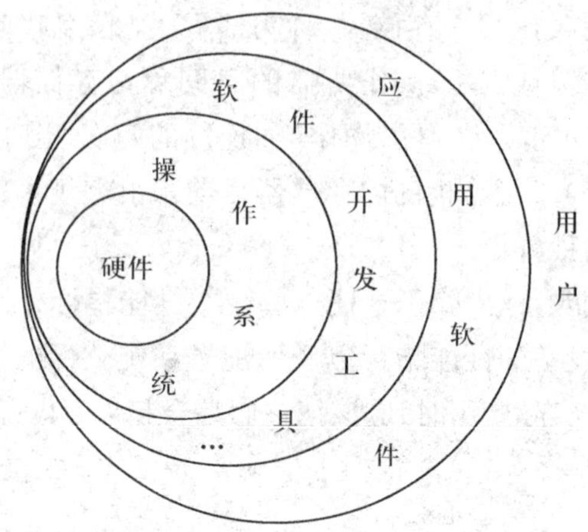

图 1-19　用户面对的计算机系统

2. 语言处理程序

软件是指计算机系统中的各种程序,而程序是用计算机语言来描述的指令序列。计算机语言是人与计算机交流的一种工具,这种交流被称为计算机程序设计。程序设计语言按其发展演变过程可分为三种:机器语言、汇编语言和高级语言,前两者统称为低级语言。

机器语言是直接由机器指令(二进制)构成的,因此由它编写的计算机程序不需要翻译就可直接被计算机系统识别并运行。这种由二进制代码指令编写的程序最大的优点是执行速度快、效率高,同时也存在着严重的缺点:机器语言很难掌握,编程烦琐、可读性差、易出错,并且依赖于具体的机器,通用性差。

汇编语言采用一定的助记符号表示机器语言中的指令和数据,是符号化了的机器语言,也称作“符号语言”。汇编语言程序指令的操作码和操作数全都用符号表示,大大方便了记忆,但用助记符号表示的汇编语言,与机器语言归根到底是一一对应的关系,都依赖于具体的计算机,因此都是低级语言,同样具备机器语言的缺点(缺乏通用性、烦琐、易出错等),只是程度上不同。用这种语言编写的程序(汇编程序)不能在计算机上直接运行,必须首先被一种称之为汇编程序的系统程序“翻译”成机器语言程序,才能由计算机执行。任何一种计算机都配有只适用于自己的汇编程序(Assembler)。

高级语言又称为算法语言，它与机器无关，是近似于人类自然语言或数学公式的计算机语言。高级语言克服了低级语言的诸多缺点，它易学易用、可读性好、表达能力强（语句用较为接近自然语言的英文单词来表示）、通用性好（用高级语言编写的程序能使用在不同的计算机系统上）。但是，对于高级语言编写的程序仍不能被计算机直接识别和执行，它必须经过某种转换才能执行。

高级语言种类多，功能强，常用的高级语言有：面向过程的 Basic、用于科学计算的 Fortran、支持结构化程序设计的 Pascal、用于商务处理的 COBOL 和支持现代软件开发的 C 语言，现在又出现了面向对象的 VB（Visual Basic），VC＋＋（Visual C＋＋），Delphi，Java 等语言，使得计算机语言解决实际问题的能力得到了很大的提高。

语言处理程序的功能是将除机器语言以外，利用其他计算机语言编写的程序，转换成机器所能直接识别并执行的机器语言的程序。可以分为三种类型（图 1－20），即汇编程序、编译程序和解释程序。通常将汇编语言及各种高级语言编写的计算机程序称为源程序，而把由源程序经过翻译（汇编或者编译）而生成的机器指令程序称为目标程序。语言处理程序中的汇编程序与编译程序具有一个共同的特点，即必须生成目标程序，然后通过执行目标程序得到最终结果。而解释程序是对源程序进行解释（逐句翻译），翻译一句执行一句，边解释边执行，从而得到最终结果。解释程序不产生将被执行的目标程序，而是借助解释程序直接执行源程序本身。

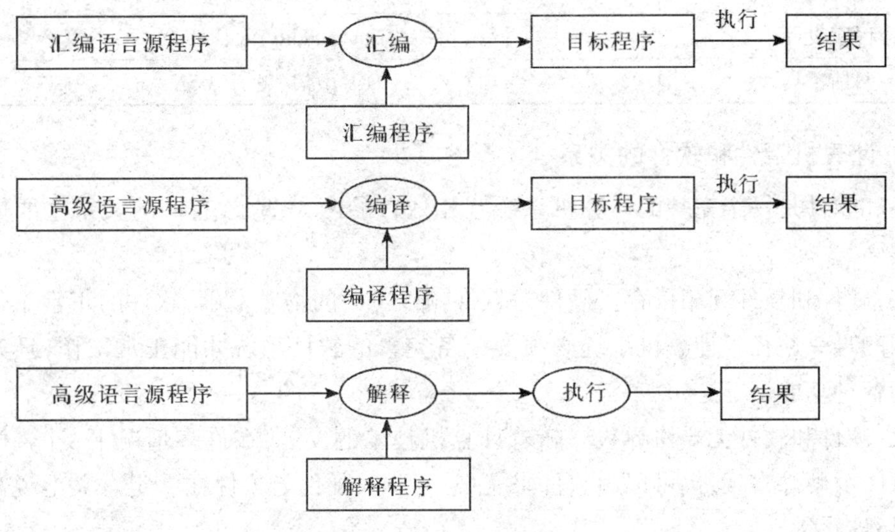

图 1－20　汇编、编译与解释过程

3. 数据库管理系统

数据库技术是计算机技术中发展迅速、用途广泛的一个分支，可以说，在今后的各项计算机应用开发中都离不开数据库技术。数据库管理系统是对计算机中所存放的大量数据进行组织、管理、查询，提供一定处理功能的大型系统软件。

数据库管理系统是位于用户和操作系统之间的数据管理软件，能够科学地组织和存储数据，高效地获取和维护数据。数据库管理系统的主要功能包括数据定义、数据操纵、数据库的运行管理、数据库的建立和维护等。目前，常用的数据库管理系统有 Oracle，SQL Server，Access，DB2 和 MySQL 等。

数据库系统是指在计算机系统中引入数据库后的系统，一般由数据库、数据库管理系统、应用系统、数据库管理员和用户组成。

（二）应用软件

应用软件是指在计算机各个应用领域中，为解决各类实际问题而编制的程序，用来帮助人们完成特定领域中的各种工作。表 1－3 列举了一些应用领域的主流软件。

表 1－3　常用的应用软件

种　类	举　例
办公应用	Microsoft Office，WPS
平面设计	Photoshop，Illustrator，CorelDraw
视频编辑	Adobe Premiere，After Effects，Ulead
网站开发	Dreamweaver，FrontPage
辅助设计	AutoCAD，Pro/E，Rhino
三维制作	3ds Max，Maya
多媒体开发	Flash，Director，Authorware
程序设计	Visual Studio. net，Eclipse
通信工具	QQ、微信、飞信、MSN

（三）计算机硬件和软件的关系

硬件和软件是一个完整的计算机系统互相依存的两大部分，它们的关系主要体现在以下几个方面。

首先，硬件和软件互相依存。硬件是软件赖以工作的物质基础，软件的正常工作是硬件发挥作用的唯一途径。计算机系统必须要配备完善的软件系统才能正常工作，且充分发挥其硬件的各种功能。

其次，硬件和软件无严格界线。随着计算机技术的发展，在许多情况下，计算机的某些功能既可以由硬件实现，也可以由软件来实现。因此，硬件与软件在一定意义上说没有绝对严格的界线。

最后，硬件和软件协同发展。计算机软件随硬件技术的迅速发展而发展，而软件的不断发展与完善又促进硬件的更新，两者密切地交织发展，缺一不可。

第二章 Windows 7 操作系统

学习目标

- 了解操作系统的定义和功能。
- 掌握 Windows 7 操作系统的基本系统设置与操作。

第一节 Windows 7 的工作环境

一、认识 Windows 7 的桌面

进入 Windows 7 操作系统后,就会看到 Windows 7 的桌面,如图 2－1 所示。

图 2－1 Windows 7 系统桌面

1. 桌面图标

桌面图标是代表程序、文件或文件夹等各种对象的小图像。Windows 7 用图标来区分不同类型的对象,图标的下面有相应的对象名称。桌面上的图标一般都是比较常用的。

2. 任务栏

任务栏默认的位置是在桌面的底端,如图 2－1 所示,它由下面几个部分组成。

(1)“开始”菜单按钮:单击后可以打开“开始”菜单。

(2)快速启动栏:快速启动栏中有常用的程序图标。单击某个图标,即可启动相应的程序,这比从“开始”菜单中启动程序要快捷得多。

(3)窗口任务栏按钮:当启动一个程序或者打开一个窗口后,系统都会在任务栏中增加一个窗口任务按钮。单击窗口任务按钮,即可切换该窗口的活动和非活动状态,或者控制窗口的最大化、最小化。

(4)通知区域:显示系统当前状态的一些小图标,通常有数字时钟、音量及网络连接等。

3. Windows 7 桌面小工具

Windows 中包含称为“小工具”的小程序,这些小程序可以提供即时信息以及可轻松访问常用工具的途径。例如,用户可以使用小工具显示图片幻灯片或查看不断更新的标题。Windows 7 随附了一些小工具,包括日历、时钟、天气、提要标题、幻灯片放映和图片拼图板。由于 Windows 7 中的 Windows 边栏平台具有严重漏洞,可能导致计算机受到黑客威胁,因此微软已不再提供联机获取小工具功能。

4. 语言栏

语言栏是一个浮动的工具条,它总在桌面的最顶层,显示当前使用的语言和输入法。

二、桌面管理

用户每次开机后首先看到的是桌面的背景图案和桌面上的图标,如何设置背景图案和桌面图标是很多用户都非常关心的问题,下面将介绍桌面图标和桌面背景的设置方法。

1. 更改桌面图标

Windows 7 默认的桌面只有一个回收站的图标,这样桌面看起来很整洁干净,可是使用时却很不方便,用户希望能把经常使用的图标放到桌面上。如何设置才能实现呢?

在桌面空白处单击鼠标右键,弹出快捷菜单,如图2-2所示,选择“个性化”选项。

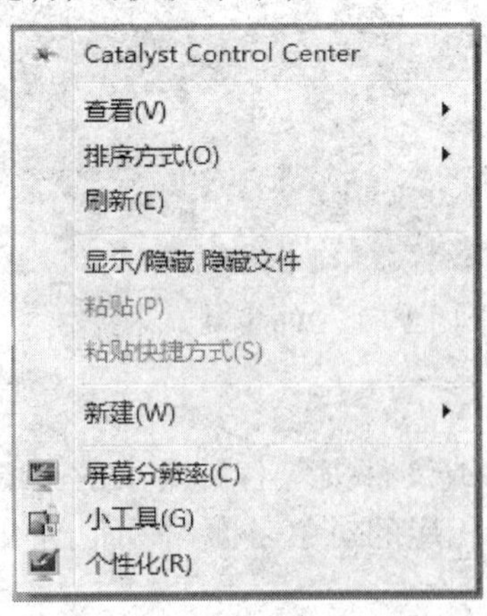

图 2-2 右键快捷菜单

也可以单击“开始”按钮，在“开始”菜单中选择“控制面板”选项，打开控制面板后，选择“外观和个性化”选项，然后在“外观和个性化”窗口中选择“个性化”选项，桌面窗口如图 2 -3所示。

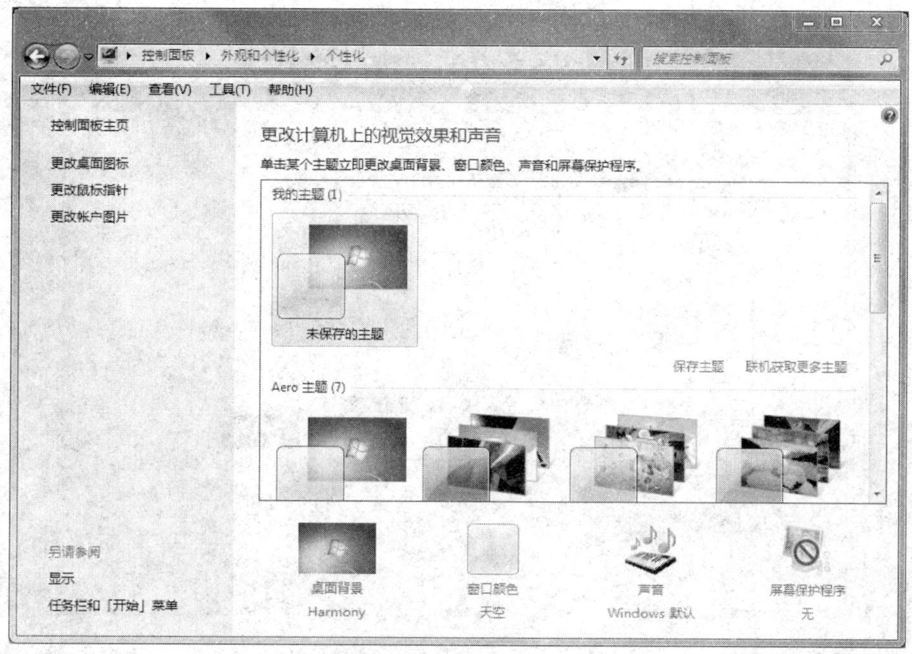

图 2 -3　个性化窗口

选择窗口左上方的“更改桌面图标”选项，弹出如图 2 -4 所示的对话框。

图 2 -4　“桌面图标设置”对话框

2. 设置桌面背景

Windows 7 桌面背景(也称为壁纸)可以是个人收集的数字图片、Windows 7 提供的图片、纯色或带有颜色框架的图片，可以选择一个图像作为桌面背景，也可以显示幻灯片图片。

(1)设置图片为桌面背景。

在“个性化”窗口中单击窗口下面的“桌面背景”选项，打开“桌面背景”窗口，如图 2－5 所示。

图 2－5　选择桌面背景窗口

用户可以在图 2－5 所示的窗口中选择系统提供的图片。单击图片后，Windows 7 桌面系统会立即把选择的图片作为背景显示，单击“保存修改”按钮，确认桌面背景的改变。也可以单击“图片位置”下拉列表查看其他位置的图片，进行选择设置。

如果用户需要把其他位置处的图片作为桌面背景，在图 2－5 所示的窗口中，只要单击“浏览”按钮，找到图片打开，就可以把图片设为桌面背景。

(2)设置幻灯片为桌面背景。

在 Windows 7 中可以使用幻灯片(一系列不停变换的图片)作为桌面背景。用户可以使用自己的图片，也可以使用 Windows 7 中某个主题提供的一部分图片。

①使用自己的图片做幻灯片。作为幻灯片的所有的图片都必须位于同一文件夹中。在如图 2－5 所示的窗口中，查找要包含在幻灯片中的图片。如果要使用的图片不在桌面背景图片的列表中，单击“图片位置”下拉列表查看其他类别，也可以单击“浏览”按钮，在计算机中查找图片所在的文件夹。

选中要包含在幻灯片中的每张图片对应的复选框。默认情况下，将选中文件夹中的所有图片并将其作为幻灯片的一部分，添加到该文件夹中的所有新图片将会自动添加到幻灯片中。如果不希望包含文件夹中的所有图片，清除要从幻灯片中删除的每个图片对应的复选框，只有选中的图片才会出现在幻灯片中。

②使用 Windows 7 中某个主题中提供的一部分图片。在“个性化”窗口中，单击“Aero”主题下要应用于桌面的主题。除 Windows 7 主题外，所有的 Aero 主题都包含桌面背景幻灯

片。若要更改主题的默认幻灯片图片或设置,选择窗口下面的"桌面背景"选项,在图 2 - 5 所示的窗口中,选中要含在幻灯片中的每张图片对应的复选框。默认情况下,将选中与主题关联的所有图片并将其作为幻灯片的一部分。若要将其他主题中的图片添加到幻灯片中,指向要添加到幻灯片的每张图片,然后选中这些图片对应的复选框。

单击"更改图片时间间隔"下拉列表中的项目,选择幻灯片变换图片的时间间隔。选中"无序播放"复选框可以使图片以随机顺序显示。最后单击"保存修改"按钮,确认桌面背景的改变。幻灯片将作为未保存主题显示在"个性化"窗口中"我的主题"下。

三、屏幕保护程序

屏幕保护程序是指在一段设定的时间内没有鼠标或键盘事件时,在计算机屏幕上出现移动的图片或图案。在用户离开计算机时,屏幕保护程序可以保护计算机。当用户离开计算机一段时间后,可以给屏幕保护程序设置密码,这样可以防止在离开时别人看到工作屏幕,同时也可以防止未经授权的用户使用计算机。

1. 选择屏幕保护程序

在"个性化"窗口中,单击"屏幕保护程序"选项,即可打开"屏幕保护程序设置"对话框,如图 2 - 6 所示。

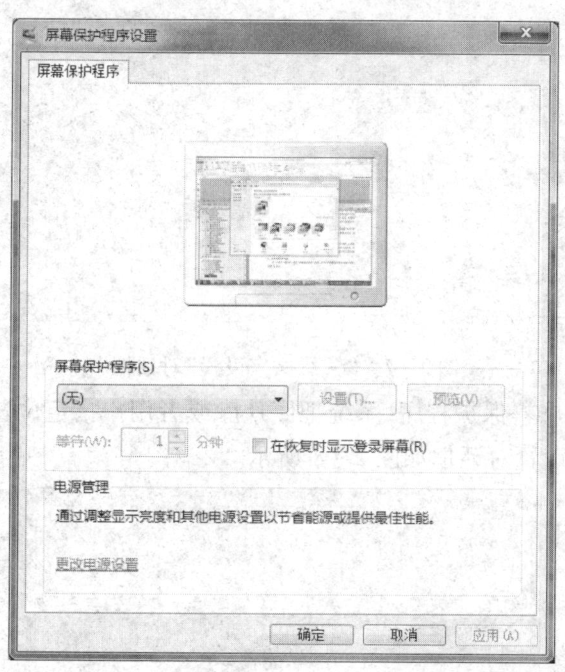

图 2 - 6 "屏幕保护程序设置"对话框

在对话框中的"屏幕保护程序"下拉列表中选择屏幕保护程序,选择后,在屏幕保护程序设置窗口中就可以预览到所选的屏幕保护程序的效果。如果想全屏观看,单击"预览"按钮即可全屏预览,由鼠标或键盘事件结束预览,单击"确定"按钮可以完成设置,退出"屏幕保护程序设置”对话框。

2. 屏幕保护程序的设置

如果需要密码对屏幕保护程序进行保护，选择复选框 □在恢复时显示登录屏幕(R)，这样在退出屏幕保护程序时，需要输入 Windows 密码才能解除对计算机的锁定。如果 Windows 密码为空，就不能对屏幕保护程序进行密码保护。

用户可以根据自己的工作环境和工作习惯，设置进入屏幕保护程序的等待时间。Windows 7 系统自带的屏幕保护程序中，只有“三维文字”选项和“照片”选项可以单击“设置”按钮进行进一步的设置。

“三维文字设置”对话框如图 2－7 所示，在这个对话框中，用户可以自己定义用于三维文字屏幕保护的文字内容、字体、大小、分辨率、旋转类型、旋转速度及表面样式等。设置完成后单击“确定”按钮，返回到“屏幕保护程序设置”对话框。

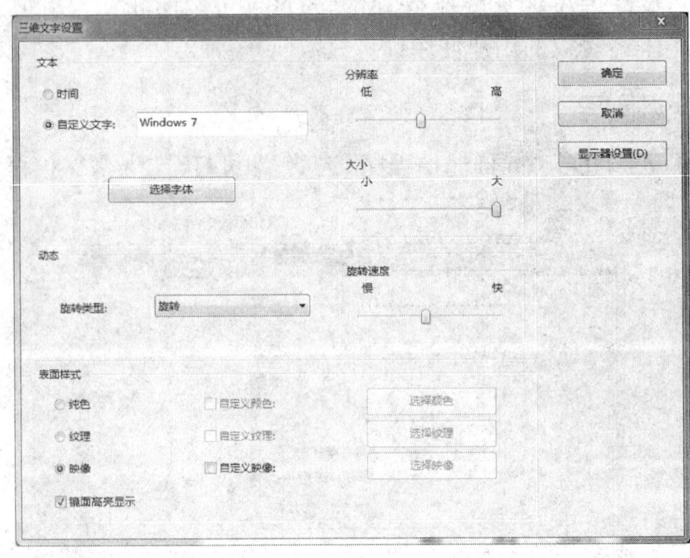

图 2－7 “三维文字设置”对话框

例如，选择“照片”屏幕保护程序，系统把照片库或者用户指定位置的图片用幻灯片放映的方式作为屏幕保护，设置对话框如图 2－8 所示。

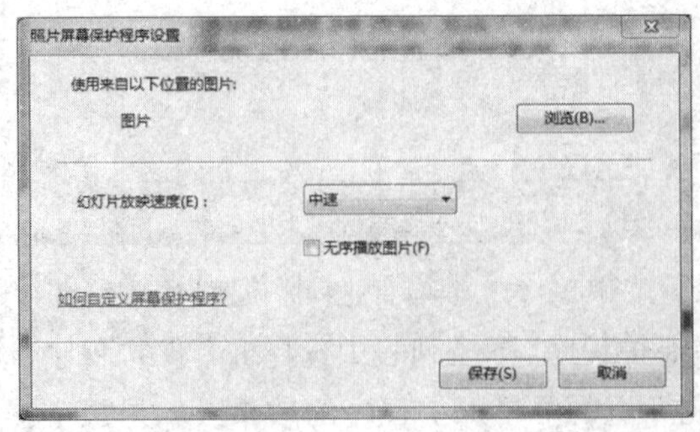

图 2－8 “照片屏幕保护程序设置”对话框

在对话框中,用户可以单击“浏览”按钮,选择自己喜爱的图片用于屏幕保护程序,选择图片的播放顺序、幻灯片放映的速度。选择完成后,单击“保存”按钮,就可以返回到“屏幕保护程序设置”对话框。

四、主题、颜色和外观

Window 主题是用于计算机桌面的可视元素和声音的集合。主题决定桌面上各种可视元素的外观,例如窗口、图标、字体和颜色,还可以包括声音。在选择主题后,用户也可以个性化设置桌面及窗口的外观、颜色及字体等。

1. 选择和使用桌面主题

Windows 7 系统自带的主题有两大类:Aero 主题、基本和高对比主题。每个类别中又有各种不同风格的主题,用户可以选择使用,也可以进行个性化的修改后,保存为自己的主题。

在“个性化”窗口中,选择要使用的主题,这时桌面背景会变成当前主题的效果。关闭窗口即可完成操作。如果计算机配置比较高,建议选取 Aero 主题,体验 Windows 7 全新的 Aero 界面风格。

Windows 7 主题包含了很多系统设置,如果用户希望更改主题中的某些元素,如鼠标指针、系统操作时的声音等,可以在“个性化”窗口中选择并进行更改。可以对桌面背景、窗口颜色、屏幕保护程序、声音和鼠标指针等进行个性化设置,设置全部完成后,在“个性化”窗口中会显示一个“未保存主题”,用鼠标右键单击“未保存主题”,在弹出的菜单中选择“保存主题”按钮,在弹出的“将主题另存为”对话框中,输入主题的名字后,单击“保存”按钮进行保存。

有的用户可能安装了网络上下载的一些主题,一个下载的主题包含很多相关配置文件,会占用一定的硬盘空间。删除主题及相关文件的方法是在“个性化”窗口的“主题设置”窗口中,用鼠标右键单击“我的主题”下面的主题,在弹出的菜单中单击“删除主题”按钮,系统会自动删除主题及相关的配置文件。

2. 颜色和外观

Windows 主题对窗口、对话框等元素有默认的设置,如颜色、字体和字号等。对于这些元素,用户也可以自行设置。

(1)Aero 界面特有的设置。

如果当前使用的窗口主题是 Aero 主题,在“个性化”窗口中,选择“窗口颜色”选项,将弹出图 2-9 所示窗口。

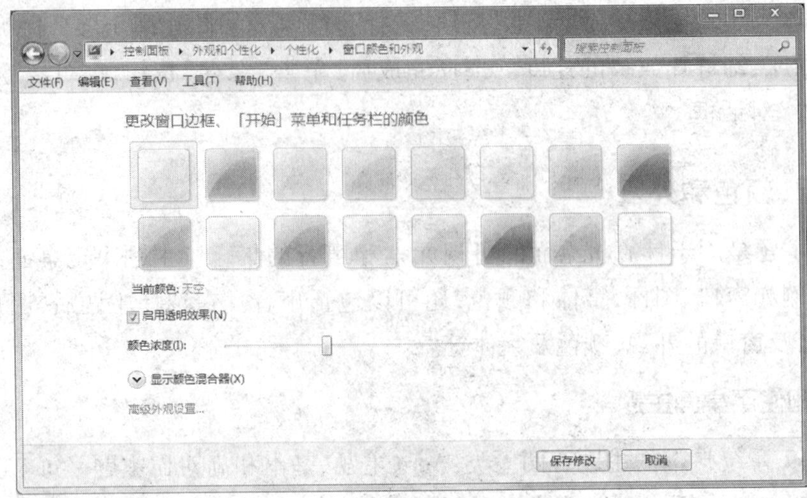

图 2-9 “窗口颜色和外观”窗口

在窗口中单击颜色的名称,可以更改窗口、对话框等颜色,在当前的窗口可以马上预览效果。如果要自己创建颜色,单击“显示颜色混合器”按钮,窗口中会显示出颜色混合器,通过拖动滑块调节色调、饱和度和亮度 3 个参数来创建自定义颜色。

如果要启用透明玻璃效果,在“窗口颜色和外观”窗口中选中“启用透明效果”复选项,窗口的边缘会有透明玻璃的效果,可以模糊看到窗口后面被遮挡的内容。

使用“颜色浓度”调整滑块,可以调整查看窗口颜色的浓度。如果启用了透明效果,使用“颜色浓度”调整滑块就可以同时调整窗口颜色的浓度及透明度。向右拖动滑块,可以看到窗口的颜色浓度不断增大,而窗口的透明度逐渐减小,设置完成后,单击“保存修改”按钮完成操作。

(2)外观和颜色的高级设置。

基本和高对比主题界面与 Aero 界面设置窗口外观和颜色的方法有所不同。

在基本和高对比主题界面中,打开“个性化”窗口,选择“窗口颜色”选项,弹出图2-10所示的对话框。

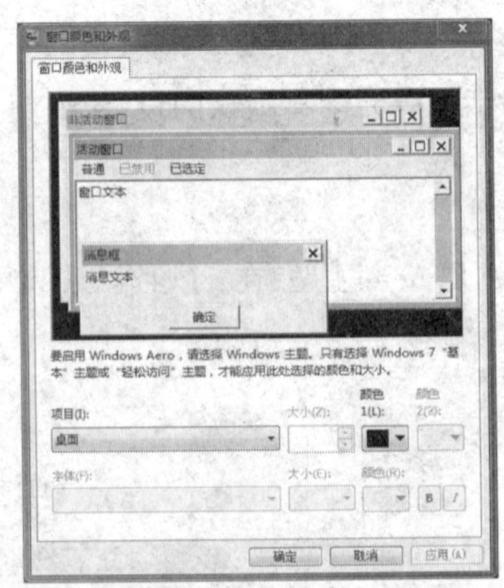

图 2-10 “窗口颜色和外观”对话框

在 Aero 界面中，打开“个性化”窗口，选择“窗口颜色”选项，会打开如图2－9 所示的“窗口颜色和外观”窗口，而不是如图 2－10 所示的对话框。选择窗口中的“高级外观设置”选项，才会弹出图2－10所示的对话框。

在“项目”下拉列表中选择想要修改的项目，如菜单的大小和颜色，菜单中的字体、字号和颜色等，都可以进行修改，有些修改可以直接在对话框中的窗口中预览，如消息框字体及颜色的改变。修改完成后，单击“确定”按钮保存。

五、分辨率和刷新频率设置

Windows 根据监视器选择最佳的显示设置，包括屏幕分辨率、刷新频率和颜色深度。这些设置根据所用监视器的类型、大小、性能以及视频显示卡的不同而有所差异。

1. 分辨率的设置

屏幕分辨率指的是屏幕上文本和图像的清晰度。分辨率越高，屏幕上显示的对象越清楚。同时屏幕上的对象显得越小，因此屏幕可以容纳更多内容。分辨率越低，屏幕上的对象越大，屏幕容纳的对象会越少，但更易于查看。在非常低的分辨率情况下，图像可能有锯齿状边缘。

例如，640×480 dpi 是较低的屏幕分辨率，而 1 600×1 200 dpi 是较高的屏幕分辨率。CRT 监视器通常显示 800×600 dpi 或 1 024×768 dpi 的分辨率，LCD 监视器可以更好地支持更高的分辨率。是否能够增加屏幕分辨率取决于监视器的大小和性能及显卡的性能。

在桌面空白处单击鼠标右键，在弹出的菜单中选择“屏幕分辨率”选项，弹出的窗口如图 2－11所示。

图 2－11　屏幕分辨率窗口

在“分辨率”下拉列表中，将滑块移动到想要的分辨率，然后单击“应用”按钮。系统应用刚才选定的分辨率，如果能正常显示会弹出图 2－12 所示的提示对话框。单击“保留更改”按钮保留目前的分辨率设置，单击“还原”按钮或者在 15 s 之内没有应用更改，分辨率将返回到原始设置。不同大小的监视器拥有不同的最佳分辨率，表 2 – 1 列出了不同大小的监视器的推荐分辨率。

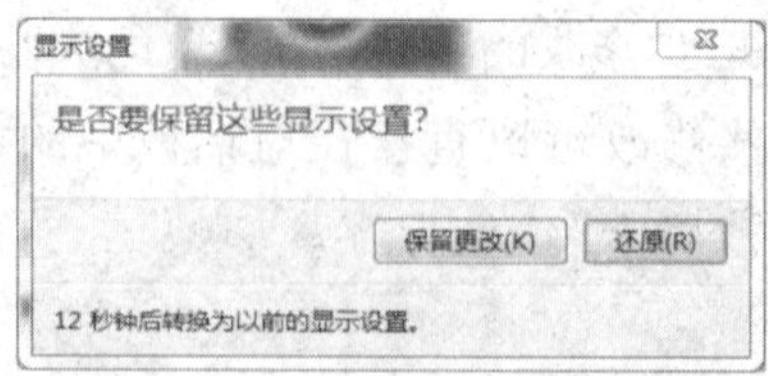

图 2 – 12 “显示设置”对话框

表 2 – 1 根据监视器大小推荐的分辨率

监视器大小/in	监视器长宽比为 16 : 10 时推荐分辨率 /dpi	监视器长宽比为 16 : 9 时推荐分辨率 /dpi
19	1 440 × 900	1 680 × 945
22	1 680 × 1 050	1 680 × 945
23		1 920 × 1 080
24	1 920 × 1 200	1 680 × 945

2. 监视器刷新频率的设置

影响监视器显示效果的另一个重要因素是屏幕刷新频率。如果刷新频率太低，监视器可能闪烁，这会引起眼睛疲劳和头痛。应该选择 75 Hz 以上的刷新频率。

在桌面空白处单击鼠标右键，在弹出的快捷菜单中选择“屏幕分辨率”选项，弹出“屏幕分辨率”窗口。

在窗口中单击“高级设置”选项，在弹出的对话框中打开“监视器”选项卡，如图 2 – 13 所示。

首先确认选中“隐藏该监视器无法显示的模式”复选项，然后在“屏幕刷新频率”下拉列表中选择新的刷新频率，监视器将花费一小段时间进行调整。然后单击“应用”按钮，系统应用刚才选定的监视器刷新频率，如果能正常显示会弹出类似图 2 – 12 所示的对话框。单击“是”按钮保留目前的颜色设置，单击“否”按钮或者在 15 s 之内没有应用更改，刷新频率将返回到原始设置。需要注意的是，更改屏幕刷新频率会影响登录到此计算机上的所有用户。

3. 颜色设置

用户如果想要获得监视器的最佳颜色显示效果，显示逼真的颜色，应将颜色设置为 32 位真彩色。打开如图 2 – 13 所示的对话框，在“颜色”下拉列表中，选择“最高(32 位)”选项，单击“应用”按钮，系统应用刚才选定的颜色设置，如果显示正常，会弹出“显示设置”确认对话框。单击“是”按钮保留目前的颜色设置，单击“否”按钮或者在 15 s 之内没有应用更改，颜色设置将返回到原始设置。

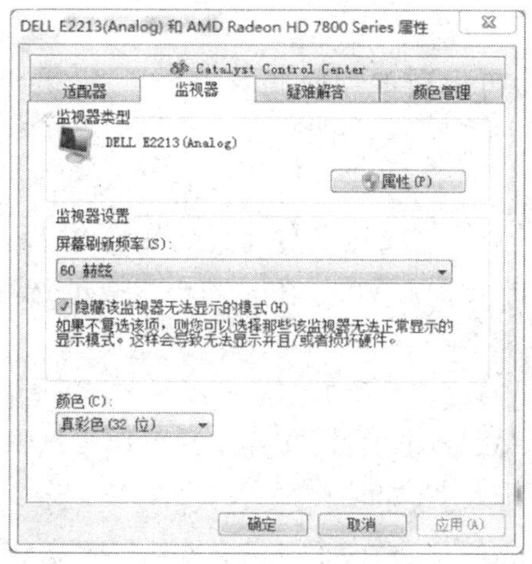

图 2－13　显示高级设置对话框

六、桌面小工具

Windows 7 中包含称为“小工具”的程序，这些程序可以提供即时信息以及可轻松访问常用工具的途径。例如，可以使用小工具显示图片幻灯片、查看不断更新的标题或查找联系人。

1. 添加桌面小工具

可以将计算机上安装的任何小工具添加到桌面。如果需要，也可以添加小工具的多个实例。例如，如果要同时看两个时区的时间，则可以添加时钟小工具的两个实例，并相应地设置每个实例的时间。

用鼠标右键单击桌面，在弹出的快捷菜单中单击“小工具”选项，弹出如图 2－14 所示的窗口。双击小工具图标可将其添加到桌面，也可以拖动小工具图标到桌面。

图 2－14　小工具对话框

2. 自定义桌面小工具

在小工具添加到桌面后，可以根据需要调整位置，更改大小、选项、前端显示或暂时隐藏等。

(1)更改选项。

用鼠标右键单击要更改的小工具，弹出右键快捷菜单，选择“选项”命令。在弹出的对话框中可以对小工具进行相应的设置。例如，在时钟小工具的选项里，可以选择时区，但有些小工具没有选项。

(2)调整小工具大小。

用鼠标右键单击要调整大小的小工具，在弹出的菜单中选择“大小”命令，选择此小工具的大小。有些小工具不能调整大小，如时钟。

(3)前端显示。

如果需要将某个小工具始终保持在打开窗口的前端，以便使这些小工具始终可见。用鼠标右键单击此小工具，在弹出的菜单中选择“前端显示”命令。取消前端显示的方法是把“前端显示”的复选标记去掉。

(4)隐藏小工具。

如果需要暂时隐藏桌面小工具，在桌面上单击鼠标右键，在弹出的快捷菜单中选择“查看”选项，取消“显示桌面小工具”复选标记。隐藏小工具不会从桌面删除小工具。

(5)移动小工具。

默认情况下，小工具彼此“粘住”并且位于屏幕的右边缘。但是可以更改小工具的顺序，也可以将其移动到桌面上的任意位置。用鼠标将小工具拖动到桌面上的新位置即可，如果有两个或多个监视器，可以将小工具放到其中任何一个监视器上。

3. 卸载和删除小工具

(1)卸载小工具。

在如图 2－14 所示的小工具对话框中，在要卸载的小工具上单击鼠标右键，选择“卸载”选项即可卸载小工具。

(2)删除小工具。

如果想要删除桌面上的小工具，可以在想删除的小工具上单击鼠标右键，然后选择“关闭小工具”选项即可删除小工具。

七、任务栏

任务栏位于屏幕的最底部，任务栏的左边是快速启动栏及当前运行程序的任务栏按钮。任务栏的右边是通知区域，主要用于存放系统时间、操作中心、系统音量以及网络连接情况等内容。中间部分用于存放窗口以及浏览器等最小化的图标，如图 2－15 所示。用户可以自定义任务栏的外观。

图 2－15　任务栏

1. 设置任务栏

在任务栏上空白处单击鼠标右键,在弹出的快捷菜单中选择"属性"选项,打开"任务栏和「开始」菜单属性"对话框,打开"任务栏"选项卡,如图 2－16 所示。

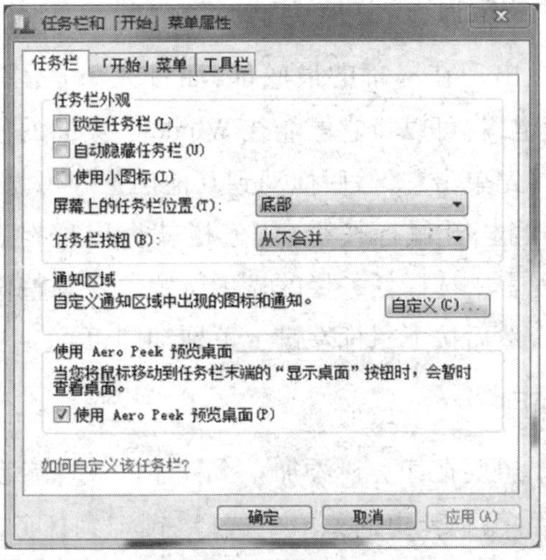

图 2－16　"任务栏和「开始」菜单属性"对话框

(1)锁定任务栏。

若选择此复选项,任务栏将固定放置在屏幕的最底部;若取消此复选项,则可以通过拖曳的方法来改变任务栏的大小、高度和形状。

(2)自动隐藏任务栏。

勾选此复选项后,当鼠标指针移至任务栏所在位置时,系统立即显示任务栏。当鼠标离开任务栏的时候,任务栏就会自动隐藏。

(3)使用小图标。

若勾选该复选项,任务栏的高度将会变小,同时任务栏按钮也将变小。

(4)使用 Aero Peek 预览桌面。

勾选此复选项后,将鼠标移动到任务栏末端的显示桌面按钮时,会暂时查看桌面。

(5)屏幕上任务栏的位置。

用鼠标单击下拉列表,可以选择任务栏的显示位置。

(6)任务栏按钮。

用鼠标单击下拉列表,就可以选择任务栏按钮的显示方式。

①始终合并、隐藏标签。这是默认设置。每个程序都显示为一个无标签的按钮,即使当打开某个程序的多个窗口时也是如此。一个按钮既表示程序,也表示打开的窗口。

②当任务栏被占满时合并。该设置将每个窗口显示为一个有标签的按钮。当任务栏变得非常拥挤时,具有多个打开窗口的程序会折叠成一个程序按钮。单击此按钮会显示一个已打开的窗口的列表。该设置和"从不合并"与以前版本 Windows 的外观和行为都非常相像。

③从不合并。该设置与“当任务栏被占满时合并”相似,只是这些按钮从不会折叠成一个按钮,无论打开多少窗口都是如此。随着打开的程序和窗口越来越多,按钮的尺寸会逐渐变小并最终在任务栏中滚动。

2. 更改任务栏的大小和位置

在默认情况下,任务栏出现在屏幕的最底部,而且大小是固定的,只能显示一行选项。但只要解除了任务栏的锁定,就可以将它停靠在 Windows 桌面的任何一个边缘,并使用任意的大小。要移动任务栏,首先单击它,然后拖动到其他位置即可。在拖动的时候看不到任务栏随着拖动而移动,但是当松开鼠标按键,任务栏就会出现在新的位置。也可以在如图 2-16所示对话框的下拉列表中选择任务栏的显示位置。要调整任务栏的大小,就要将鼠标指针移动到任务栏的边缘,然后按下鼠标左键上下拖动即可。

3. 添加快速启动栏项目

在 Windows 7 中,如果想要在任务栏添加一个程序的快速启动按钮,可以打开“开始”菜单,用鼠标右键单击相应程序,在弹出的菜单中选择“锁定到任务栏”选项即可。同时,在快速启动栏上右键单击相应图标,在弹出的菜单中选择“将此程序从任务栏解锁”选项,就可以删除该程序在任务栏上的快速启动按钮。

4. 设置通知区域

在如图 2-16 所示的窗口中,单击“自定义”按钮,可以打开如图 2-17 所示的窗口。

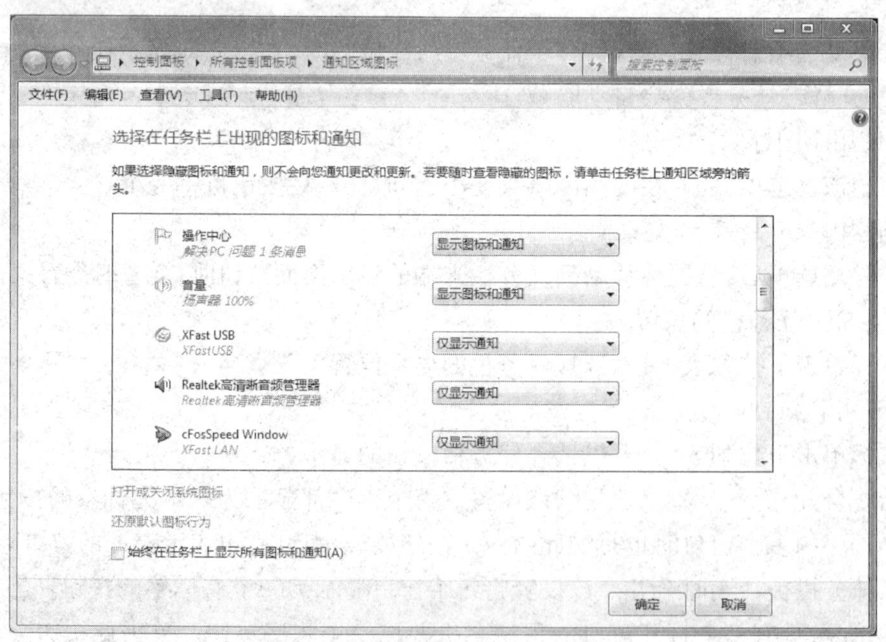

图 2-17 “通知区域图标”设置窗口

在窗口中,可以通过选择下拉列表中的选项来控制是否显示图标和通知或仅显示通知。

单击“打开或关闭系统图标”选项，可以看到当前系统图标的状态，如时钟、网络、音量及 Windows Update 等，单击下拉列表，选择“打开”或者“关闭”选项即可。单击“还原默认图标行为”选项，就可以还原系统默认的图标显示。勾选“始终在任务栏显示所有图标通知”复选框，可以使通知区域的图标和通知都显示在任务栏。

八、“开始”菜单

和 Windows 以前的版本一样，Windows 7 的“开始”菜单也是最常使用的组件之一，它是启动程序的一条捷径。在“开始”菜单中，几乎可以找到计算机中的所有程序。

单击按钮打开“开始”菜单，利用鼠标或者键盘可对菜单进行相应的选择。“开始”菜单中有些选项的右侧有一个小箭头，表示在这些选项下还包含一些级联选项，这些级联选项组成了一个级联菜单。

Windows 7 的“开始”菜单主要由“固定程序”列表、“常用程序”列表、“所有程序”菜单、快捷搜索栏、右侧窗格、“关机”按钮以及功能键等部分组成，如图 2－18 所示。

图 2－18　“开始”菜单

1. 固定程序列表

在默认状态下，此列为空白。用户可以根据自己的情况添加新的程序。选定相应程序，然后单击鼠标右键，在弹出的菜单中，选择“附到「开始」菜单”选项就可以在“固定程序”列表中添加新的程序。

如果要删除固定程序列表中的程序，在“开始”菜单中右键单击要删除的程序，在弹出的菜单中，选择“从「开始」菜单解锁”选项，就可以从“固定程序”列表中删除选中的程序。

2. 常用程序列表

此列表中存放的是用户最近用过的一些程序，并且按照程序打开的先后顺序依次排列，在系统默认情况下，最多可以显示10个图标。

在任务栏上空白处单击鼠标右键，从弹出的快捷菜单中选择“属性”选项，打开“任务栏和「开始」菜单属性”对话框，打开“「开始」菜单”选项卡，如图2－19所示。

若要清除最近打开的程序，清除“存储并显示最近在「开始」菜单中打开的程序”复选框。若要清除最近打开的文件，清除“存储并显示最近在「开始」菜单和任务栏中打开的项目”复选框，然后单击“确定”按钮。

单击图2－19对话框中的“自定义”按钮，打开的对话框如图2－20所示。

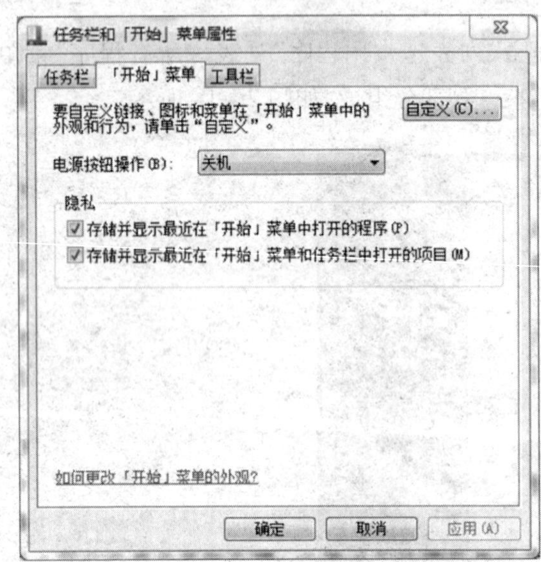

图2－19 “任务栏和「开始」菜单属性”对话框

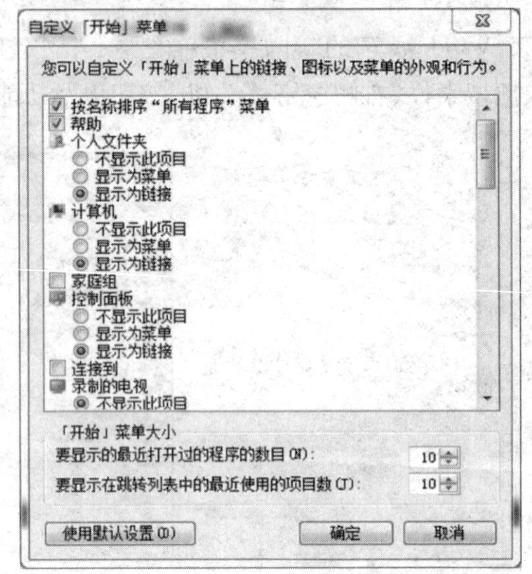

图2－20 “自定义「开始」菜单”对话框

在对话框下方的“「开始」菜单大小”下面有两个数值框：“要显示的最近打开过的程序的数目”，数值框中的数字就是开始菜单中常用程序列表的数目，可以单击上下箭头选择增加或减小数目，也可以单击数值框后，直接输入；“要显示在跳转列表中的最近使用的项目数”数值框中的数字，指的是前面讲的Jump List中常用的项目数，同样可以单击上下箭头选择增加或减小，也可以单击数值框后直接输入。

3. 所有程序菜单

此列表存放的是计算机中用户安装的所有应用程序。当单击“所有程序”后，并不像Windows XP系统那样弹出一个新菜单，而是用类似“文件夹树”这样的形式将所有内容都显示在一个菜单中，“所有程序”选项变成了“返回”选项，如图2－21所示。这样的设计不仅节约屏幕空间，而且不用担心点错。

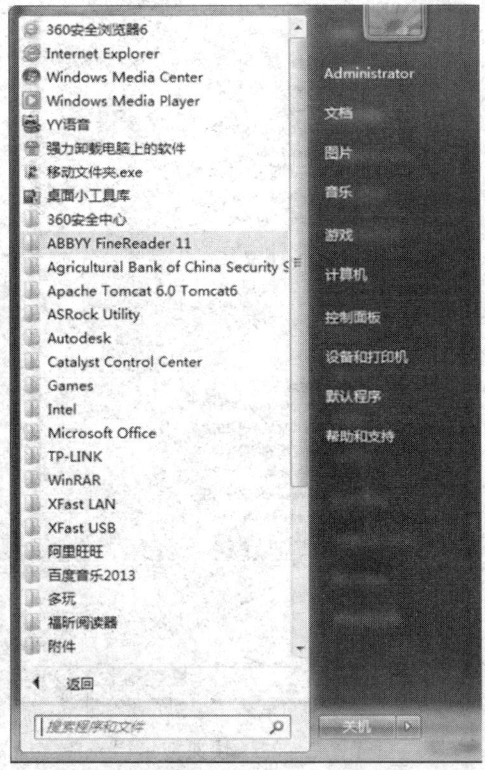

图 2－21 “所有程序”菜单

4. 右侧窗格

右侧窗格主要显示的是常用系统文件夹部分、常用系统功能部分以及控制面板和帮助部分等内容，这些内容和 Windows XP 操作系统差不多。用户可以对右侧窗格进行自定义设置。

在任务栏上空白处单击鼠标右键，从弹出的快捷菜单中选择“属性”选项，打开“任务栏和「开始」菜单属性”对话框，打开“「开始」菜单”选项卡，单击对话框中的“自定义”按钮，打开“自定义「开始」菜单”对话框。在对话框中可以根据需要，选择右侧窗格中项目的状态：“不显示此项目”“显示为菜单”或“显示为链接”。单击“确定”按钮确认修改，返回上一层对话框，再单击“确定”按钮完成操作。

5. 快速搜索栏

这是 Windows 7 系统“开始”菜单的一大改进，这个搜索栏是动态进行的。当还没有输入完关键字的时候，搜索就已经开始了。例如，在快速搜索栏中输入“Windows”，这时就会显示出所有包含“Windows”字样的程序，如图2－22所示。除了可以搜索应用程序之外，还可以用于搜索文件和网络。可以说，这个快捷搜索栏是 Windows XP 中的“运行”对话框和搜索程序的结合体。

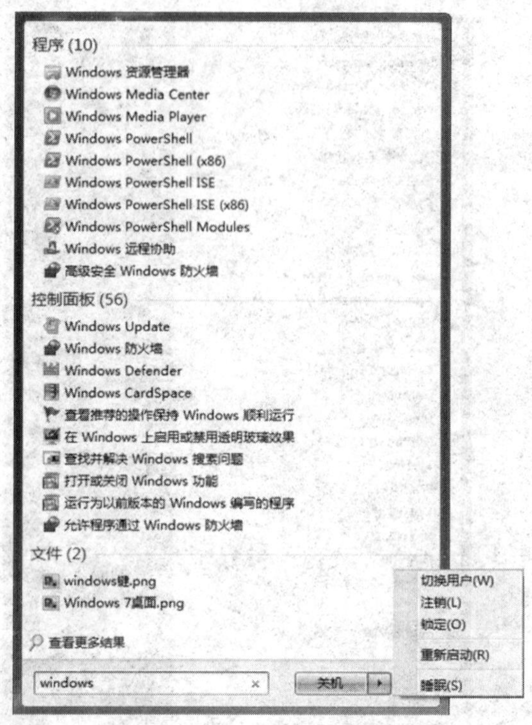

图 2 - 22　快速搜索栏

6. 关机按钮和功能键

如图 2 - 22 所示,单击“关机”按钮可以将计算机关闭。单击功能键 ,可以打开图 2 - 22右边所示的一个级联菜单,里面列出了如切换用户、注销、锁定、重新启动及睡眠等可执行的操作,可以根据实际情况进行选择。

第二节　Windows 窗口基本操作

一、Windows 窗口的组成

窗口是 Windows 操作系统的基本界面,也是最基本、最常用、最重要的元素之一。因为每个 Windows 应用程序都是以一个窗口的形式出现的,通过窗口界面,用户可以操作计算机或者应用程序。在 Windows 7 中,无论从其外观还是内涵来说,窗口都与以前版本的 Windows 操作系统不同。

1. 窗口的组成

在 Windows 7 系统中打开一个文件、文件夹或者程序的时候,屏幕上就会出现一个矩形的

区域,这个区域就称为窗口。窗口通常包括标题栏、菜单栏、工具栏、地址栏、搜索框、导航窗格、内容显示窗格、详细信息面板以及“最小化”按钮、“最大化/还原”按钮、“关闭”按钮、“前进”按钮、“后退”按钮和“刷新”按钮等元素。图 2－23 所示为一个典型的窗口。

图 2－23　Windows 7 的窗口

(1)标题栏。该栏用于显示窗口的名称(如软件的名称或打开文档的名称)。

(2)菜单栏。该栏包含程序中可单击进行选择的项目。该元素默认是隐藏的,其中列出了与文件、文件夹操作有关的命令,不过这些命令现在已经通过其他界面元素更简便地实现了。如果希望只显示一次菜单栏,可以直接按下“Alt”键,单击窗口中其他界面元素即可将其再次隐藏;如果希望一直显示菜单栏,则可以单击工具栏中的“组织”按钮,从下拉菜单中选择“布局”→“菜单栏”命令。

(3)工具栏。该栏显示对窗口或者对象进行操作的一些基本按钮。例如,若前文件夹中保存了很多文件夹,则工具栏会提供“打开”“共享”“新建文件夹”等选项,以替代传统的菜单栏。

(4)地址栏。该栏显示窗口或文件所在位置的完整路径,路径中的每个文件夹节点都会显示为按钮。单击按钮可快速跳转到相关文件夹。在每个文件夹按钮的右侧,还有一个箭头按钮,单击后可列出与该按钮相同位置下的所有文件夹。用户在地址栏中输入桌面、计算机、回收站、控制面板、网络、收藏夹、视频、图片、文档、音乐、游戏和联系人等,就可以直接访问这些位置。

(5)搜索框。此处用于搜索相关的程序或者文件。输入相关内容后,按下“Enter”键就可以搜索到相应结果。凡是文件内部或文件名称中包含该关键字的,都会显示出来。

(6)导航窗格。此处以树形图的形式显示当前文件夹中所包含可展开的文件夹列表。

同时该窗格还根据不同位置的类型,显示了多个节点,每个子节点部可以展开或合并。

(7)内容显示窗格。其中列出了当前浏览位置包含的所有内容,例如文件、文件夹以及虚拟文件夹等。在文件内容显示窗格中显示的内容,可以通过视图按钮更改显示视图。

(8)详细信息面板。在内容显示窗格中单击某个文件或文件夹后,详细信息面板就会显示程序或文件(夹)的详细信息,具体内容取决于所选对象的类型。

(9)库窗格。库是 Windows 7 中新增的功能,库窗格中提供了一些与库有关的操作,并且可以更改排列方式。如果希望隐藏该位置的库窗格,可以单击“组织”按钮,从下拉菜单中选择“布局”→“库窗格”命令。

(10)预览窗格。该元素默认是隐藏的,单击窗口右上角的“显示预览窗格”按钮即可将其打开。如果在内容显示窗格内选定了某个文件,其内容就会显示在预览窗格中,从而可以直接查看文件的详细内容。

(11)“最小化”按钮。单击该按钮,就可以使窗口最小化到任务栏。

(12)“最大化/还原”按钮。当窗口处于非最大化状态时,单击“最大化”按钮,可以使窗口最大化,铺满整个屏幕,“最大化”按钮变成“还原”按钮;当窗口处于最大化状态时,单击“还原”按钮,就可以将窗口还原到原来的大小,“还原”按钮又变成了“最大化”按钮。

(13)“关闭”按钮。单击该按钮,可以关闭该窗口。

(14)“后退”和“前进”按钮。该按钮用于快速访问上一个和下一个浏览过的位置。单击“前进”按钮右侧的小箭头,可以显示浏览列表,以便于快速定位。

(15)滚动条。该元素是在窗口无法显示全部内容时才会出现的一种工具,一般位于内容显示窗格的右侧和下部。

2. 对话框的组成

对话框是特殊类型的窗口。当程序或 Windows 需要用户进行响应以继续时,经常会看到对话框。与常规窗口不同,多数对话框无法最大化、最小化或调整大小,但可以被移动。

对话框是用户和系统交流的桥梁。运行程序以及执行某种操作时,系统经常会通过对话框向用户询问是否执行该操作,当用户确认后系统才会执行。

例如,用户要删除一个 Word 文件时,系统会通过一个对话框询问用户是否要删除该文档,如图 2-24 所示。若单击“是”按钮,则系统会执行该操作;若单击“否”按钮,则放弃该操作。

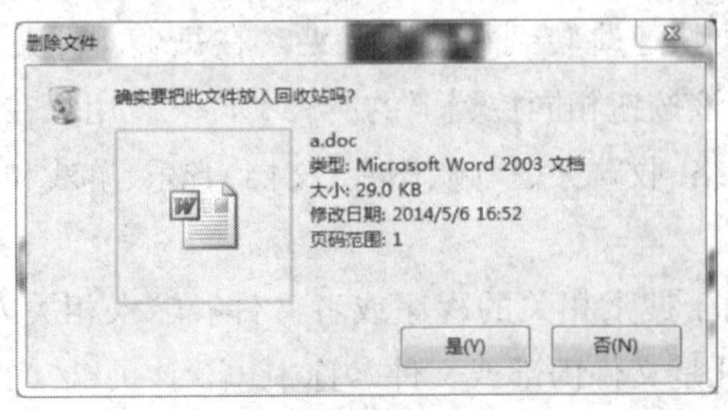

图 2-24 “删除文件”对话框

除了进行选择性操作之外,对话框还经常用于收集用户的相关信息。如图 2－25 所示的“页面设置”对话框,提供了大量页面设置的相关信息供用户设置,设置完毕后单击“确定”按钮,就可以把设置的内容应用到程序当中。

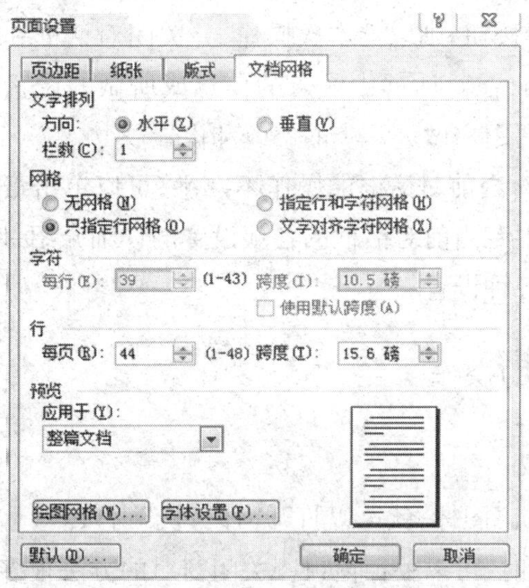

图 2－25 “页面设置”对话框

其实对话框就是一个没有菜单的简单窗口,所以很多窗口的操作对于对话框也是适用的,下面介绍对话框中常用的构件。

(1)标题栏。显示当前对话框的名称。

(2)选项卡。内容很多的对话框通常按类别分为几个选项卡,每个选项卡包含需要用户输入或选择的信息。每个选项卡都有一个名称,标注在选项卡的标签上,如图 2－25 中所示的“页边距”选项卡、“纸张”选项卡等,单击任意一个选项卡标签,即可打开相应的选项卡。

(3)下拉列表。下拉列表是一个下凹的矩形框,右侧有一个 ▾ 按钮。下拉列表中显示的内容有时为空,有时为默认的选择项。单击 ▾ 按钮,将会弹出一个列表,用户可从弹出的列表中选择所需的选项,显示的内容更改为用户选择的项。

(4)文本框。文本框是一个下凹的矩形框,右侧有一个“微调”按钮 。文本框中的数值是当前值。单击“微调递增”按钮(“微调”按钮的上半部分),数值将按固定的步长递增;单击“微调递减”按钮(“微调”按钮的下半部分),数值即可按固定的步长递减。也可以在文本框中直接输入数值。

(5)复选项。复选项是一个下凹的小正方形框,没被选择时呈空白状态,被选择时呈选中状态。单击复选项,即可选择或取消选择该项。

(6)单选项。单选项是一个下凹的小圆圈,没被选择时呈空白状态,被选择时呈选中状态。单选项通常会被分组,每组不少于两个,每组的单选项只能有一个被选中。

(7)命令按钮。命令按钮是一个凸出的矩形块,上面标有按钮的名称。单击某一个命令按钮,即可执行相应的命令。如果命令按钮名称后面含有“…”,如 默认(D)... 按钮,则表明单击该按钮后，将会弹出另外一个对话框。

对话框中通常都有“确定”和“取消”两个按钮。这两个按钮在所有对话框中的功能是相同的。单击“确定”按钮，在对话框中输入的信息或所做的设置即可得到确认并生效，同时关闭对话框。单击“取消”按钮，则取消本次操作，并关闭对话框。在有的对话框中还有“应用”按钮，单击“应用”按钮，在对话框中输入的信息或所做的设置即可得到确认并生效，此时对话框并不关闭，以方便用户做进一步的修改和设置。

(8)帮助按钮。如果对当前对话框的操作不熟悉，可以单击帮助按钮，弹出当前对话框的帮助窗口，在帮助窗口中有当前对话框的各项设置的详细介绍，用户可以根据帮助中的介绍，结合自己的需求进行各种设置。

二、Windows 窗口的操作

1. 打开和关闭窗口

双击桌面上的“计算机”图标，就可以打开“计算机”窗口。

当用户不再使用窗口时，可以关掉窗口。关闭窗口的方法很多，最常用的就是单击窗口右上角的“关闭”按钮。

2. 改变窗口的大小

改变窗口的方法主要包括最小化窗口、最大化窗口和手动任意调整窗口大小。

(1)最小化窗口。单击窗口右上角的“最小化”按钮，就可以使窗口最小化。

(2)最大化窗口。单击窗口右上角的“最大化”按钮，就可以使窗口最大化。

(3)手动任意调整窗口的大小。将鼠标指针放在窗口的 4 个角或 4 条边上，此时指针将变成双向箭头，按住鼠标左键不要松开，然后向相应方向拖动。注意，如果是最大化的窗口则无法调整大小，必须先将其还原为之前的大小后才能进行调整。另外，对话框不可调整大小。

3. 移动窗口

同时打开多个窗口时，经常会发现用户想操作的窗口被其他窗口或对话框挡住，这时可以通过以下步骤来移动窗口。要移动窗口，只需移动鼠标指针到窗口的标题栏，按住鼠标左键，然后拖动鼠标即可。或者在标题栏上单击鼠标右键，在弹出的快捷菜中选择“移动”选项，按下鼠标左键不放，就可以移动窗口了。

4. 自动排列窗口

Windows 7 提供了层叠、堆叠和并排 3 种排列窗口的方式。鼠标右键单击任务栏空白区域，从快捷菜单中选择“层叠窗口”“堆叠窗口”或“并排显示窗口”命令即可改变窗口的排列方式。

5. 切换窗口

当用户打开多个窗口时,在任务栏上就会显示各个窗口对应的以最小化形式显示的程序按钮,通过单击这些按钮可以在各个窗口间进行切换。

利用快捷键的方式也可以实现窗口之间的相互切换,快捷键切换窗口的方法有两种。

(1)“Alt + Tab”组合键。按住“Alt”键并重复按“Tab”键可以在所有打开的窗口缩略图和桌面之间循环切换。当切换到用户希望的窗口时,释放“Alt”键即可显示其中的内容。

(2)“Windows + Tab”组合键。“Windows + Tab”组合键将以三维方式排列所有打开的窗口和桌面,按住“Windows”键并重复按“Tab”键可以在所有打开的窗口缩略图和桌面之间循环切换。

6. 滚动条的操作

当文档、网页或图片超出窗口大小时,会出现滚动条,可用于查看当前窗口中处于视图之外的信息。滚动条有水平滚动条和垂直滚动条两种。滚动条由滚动框、滚动栏和滚动箭头组成。操作上下滚动条的方法如下。

(1)单击上下滚动条箭头可以小幅度地上下滚动窗口内容。鼠标左键按住滚动条箭头可以实现连续滚动。

(2)单击滚动条上下方的空白区域可以上下滚动一页。

(3)用鼠标上下拖动滚动框可在上下方向上滚动窗口。

第三节 管理文件和文件夹

一、文件及文件夹概述

文件管理是操作系统的主要功能之一。在计算机系统中,任何程序和数据都是以文件的形式存在的。Windows 7 提供了“我的电脑”和“资源管理器”两种工具来管理文件和文件夹。

文件是以计算机硬盘为载体存储在计算机上的信息集合。例如一个程序、一篇文档、一张图片等都是文件,每个文件都有唯一的文件名标识。为了分门别类地有序存放文件,操作系统把文件组织在若干目录中,也称文件夹。文件夹一般采用多层次结构(树状结构),在这种结构中,每一个磁盘有一个根文件夹,它包含若干文件和文件夹。文件夹不但可以包含文件,而且可包含下一级文件夹,这样类推下去形成的多级文件夹结构既帮助了用户将不同类型和功能的文件分类储存,又方便文件查找,还允许不同文件夹中文件拥有同样的文件名。

在 Windows 7 中,文件和文件夹的命名有如下规则:

(1)文件的名称由文件名和扩展名组成,中间用“.”字符分隔,通常扩展名说明文件的类型,如表 2-2 所示。

表 2-2　常用文件的扩展名

文件类型	扩展名	文件类型	扩展名
可执行文件	exe	批处理文件	bat
备份文件	bak	系统文件	sys
图片文件	bmp,jpg,jpeg,gif	命令文件	com
Flash 动画文件	fla,swf	网页文件	htm,html
压缩文件	rar,zip	音频文件	wav,mod,midi,mp3,ra,wma
文本文件	txt	视频文件	avi,rm,mov,mpeg

(2)在 Windows 7 操作系统中,文件名和文件夹名最长可达 255 个西文字符或 128 个汉字字符。

(3)文件名和文件夹名可以由字母、数字、汉字、空格或 ~,!,@,#,$,%,^,&,( ),_,-,{},' 等组合而成,但不能包含\,/,:,*,|,",<,>,? 等非法字符。

(4)文件名和文件夹名不区分字母的大小写。

二、文件和文件夹的显示模式

为了便于进行文件操作,在 Windows 7 的资源管理器中,单击工具栏上的 按钮,可以弹出如图 2-26 所示的滑块条,用户可以根据自己的喜好来选择使用“详细信息”“列表”“小图标”“大图标”和“超大图标”等模式。

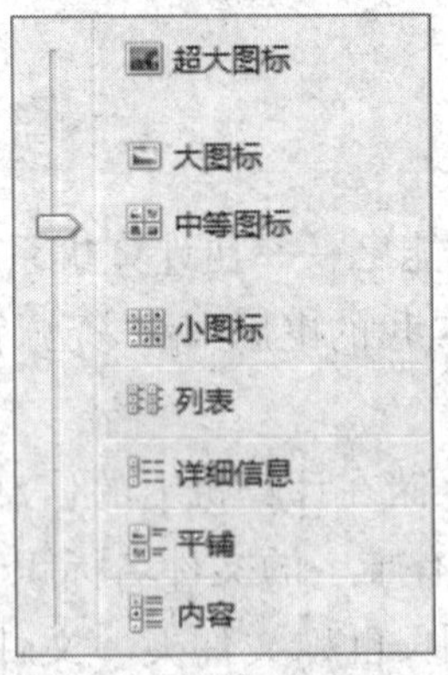

图 2-26　视图按钮滑块条

三、选中文件或文件夹

在 Windows 7 系统中,用户可以进行新建、复制、粘贴、重命名及删除文件和文件夹等操

作，在进行这些操作之前需要先选中文件或文件夹，即必须满足“先选中，后操作”原则。下面介绍选中文件或文件夹的操作方法。

(1)选中单个文件或文件夹。单击该文件或文件夹的图标即可。

(2)选中多个连续的文件或文件夹。单击第一个要选取的对象，然后按住键盘上的“Shift”键并单击最后一个对象。也可以按住鼠标左键拖出一块矩形区域，将要选中的多个文件或文件夹框选在内，如图 2－27 所示。

图 2－27　选中多个连续的文件或文件夹

(3)选中多个不连续的文件或文件夹。单击第一个要选取的文件或文件夹，然后按住“Ctrl”键并逐个单击想要选取的文件或文件夹，完成后的效果如图 2－28 所示。

图 2－28　选中多个不连续的文件或文件夹

(4)选择当前窗口中的所有文件和文件夹。按“Ctrl + A”组合键;或者按“组织”按钮,从下拉菜单中选择“全选”命令;或者按住“Alt”键,然后选择“编辑”→“全选”菜单命令。

在窗口的空白处单击鼠标,可以撤销选择的所有文件对象。

四、文件及文件夹的创建和命名

Windows 7 提供了多种新建文件和文件夹的操作方法,对于新建文件,最常见的方式是使用程序创建,而对于新建文件夹,最常用的方法是在资源管理器中创建。

1. 新建文件

创建一个新文件最常见的办法是打开相关的应用程序,然后保存新的文件。例如,在 Microsoft Word 2010 或记事本程序中新建一个文档等。

除此之外,使用快捷菜单也可以快速新建一些常见类型的文件,例如 BMP 图像、文本文档等。下面以 BMP 图像为例,说明新建常见类型文件的操作方法。

(1)右键点击桌面或文件夹的空白区域,从快捷菜单中选择“新建”命令,打开级联菜单。

(2)选择级联菜单中的“BMP 图像”命令,新建一个名为“新建位图图像”的图像文件。

(3)输入 BMP 图像的名称,名称必须符合前面关于文件命名的相关规则,然后单击空白区域或按“Enter”键,完成文件的创建。

2. 新建文件夹

在管理文件时经常需要使用文件夹,如果要新建一个文件夹,可以选择下列方法之一进行操作。

(1)右键单击桌面或文件夹的空白区域,从快捷菜单中选择“新建”→“文件夹”命令。

(2)在文件夹窗口中,单击工具栏的“新建文件夹”按钮,或者按“Alt”键,并选择“文件”→“新建”→“文件夹”菜单命令。

(3)输入新建文件夹的名称,名称必须符合前面关于文件命名的相关规则,然后单击桌面或文件夹的空白区域,完成文件夹的创建。

3. 新建快捷方式

快捷方式也是一个文件,只不过存储的是系统对象(文件、文件夹或磁盘驱动器)的一个链接。快捷方式有以下特点:

(1)快捷方式的图标与其所链接对象的图标相似,只是在左下角多了一个 ◪ 标志。

(2)原对象的位置和名称发生变化后,快捷方式能自动跟踪所发生的变化。

(3)删除快捷方式后,所链接的对象不会被删除。

(4)删除链接对象后,快捷方式不会随之删除,但已经无实际意义了。

在“计算机”和“资源管理器”内容窗格中,创建快捷方式有两种常用方法:通过拖动对象创建或通过菜单命令创建。

（1）拖动对象创建快捷方式。打开要创建快捷方式的项目所在的位置。右键单击该项目，然后单击“创建快捷方式”。新的快捷方式将出现在原始项目所在的位置上。将新的快捷方式拖动到所需位置。

用以上方法创建的快捷方式，其名称为原对象名后加上“快捷方式”字样。

（2）通过菜单命令创建快捷方式。在“计算机”或“资源管理器”内容窗格的空白处单击鼠标右键，在弹出的快捷菜单中选择“新建”子菜单，从中选择“快捷方式”命令，弹出“创建快捷方式”向导，如图 2－29 所示。

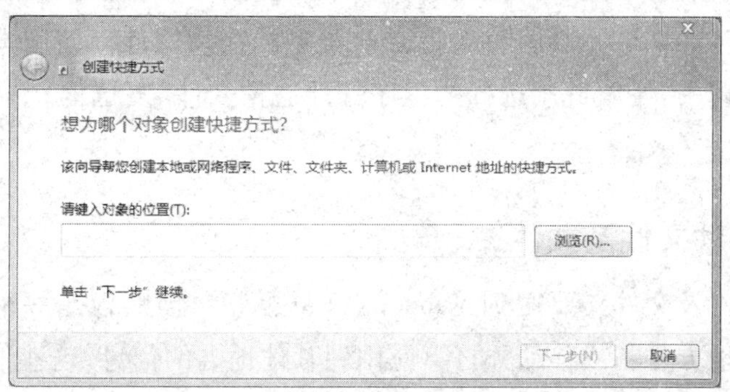

图 2－29 “创建快捷方式”向导步骤 1

在“请键入对象的位置”文本框中，输入要链接对象的位置和文件或文件夹名，或者单击“浏览”按钮，在弹出的对话框中选择需要的对象保存位置。单击“下一步”按钮，“创建快捷方式”向导转到步骤 2，此处以创建“a. txt”的快捷方式为例，如图 2－30 所示。

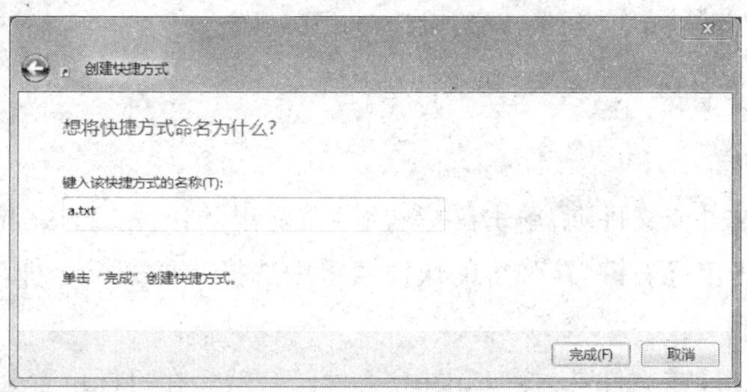

图 2－30 “创建快捷方式”向导步骤 2

4. 重命名文件或文件夹

有时候需要对文件或文件夹重新命名，以便于查找和管理。文件和文件夹重命名的方法非常简单，以文件夹重命名为例，可以通过鼠标单击想重命名的文件夹两次，或使用鼠标右键单击想重命名的文件夹，在弹出的菜单中选择“重命名”选项，使文件夹名字处于反白的编辑状态，输入新的名称即可。

五、打开文件及文件夹

双击文件或文件夹，即可将其打开。如果打开的是文件，则默认由创建该文件的应用程序打开。另外,右键单击文件或文件夹,在弹出的快捷菜单中选择“打开”命令,也可以将其打开。

在 Windows 系统中,打开文件并不是只能使用默认的方式。例如,在打开图片文件时,可以选择打开图片文件的程序,操作步骤如下:

(1)右键单击要打开的图片文件,在弹出的快捷菜单中选择“打开方式”→“选择默认程序”命令,系统弹出“打开方式”对话框。

(2)在对话框中选择用于打开图片文件的程序,然后单击“确定”按钮,系统将以选择的程序打开图片文件。如果希望以后每次打开该类型的图片文件都使用本次选择的程序,那么可以在对话框中选中“始终使用选择的程序打开这种文件”复选框,单击“确定”按钮结束打开操作。

六、复制和移动文件及文件夹

复制或移动文件及文件夹要用到 Windows 7 剪贴板。剪贴板是一个临时存储区域,用来临时存储从一个地方复制或移动并打算应用到其他地方的信息,这些信息可以是文本、图片、文件或文件夹。复制和移动操作的区别如下:

(1)复制文件是指制作一个该文件的副本到新位置,而复制文件夹是指制作该文件夹本身及其所包含的所有文件和子文件夹的副本到新位置。

(2)移动文件和文件夹是指将文件或文件夹从一个位置移动到另外一个位置,就像是日常生活中将一件东西从一个地方拿到另外一个地方一样。

1. 复制文件或文件夹

(1)利用快捷菜单。

选中要复制的文件或文件夹,单击鼠标右键,在弹出的快捷菜单中选择“复制命令”,然后在目标位置处单击鼠标右键,在弹出的快捷菜单中选择“粘贴”命令即可。

(2)利用快捷键。

选中要复制的文件或文件夹,按“Ctrl + C”组合键,然后在目标位置处,按“Ctrl + V”组合键即可。

(3)利用鼠标左键。

如果要复制的文件或文件夹的原位置与目标位置是在同一个驱动器时,需要按住“Ctrl”键,同时拖动要复制的文件或文件夹到目标位置,然后松开鼠标和“Ctrl”键;如果是在不同的驱动器上,那么直接拖动即可。

(4)利用鼠标右键。

选定要复制的对象,用右键将选定的对象拖动到目标位置,此时,目标文件夹变成蓝色,松开右键会弹出快捷菜单,选择“复制到当前位置”命令即可。

如果要复制的文件与目标位置的文件重名,系统会弹出“复制文件”对话框,如图 2 - 31

所示，提示用户进行相应的操作。

在复制文件夹时，若复制的文件夹与目标文件夹重名，会弹出"确认文件夹替换"对话框，如图 2－32 所示。如果单击"是"按钮，系统会将这两个文件夹进行合并。

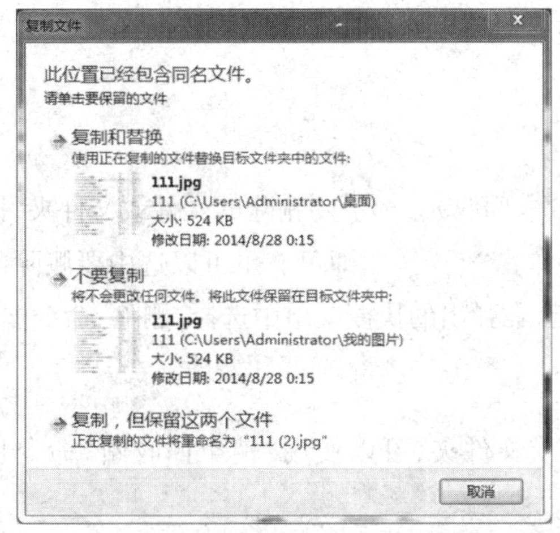

图 2－31 "复制文件"对话框

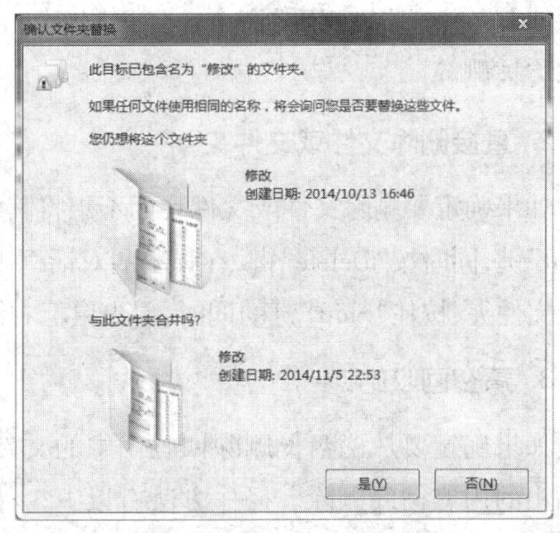

图 2－32 "确认文件夹替换"对话框

2. 移动文件或文件夹

(1)利用快捷菜单。

选中要复制的文件或文件夹，单击鼠标右键，在弹出的快捷菜单中选择"剪切命令"，然后在目标位置处单击鼠标右键，在弹出的快捷菜单中选择"粘贴"命令即可。

(2)利用快捷键。

选中要复制的文件或文件夹，按"Ctrl + X"组合键，然后在目标位置处，按"Ctrl + V"组合键即可。

(3)利用鼠标左键。

当要复制的文件或文件夹的原位置与目标位置在同一个驱动器时，直接拖动即可；如果是在不同的驱动器上，那么需要按住"Shift"键，同时拖动要复制的文件或文件夹到目标位置，然后松开鼠标和"Shift"键。

(4)利用鼠标右键。

选定要复制的对象，用右键将选定的对象拖动到目标位置，此时，目标文件夹变成蓝色，松开右键会弹出快捷菜单，选择"复制到当前位置"命令即可。

七、删除或恢复文件及文件夹

1. 删除文件或文件夹到回收站

回收站是一个特殊的文件夹，默认在每个硬盘分区根目录下的 RECYCLER 文件夹中，而且是隐藏的。当用户将文件删除并移到回收站后，实质上就是把它放到了这个文件夹，仍然占用磁盘的空间,只有在回收站里删除文件或清空回收站才能将文件真正地删除。

选中要删除的文件或文件夹,按“Delete”键,在弹出的对话框中单击“是”按钮,即可将文件或文件夹删除到回收站中。也可以选中要删除的文件或文件夹,单击鼠标右键,在弹出的快捷菜单中选择“删除”命令。如果删除的是文件夹,那么文件夹中的所有文件和子文件夹都将被删除。

2. 直接删除文件或文件夹

如果确定要删除文件或文件夹而不想将其放入回收站,选中要删除的文件或文件夹,按住“Shift”键,同时按“Delete”键,在弹出的对话框中单击“是”按钮即可。也可以选中要删除的文件或文件夹,按住“Shift”键的同时,单击鼠标右键,在弹出的快捷菜单中选择“删除”命令。

3. 清空回收站

如果确定要从磁盘上删除回收站中的文件或文件夹,可以使用“清空回收站”命令将回收站中的内容彻底删除。操作方法有以下 3 种:

(1)在“回收站”窗口中,执行“文件”→“清空回收站”命令。

(2)在“回收站”窗口的工具栏中选择“清空回收站”命令。

(3)在桌面上,用鼠标右键单击“回收站”图标,在弹出的快捷菜单中选择“清空回收站”命令。

4. 恢复文件或文件夹

如果是因为误操作而文件或文件夹删除到“回收站”中,则可以使用回收站的“还原”命令进行恢复操作;如果是直接删除的文件或文件夹,则无法恢复。恢复操作的方法有以下 3 种:

(1)在“回收站”窗口中,选中需要恢复的文件或文件夹,使用移动文件或文件夹的方法,将文件或文件夹移动到原始位置。

(2)在“回收站”窗口中,选中需要恢复的文件或文件夹,执行“文件”→“还原”命令。

(3)单击“回收站”窗口工具栏上的“还原所有项目”按钮,打开“回收站”对话框,单击“是”按钮,还原“回收站”中的所有项目。

八、查找文件或文件夹

Windows 7 为用户提供了多种查找文件或文件夹的方法,下面分别予以介绍。

1. 使用“开始”菜单的搜索框

打开“开始”菜单,在搜索框中输入要查找的文件或文件夹的名称(或名称中包含的关键字),与输入内容匹配的搜索结果将会出现在“开始”菜单搜索框的上方。例如,输入“程序”时,搜索结果如图2 - 33所示。

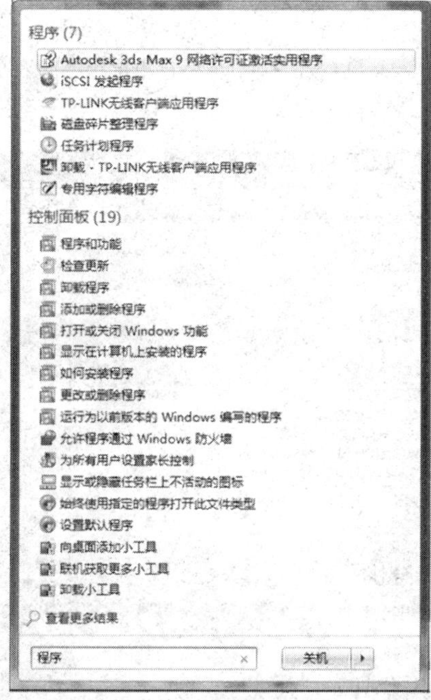

图 2－33　使用“开始”菜单中的搜索框查找文件

2. 在打开的文件夹或库窗口中使用搜索框

打开要进行查找的目标文件夹或库窗口，在窗口右上方的搜索框中输入要查找的文件或文件夹的名称或关键字，以筛选文件夹或库窗口中的内容。例如，在某文件夹窗口的搜索框中输入文字“方案”后，搜索得到的结果如图 2－34 所示。

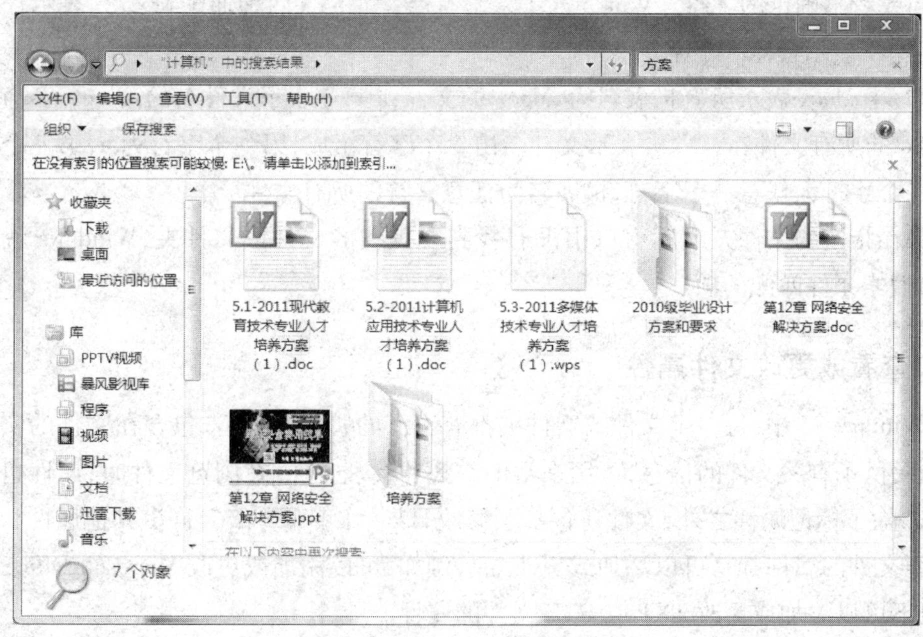

图 2－34　使用文件夹中的搜索框

单击搜索框可以显示“修改日期”和“大小”搜索筛选器。选择“修改日期”搜索筛选器，可以设置要查找的文件或文件夹的日期或范围，如图 2－35 所示。单击“大小”搜索筛选器，可以指定要查找的文件或文件夹的大小。

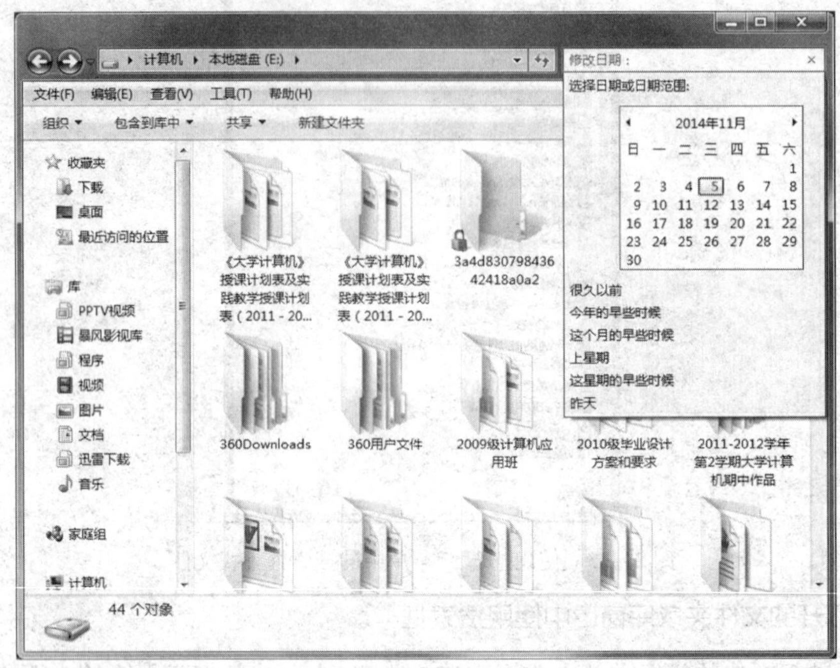

图 2－35　“修改日期”搜索筛选器

当用户需要对某一类或某一组文件或文件夹进行搜索时，可以使用通配符来表示文件名中不同或者不确定的字符。Windows 7 系统有“?”和“ * ”两种通配符：“?”表示任意一个字符，而“ * ”表示任意多个字符。

例如，*. docx 表示所有扩展名为 . docx 的文件；a * . c 表示文件名的第一个字符是 a，扩展名是 . c 的所有文件；a? b. * 表示文件名由 3 个字符组成，第一个字符为 a，第三个字符为 b，而第二个字符为任意一个字符，扩展名为任意字符的所有文件。

如果在指定的文件夹或库窗口中没有找到要查找的文件或文件夹，Windows 就会提示“没有与搜索条件匹配的项”。

九、查看或更改文件属性

在 Windows 7 中，每一个文件或文件夹都有自己的属性，属性未包含在文件的实际内容中，而是提供了有关文件的信息，可用来帮助查找和整理文件，在浏览文件时，属性也被称为“标识”。除了标记属性之外，文件还包括了修改日期、作者和分级等许多其他属性。但不是所有类型文件的属性都是可以添加或更改的。例如，可以添加或更改 Microsoft Office 文档的属性，但不可以添加或更改 TXT 或 RTF 文件的属性。

(1)用户可以使用如下方法打开文件的属性对话框。

①右键单击文件图标,在弹出的快捷菜单中选择“属性”命令。

②按住“Alt”键,用鼠标左键双击要查看或更改属性的文件。

③在文件夹或库窗口中选定文件,然后单击“组织”按钮,执行“属性”命令,或者按“Alt”键,并选择“文件”→“属性”命令。

如图2-36所示,在“属性”对话框的“常规”选项卡中,有“只读”和“隐藏”两种属性可以修改;切换到“详细信息”选项卡,如图2-37所示,如果要更改文件的某属性可以单击该属性并输入新的内容。最后单击“确定”按钮,应用设置并关闭对话框。

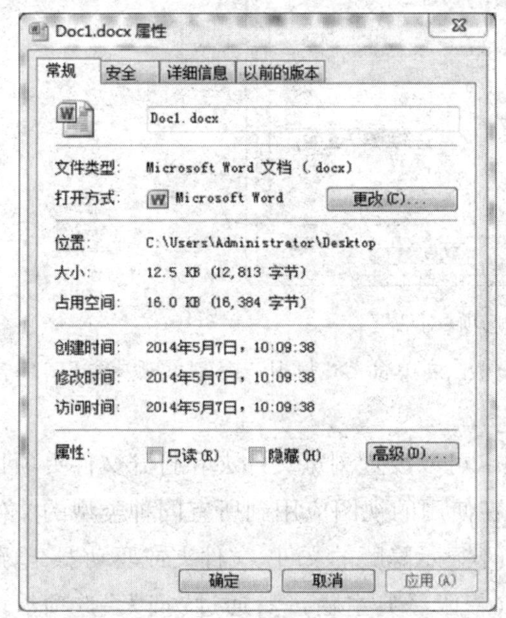

图2-36 “常规”选项卡

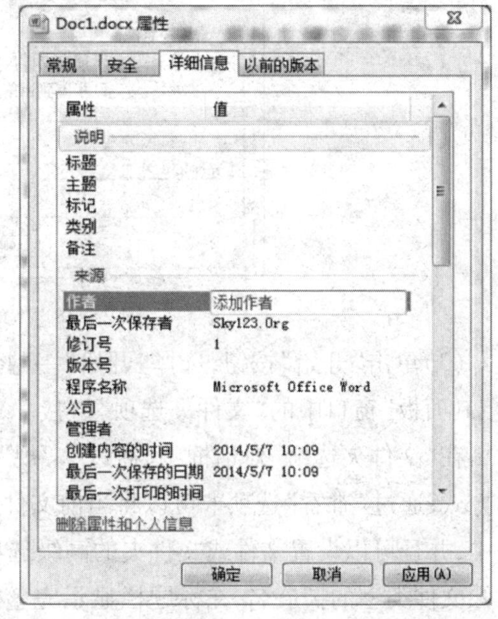

图2-37 “详细信息”选项卡

(2)在文件夹或库窗口中,选择要查看或更改属性的文件,窗口底部的详细信息面板中将显示该文件的属性。如果要更改文件的某个属性,请单击该属性并输入新的属性内容。

十、设置文件夹选项

文件夹选项是“资源管理器”中的一个重要菜单项,通过它我们可以修改文件的查看方式,编辑文件的打开方式,等等。如果要打开“文件夹选项”对话框(图2-38),可以选择下列方法之一进行操作:

(1)在文件夹或库窗口中单击“组织”按钮,选择“文件夹和搜索选项”命令,或者按“Alt”键选择“工具”→“文件夹选项”命令,打开“文件夹选项”对话框。

(2)在“开始”菜单的搜索框中输入“文件夹选项”,单击搜索结果中的“文件夹选项”链接。

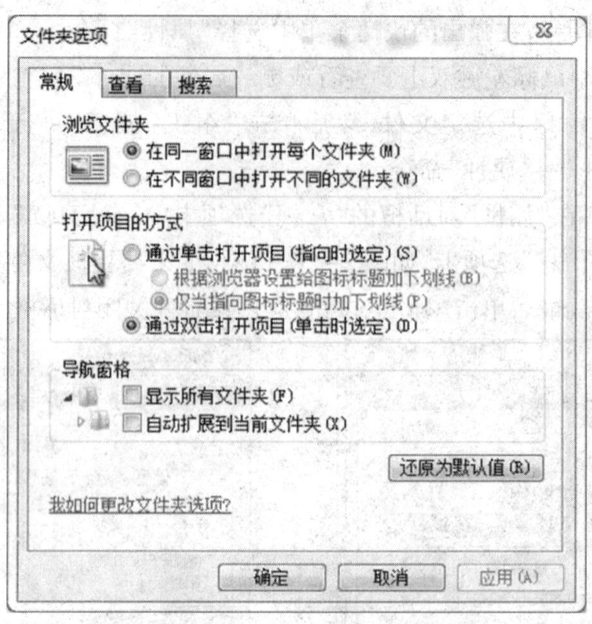

图 2－38 “文件夹选项”对话框

(3)单击“开始”按钮,选择“开始”→“控制面板”菜单命令,打开“控制面板”窗口,单击“控制面板”窗口中的“文件夹选项”链接。

在“文件夹选项”对话框中,通过“常规”选项卡可以设置浏览文件夹和打开文件夹项目的方式;通过“查看”选项卡可以将当前文件夹正在使用的视图应用到所有同种类型的文件夹中,并且可以设置文件或文件夹的高级选项,如不显示隐藏的文件、文件夹或驱动器,隐藏已知文件类型的扩展名,在标题栏显示完整路径(仅限经典主题)等;通过“搜索”选项卡可以设置搜索内容、搜索方式等。

第四节 库

一、库的概述

以往的 Windows 操作系统,总是以树状结构的方式来组织和管理计算机上的各种文件和文件夹。往往根据文件的内容或者类型的不同,将它们分别保存在不同的目录下,从而一层一层嵌套形成树状结构。但是,随着硬盘容量越来越大,计算机上的文件数量越来越多,同时由于树状结构的先天缺陷,这种组织文件的方式开始变得无法满足日常需要。单一的树状结构的分类方式,无法满足文件之间复杂的联系。例如,在准备一份计划书的时候,将文档保存在文档相关的目录下,同时,将文档中的各种插图保存在图片相关的目录下,在这

种情况下，当要查看修改文档中的某张图片时，需要在文档目录和图片目录之间跳转切换，给工作带来很多不便。如果将很多电影分别按照树状结构分类存放到硬盘上的各个分区，想找到某部电影，就需要在各个分区、各个目录之间查找，费时费力。

为了帮助用户更加有效地对硬盘上的文件进行管理，微软公司在 Windows 7 中提供了新的文件管理方式——库。作为访问用户数据的首要入口，库在 Windows 7 里是用户指定的特定内容的集合，和文件夹管理方式是相互独立的，分散在硬盘上不同物理位置的数据可以逻辑地集合在一起，查看和使用都更方便。用户可以使用与在文件夹中相同的操作方式浏览文件，也可以按属性（如日期、类型和作者）查看排列的文件。在某些方面，库类似于文件夹。例如，打开库时将看到一个或多个文件。但与文件夹不同的是，库可以收集存储在多个位置中的文件，这是一个细微但重要的差异。库实际上不存储项目。它们监视包含项目的文件夹，并允许以不同的方式访问和排列这些项目。例如，如果在本地硬盘和外部驱动器上的文件夹中有音乐文件，则可以使用音乐库同时访问所有音乐文件。

二、新建库

Windows 7 有四个默认库，即文档库、音乐库、图片库和视频库。用户还可以为其他集合创建新库，创建库的步骤如下：

(1)在“开始”菜单的用户账户上单击，打开个人文件夹。例如，此处的用户账户为 Administrator，打开该用户账户的个人文件夹窗口，如图 2－39 所示。

图 2－39　个人文件夹窗口

(2)单击导航窗格中的“库”选项,然后单击工具栏中的“新建库”按钮。

(3)输入库的名称。例如,此处输入“程序”,然后单击“库”窗口的空白区域或按“Enter”键,则新建一个名为“程序”的库,如图 2-40 所示。

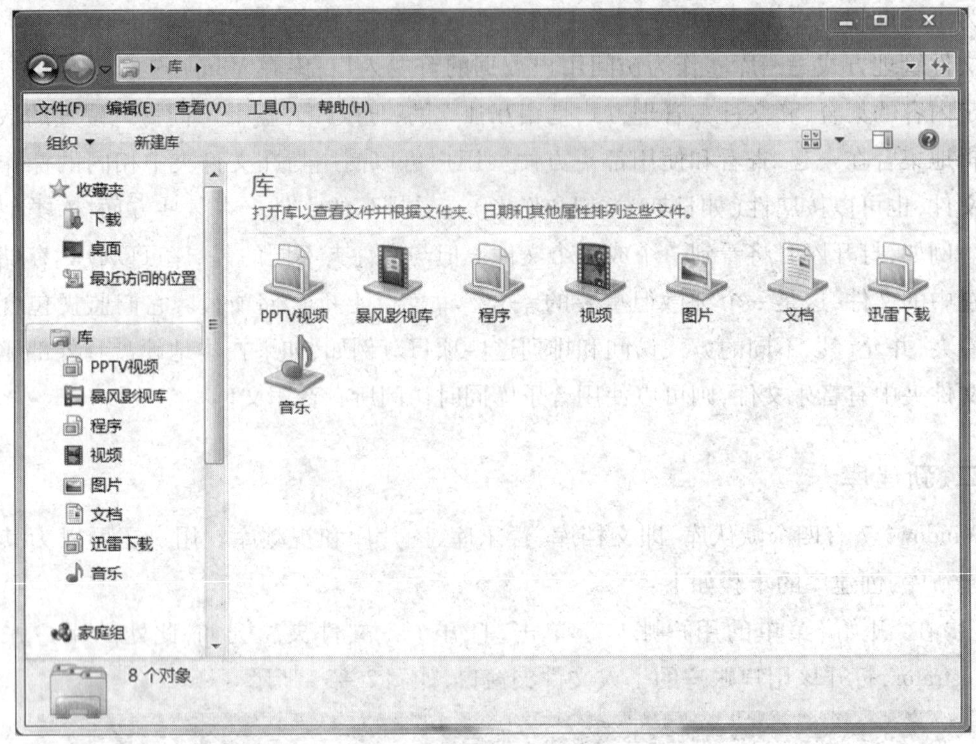

图 2-40　新建库

三、设置库

在使用库时,可以将不同位置的文件夹包含到同一个库中,然后以一个几何的形式查看和排列这些文件夹中的文件夹。例如,将计算机的某个驱动器、外部硬盘驱动器或网络中的文件夹包含到库中,但无法将部分可移动媒体存储设备(如 CD 和 DVD)和某些 USB 闪存驱动器上的文件夹包含到库中。

1. 添加文件夹到库

打开资源管理器,在导航窗格中,找到要包含的文件夹,单击该文件夹。在工具栏中,单击“包含到库中”按钮,在下拉列表中,单击要包含到的库。

也可以在资源管理器中,选择要添加到库的文件夹,单击鼠标右键,在弹出的快捷菜单中选择“包含到库中”级联菜单,选择要包含到的库。

2. 从库中删除文件夹

不再需要监视库中的文件夹时,可以将其删除。从库中删除文件夹时,不会删除原始位

置的文件夹及文件。

打开资源管理器窗口,在导航窗格中,单击要删除文件夹的库。在内容显示窗格的上方,单击文字“包括”右侧的“1 个位置”链接(数字 1 是库中文件夹的数量)。在显示的对话框中,单击要删除的文件夹,单击“删除”按钮,然后单击“确定”按钮即可。

也可以在资源管理器的导航窗格中,选择要删除文件夹的库,单击鼠标右键,在弹出的菜单中选择“属性”命令,弹出如图 2-41 所示的对话框。

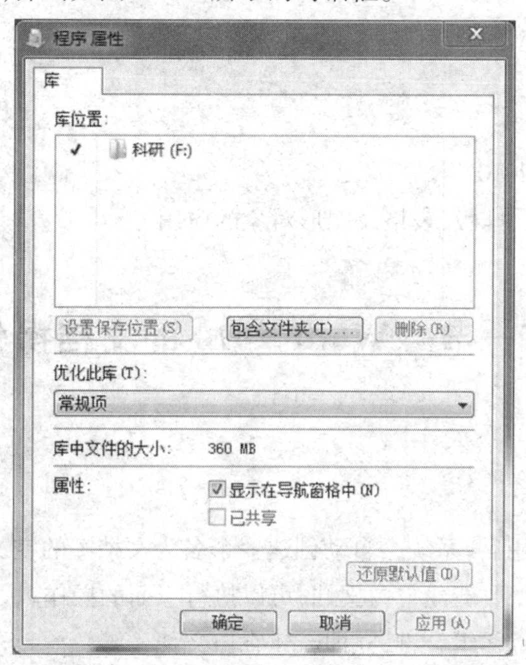

图 2-41　“库属性”对话框

在弹出的库的属性对话框中,选择要删除的文件夹,单击“删除”按钮,再单击“确定”按钮即可。

3. 更改库的默认保存位置

将其他位置的文件或文件夹复制到库中时,会将其复制到库的默认位置。如果不习惯使用该位置,则可以重新指定,下面以“音乐库”为例,介绍更改库默认位置的操作步骤。

单击任务栏上的“资源管理器”按钮,打开 Windows 资源管理器。选择导航窗格中的“音乐”选项,打开“音乐库”窗口。在音乐文件列表的上方,单击文字“包括”右侧的“2 个位置”链接,打开“音乐库位置”对话框。右键单击当前不是默认保存位置的库位置,从快捷菜单中选择“设置为默认保存位置”命令,更改音乐库的默认保存位置。单击“确定”按钮,应用设置并关闭对话框。

第三章 Word 2010

学习目标

- 熟练应用 Word 2010。
- 掌握文档的编辑、排版,表格及图形对象的应用。

第一节 Word 2010 的文档操作

一、创建空白文档

启动 Word 2010 应用后,系统会自动创建一个名为文档 1 的空文档,其扩展名为 . docx。如果在操作已有文件后需要新建空白文档,可以执行下面的操作。

(1)按键盘的"Ctrl + N"组合键,立即新建空白文档。

(2)切换到"文件"选项卡,打开 Backstage 视图,选择"新建"命令,在右侧的视图中将列出一些新建文件类型的选项,如图 3 - 1 所示。系统默认选择"空白文档"类型图标,单击文档预览右下角的"创建"按钮即可。另外,使用 Backstage 视图中的模板能够避免从头开始创建文件。

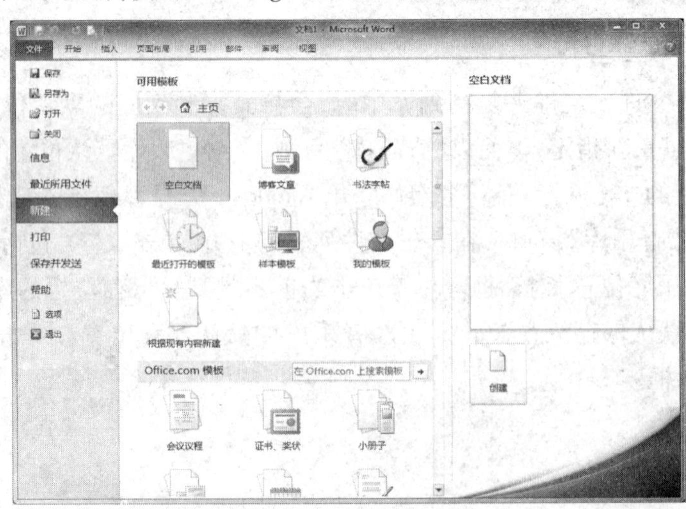

图 3 - 1　Backstage 视图

二、保存和命名文档

创建新文档时，Word 2010 会给文档分配一个临时的名字。例如文档 1、文档 2 等。要替换临时文件名，并安全地将文件中的内容保存到计算机硬盘上，需要进行保存文件操作。

1. 保存新文件

(1)单击快速访问工具栏中的“保存”按钮。

(2)按键盘上的“Ctrl + S”组合键或“Shift + F12”组合键。

(3)切换到“文件”选项卡，选择“保存”命令。

2. 保存已存盘的文件

如果对已存盘的文档进行了修改，就需要对其再次保存，使修改后的内容被计算机保存并覆盖原有的内容，可以使用保存新文件的方法来操作，此时，不会打开“另存为”对话框。

3. 将文件另外保存

单击“文件”选项卡，选择“另存为”命令，在打开的“另存为”对话框中选择文档的保存位置、保存类型或文件名称，然后单击“保存”按钮。

三、打开与保护文档

1. 打开文档

在文件夹窗口中双击文档图标，或者将资源管理器中的 Word 文档拖曳到 Word 工作区，即可打开文档。也可以单击“文件”选项卡，选择“打开”命令，在弹出的“打开”对话框中选择要打开的文档。

若要一次打开多个连续的文档，在“打开”对话框中单击第一个文件名称，然后按住“Shift”键并单击最后一个文件名称，此时两个文件以及它们之间的所有文件都被选择，最后单击“打开”按钮；若要一次打开多个不连续的文档，按住“Ctrl”键，然后依次单击要打开的文件名称，最后单击“打开”按钮。

2. 保护文档

为了防止他人打开文档，可以为文档设置密码。已设置密码的文档再次打开时，Word 会提示用户输入密码，如果密码不正确，就不能打开文档。为文档设置密码的步骤如下：

(1)单击“文件”选项卡，选择“信息”命令，在右侧的窗口中选择“保护文档”按钮。

(2)在弹出的菜单中选择“用密码进行加密”命令，这时会弹出“加密文档”对话框，如图 3 - 2 所示。

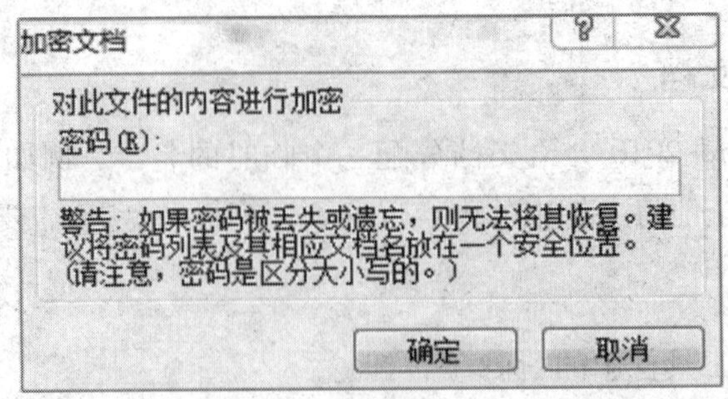

图 3－2 “加密文档”对话框

(3)用户在对话框的文本框中输入密码,然后单击“确定”按钮即可对文档加密。

第二节　Word 2010 的文本编辑

一、文本的输入

1. 定位插入点

用户要学会使用 Word 编辑文档的方法,第一步要掌握如何将内容输入到文档中。在输入文本前,先确定光标(闪烁的黑色竖线“|”,称为插入点)的位置,然后切换到适当的输入法,可以按“Ctrl + Shift”组合键循环切换各种输入法,接下来即可在文档中输入英文、汉字和其他字符。

用鼠标在编辑区单击,可以实现光标的定位。还可以使用键盘按键控制光标的位置,具体方法见表 3－1。

表 3－1　在 Word 中用键盘按键控制光标的方法

键盘按键	作用	键盘按键	作用
↑,↓,←,→	光标上、下、左、右移动	Shift + F5	返回上次编辑的位置
Home	光标移动至行首	End	光标移动至行尾
Page Up	向上滚动一屏	Page Down	向下滚动一屏
Ctrl + ↑	光标移动至上一段落的段首	Ctrl + ↓	光标移动至下一段落的段首
Ctrl + ←	光标向左移动一个汉字(词语)或英文单词	Ctrl + →	光标向右移动一个汉字(词语)或英文单词
Ctrl + Page Up	光标移动至上页顶端	Ctrl + Page Down	光标移动至下页顶端
Ctrl + Home	光标移动至文档起始处	Ctrl + End	光标移动至文档结尾处

2. 输入符号

一些常见的中、英文符号所对应的键位如下："\"(反斜线)对应于中文顿号"、"，"^"(乘方)符号对应于省略号"……"，"_"(下划线)对应于破折号"——"，"< >"(英文书名号)对应于中文书名号"《》"。

对于无法通过键盘上的按键直接输入的符号，可以在Word 2010提供的符号集中选择。方法是：将插入点移至目标位置，切换到"插入"选项卡，在"符号"选项组中单击"符号"按钮，从下拉菜单中选择在文档中已使用过的符号。如果用户未发现所需符号，单击"其他符号"命令，打开"符号"对话框，如图3-3所示，在"字体"下拉列表中选择符号的字体，在"子集"下拉列表中选择符号的种类，然后从下方的列表框中选择要插入的符号并单击"插入"按钮，最后单击"关闭"按钮。

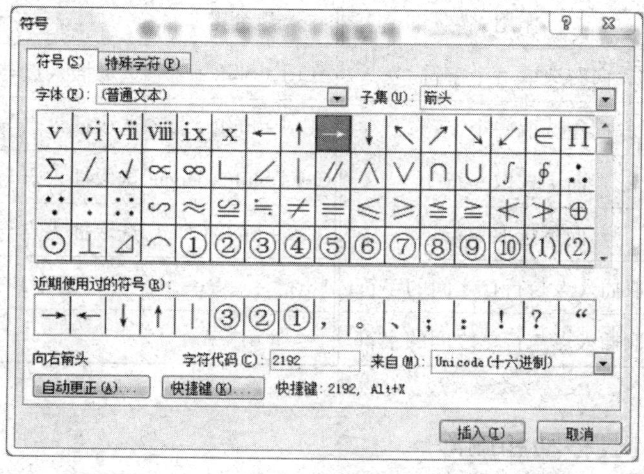

图3-3 "符号"对话框

用户也可以在"符号"对话框的"特殊字符"选项卡中选择要使用的符号，并使用上述方法插入文档。

二、文本的选择

在Word 2010中，对文本执行的所有操作，都必须符合"先选择，后操作"的原则。使用鼠标或键盘都可以对文本进行选择。用鼠标在文档的任意位置单击，可以取消对文本的选择。

1. 使用鼠标选择文本

(1)选择连续的文本：在所选文字的起始位置按住鼠标左键不放，将光标移动到所选文字的结束位置松开鼠标左键。

(2)选择不连续的文本：按住"Ctrl"键，在要选择的文本上拖动鼠标。

(3)选择单词或词组：使用鼠标在所选单词或词组上双击。

(4)选取一行文本:将光标移动到某行的左侧选中区,当光标变成斜向右上方的箭头时,单击鼠标左键,即可选中该行。

(5)选择一整句:按住“Ctrl”键,单击要选择的句子的任意位置,该句子中的所有文字都将被选中。

(6)选择段落:在所选段落的任意位置连续三次单击鼠标左键,即可选择整个段落。

(7)选择矩形区域文本:按住“Alt”键,同时单击鼠标左键拖出一个矩形区域,该区域中的文本将被选中。

2. 使用键盘选取文本

使用功能键与其他键配合,可以方便、快捷地选取文本,具体方法见表3-2。

表3-2 用键盘选取文本的常用方法

组合键	作用	组合键	作用
Shift + →	向右选取一个字符	Ctrl + Shift + ↑	选取插入点与段落开始之间的字符
Shift + ←	向左选取一个字符	Ctrl + Shift + ↓	选取插入点与段落结束之间的字符
Shift + ↑	向上选取一行	Ctrl + Shift + Home	选取插入点与文档开始之间的字符
Shift + ↓	向下选取一行	Ctrl + Shift + End	选取插入点与文档结束之间的字符
Shift + Home	选取插入点与行首之间的字符	F8 + ↑,↓,←,→	选中到文档的指定位置
Shift + End	选取插入点与行尾之间的字符	Ctrl + A	整个文档

三、文本的复制、移动和删除

1. 文本的复制

选取要复制的文本,切换到“开始”选项卡,使用“剪贴板”选项组(图3-4)中的“复制”命令或按键盘的“Ctrl + C”组合键,然后将插入点移至目标位置,单击“剪贴板”选项组中的“粘贴”命令或按键盘的“Ctrl + V”组合键即可。

2. 文本的移动

选取要复制的文本,切换到“开始”选项卡,使用“剪贴板”选项组中的“剪切”命令或按键盘的“Ctrl + X”组合键,然后将插入点移至目标位置,单击“剪贴板”选项组中的“粘贴”命令或按键盘的“Ctrl + V”组合键即可。

3. 选择性粘贴

复制或移动文本后,切换到“开始”选项卡,在“剪贴板”选项组中单击“粘贴”按钮下方的箭头按钮,从下拉菜单中选择适当的命令可以实现选择性粘贴,如图3-5所示。

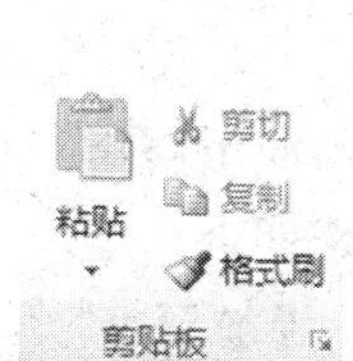

图 3－4 “剪贴板”选项组

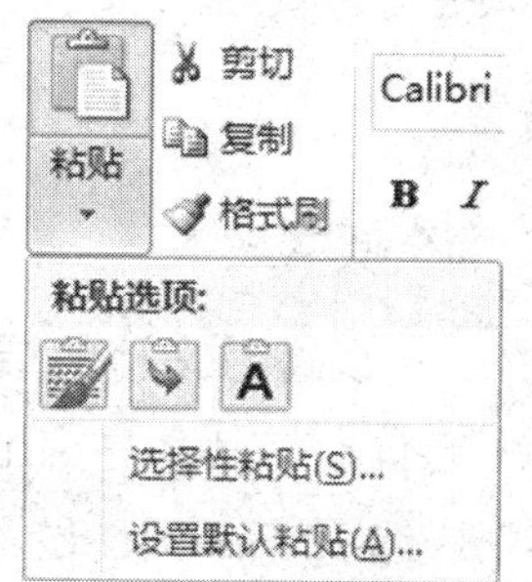

图 3－5 “粘贴”下拉菜单

例如，选择相关文本后，在“剪贴板”选项组中单击“复制”或“移动”按钮，将插入点移至目标位置，从“粘贴”下拉菜单中选择“选择性粘贴”命令，打开“选择性粘贴”对话框，如图 3－6所示。在“粘贴”单选按钮右侧的列表框中选择“图片（增强型图元文件）”选项，可以将文本转换为图片格式。

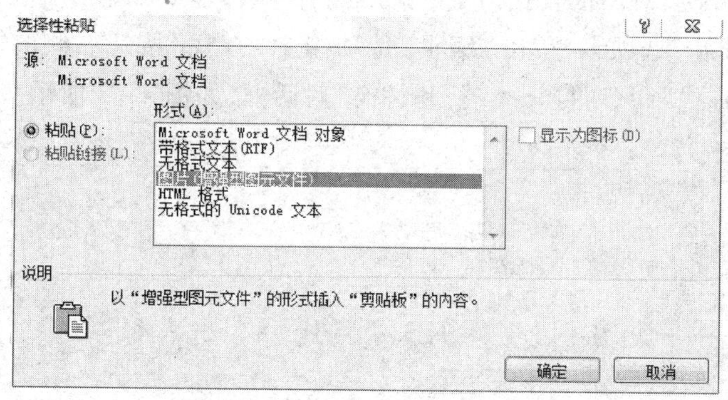

图 3－6 “选择性粘贴”对话框

4. 文本的删除

删除文本时，按“Backspace”键可以删除插入点左侧的文本，按“Delete”键可以删除插入点右侧的文本，或者先选中要删除的文本，然后按“Backspace”或“Delete”键。

四、撤销与恢复

在编辑文档的过程中难免出现错误操作，例如，文字输入错误、文本复制位置错误或将不应该删除的文本不小心删掉等。此时，单击快速访问工具栏中的“撤销”按钮 或者按“Ctrl＋Z”组合键，即可将文档还原到执行错误操作之前的状态。单击“撤销”按钮右侧的箭头按钮，将弹出包含之前每一次操作的列表。其中，最新的操作在最顶端。移动鼠标选定其中的多次连续操作，单击鼠标可将它们一起撤销。

当用户执行一次“撤销”操作后，可以按下“Ctrl＋Y”组合键执行恢复操作，也可以单击“快速访问工具栏”中已经变成可用状态的“恢复键入”按钮，恢复上一步撤销的操作。

五、查找和替换

1. 使用“导航”窗格搜索文本

通过“导航”窗格，可以查看文档的结构，也可以对文档中的内容进行搜索，在搜索到所需内容后，Word 程序会自动将其高亮突出显示，操作步骤如下：

(1)切换到“视图”选项卡，选中“显示”选项组中的“导航窗格”复选框或按“Ctrl + F”组合键，打开“导航”窗格。

(2)在窗格的文本框中输入要搜索的内容，Word 将在“导航”窗格中列出文档所包含的查找文本的段落，并将搜索到的文本突出显示。

2. 查找

通过“查找和替换”对话框查找指定的文本内容，具体步骤如下：

(1)切换到“开始”选项卡，单击“编辑”选项组中“查找”按钮右侧的箭头按钮，从下拉菜单中选择“高级查找”命令，打开“查找和替换”对话框，如图 3－7 所示。

图 3－7　“查找和替换”对话框

(2)在“查找内容”下拉列表框中输入要查找的文本，如果之前已经进行过查找操作，也可以在“查找内容”下拉列表框中选择。

(3)单击“查找下一处”按钮开始查找，找到的文本将反相显示；如果查找的文本不存在，将弹出“Word 已完成对文档的查找，未找到搜索项”对话框。

(4)如果要继续查找，再次单击“查找下一处”按钮；单击“取消”按钮，对话框关闭，同时，插入点停留在当前查找到的文本处。

(5)单击“查找和替换”对话框中的“更多”按钮，可以打开扩展的对话框，如图 3－8 所示。其中多了“搜索选项”和“查找”两栏，“搜索选项”栏中有“搜索”下拉列表框和多个复选框，用户可以根据实际需要进行选择。其中，选中“使用通配符”复选框可以在查找内容中使用通配符，以实现模糊查找，常用的通配符有“ * ”和“?”两种，“ * ”表示多个任意字符，“?”表示一个任意字符。

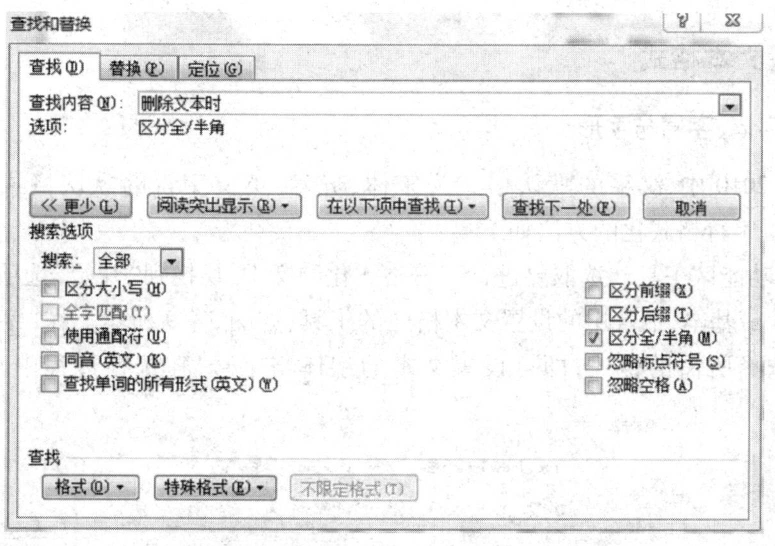

图 3－8　扩展的"查找和替换"对话框

3. 替换

替换功能是将文档中查找到的文本用指定的其他文本予以替代，或者将查找到的文本格式进行修改。具体步骤如下：

(1)切换到"开始"选项卡，在"编辑"选项组中单击"替换"按钮，打开"查找和替换"对话框的"替换"选项卡。

(2)在"查找内容"下拉列表框中输入被替换的内容，在"替换为"下拉列表框中输入用来替换的新内容。如果在"替换为"下拉列表框中未输入任何内容，则被替换的内容会被删除。

(3)单击"全部替换"按钮，若查找的文本存在，则全部被替换。如果要选择性替换，可以单击"查找下一处"按钮找到被替换的内容，根据用户实际需要，若想替换则单击"替换"按钮，不想替换则继续单击"查找下一处"按钮，如此反复。

(4)如果要根据某些条件进行替换，可单击"更多"按钮打开扩展的对话框，在其中设置查找或替换的相关选项，然后按照上述步骤进行操作。

第三节　Word 2010 的文档格式化

在完成文本的录入后，为了使文档层次分明、界面美观，需要对文档进行必要的格式设置，也就是对文本、段落、节与文档在显示方式上进行设置，这就是文档格式化。用户可以使用"字体"选项组、浮动工具栏和"字体"对话框，对选定的文本进行格式设置。

一、设置文本格式

1. 设置字体、字号与字形

在 Word 2010 中,汉字的默认格式为宋体、五号,英文字符的默认格式为 Times New Roman、五号。字符格式化的方法如下:

(1)使用功能区工具。选取要进行字符格式化的文本,切换到“开始”选项卡,在“字体”选项组中包含最基本、最常用的设置文本格式的工具,如图 3-9 所示。在“字体”“字号”下拉列表框中选择所需的格式,即可设置文本的字体与字号,在选择过程中具有实时预览功能。

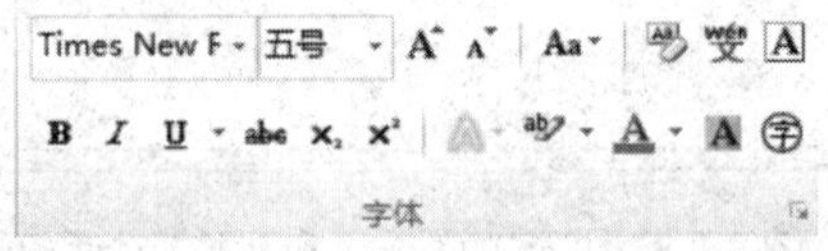

图 3-9 “字体”选项组

字形是指文本的显示效果,如加粗、倾斜、下划线、上标和下标等。在“字体”选项组中单击用于设置字形的按钮,即可为选定的文本设置相应的字形。如果要取消已经存在的某种字形效果,选定文本区域后,再次单击相应字形工具按钮即可。

(2)使用“字体”对话框。选取要进行字符格式化的文本,切换到“开始”选项卡,单击“字体”选项组中的“对话框启动器”按钮或者按“Ctrl + D”组合键可以打开“字体”对话框,如图 3-10 所示。在“字体”选项卡的“中文字体”“西文字体”下拉列表框中设置文本的字体,在“字号”“字形”组合框中选择文本的字号和字形,在“效果”栏中为文本添加特殊效果。

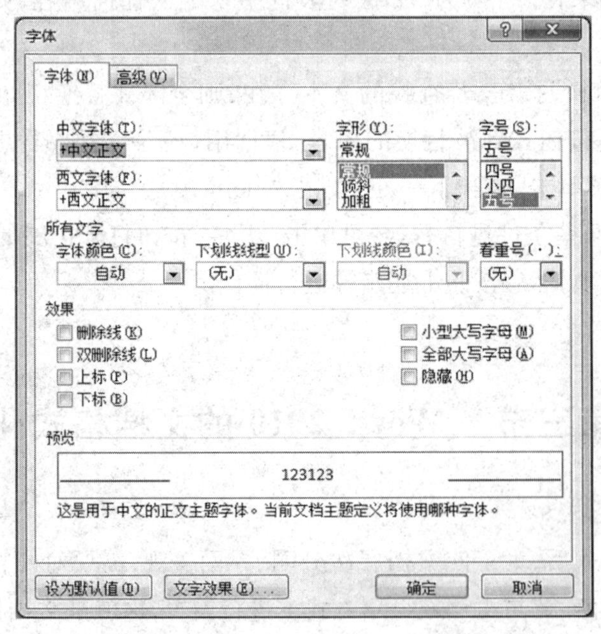

图 3-10 “字体”对话框的“字体”选项卡

(3)使用浮动工具栏。选取要进行字符格式化的文本,将鼠标稍稍向上移动,此时会出现浮动工具栏,如图 3-11 所示。浮动工具栏的操作与“字体”选项组的操作类似。

图 3-11 浮动工具栏

2. 设置字符间距与位置

字符间距是指文本中两个相邻字符间的距离,系统默认为“标准”类型。字符位置是指字符在水平方向上的位置,系统默认为“标准”类型。

(1)设置字符间距。选取设置字符间距的文本,打开“字体”对话框,切换到“高级”选项卡,如图 3-12 所示,将“间距”下拉列表框设置为合适的选项即可设置字符间距。其中,选择“加宽”或“紧缩”选项时,可以在“磅值”微调框中输入相应的字符间距的磅值。

(2)设置字符位置。选取设置字符位置的文本,在“字体”对话框的高级选项卡中,将“位置”下拉列表框设置为合适的选项,可以设置选定文本相对于基线的位置。选择“提升”选项,应在“磅值”微调框中输入相对于基线提升的磅值;选择“降低”选项,应在“磅值”微调框中输入相对于基线降低的磅值。

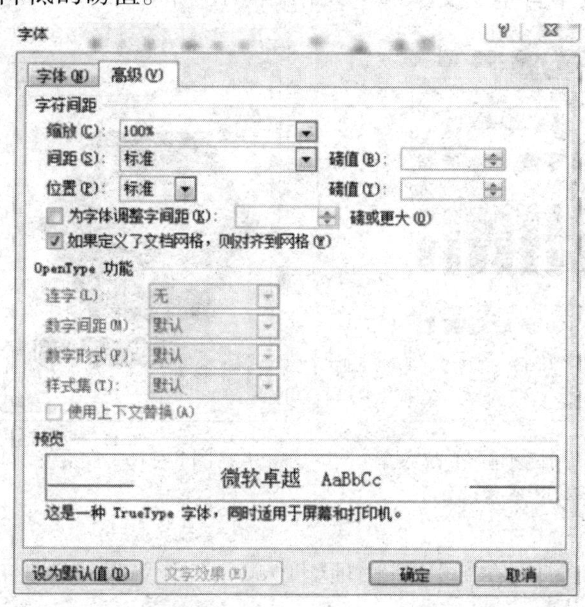

图 3-12 “字体”对话框的“高级”选项卡

3. 美化字体

(1)设置文本效果。选取设置文本效果的文本,单击“字体”选项组中的“文本效果”按钮 ,从下拉菜单中选择相应的命令可以设置文本效果,包括设置文本的轮廓、阴影、映像和发光效果,如图 3-13 所示。如果用户对预设的文本效果不满意,可以单击“字体”对话框中的“文字效果”按钮,打开“设置文本效果格式”对话框,然后在其中进行自定义设置,如图

3－14 所示。

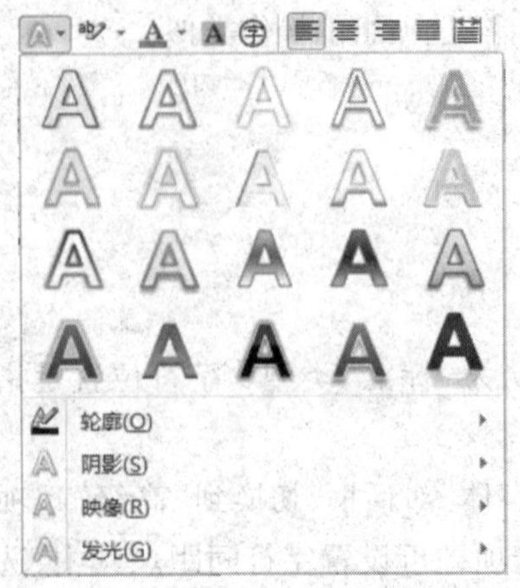

图 3－13 “文本效果”下拉菜单

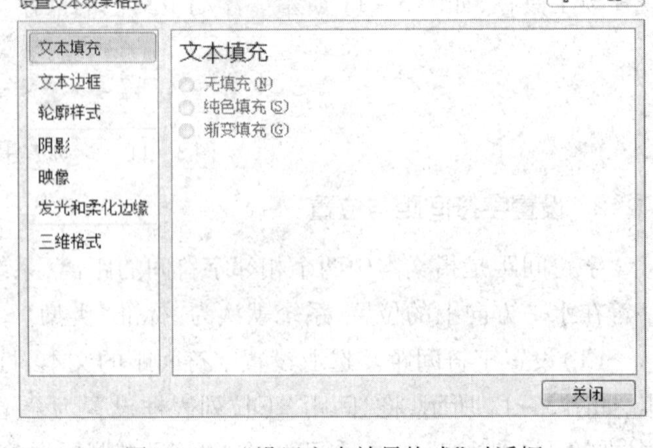

图 3－14 “设置文本效果格式”对话框

(2)设置字体颜色。选取要设置字体颜色的文本,单击“字体”选项组中“字体颜色”按钮右侧的箭头按钮,从下拉菜单中选择适当的命令可以设置文本的字体颜色,如图 3－15 所示。如果用户对 Word 预设的字体颜色不满意,可以选择下拉菜单中的“其他颜色”命令,打开“颜色”对话框,在其中自定义文本颜色,如图 3－16 所示。

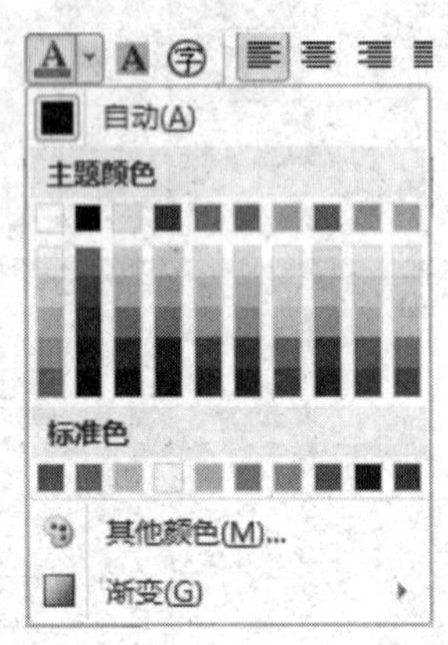

图 3－15 “字体颜色”下拉菜单

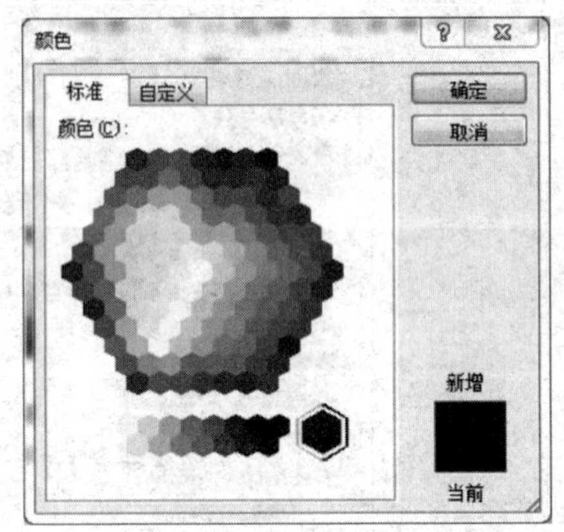

图 3－16 “颜色”对话框

4. 设置字符缩放

切换到“开始”选项卡,在“段落”选项组中单击“中文版式”按钮,从下拉菜单中选择“字符缩放”命令,然后在弹出的子菜单中选择适当的比例,即可设置在保持文本高度不变的情况下文本横向伸缩的百分比,如图 3－17 所示。如果用户对系统提供的选项不满意,可以选择“其他”命令,打开“字体”对话框,在“高级”选项卡的“缩放”列表框中输入合适的值即可。

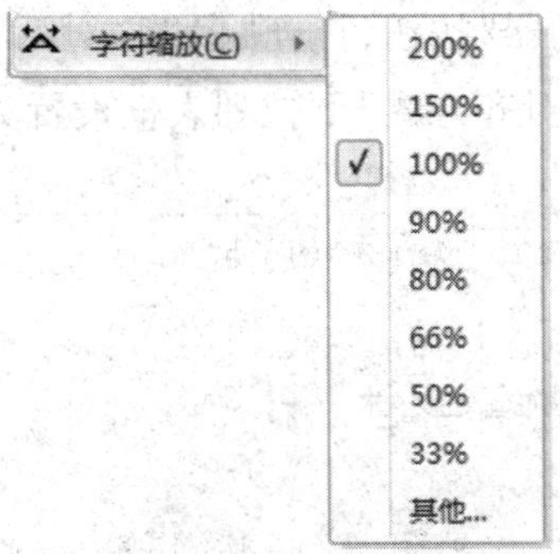

图 3－17 字符缩放菜单

5. 拼音指南

选取要添加拼音的文字，切换到“开始”选项卡，在“字体”选项组中单击“拼音指南”按钮，打开“拼音指南”对话框，单击“确定”按钮即可。选取已添加拼音的文字，再次打开“拼音指南”对话框，依次单击“清除拼音”和“确定”按钮，可以将拼音删除。

6. 带圈字符

选取要添加圆圈的文字，切换到“开始”选项卡，在“字体”选项组中单击“带圈字符”按钮，打开“带圈字符”对话框，选择“样式”及“圈号”后，单击“确定”按钮即可。选取已添加圆圈的文字，再次打开“带圈字符”对话框，依次单击“无”样式和“确定”按钮，可以将圆圈删除。

7. 双行合一

选取准备在一行中双行显示的文字（需要注意的是，被选中的文字只能是同一段落中的部分或全部文字），切换到“开始”选项卡，在“段落”选项组中单击“中文版式”按钮，从下拉菜单中选择“双行合一”命令，打开“双行合一”对话框。在“双行合一”对话框中选中“带括号”复选框，可以为双行文字添加括号效果，最后单击“确定”按钮。对于已存在“双行合一”效果的字符，选取这些字符后，再次打开“双行合一”对话框，在该对话框中单击“删除”按钮可以删除“双行合一”效果。

二、设置段落格式

在 Word 中，段落是文本、图形、对象等的集合。段落由回车符确定，称之为段落标记。设置段落格式是指设置整个段落的外观，包括段落的对齐方式、缩进、间距与行距、项目符号、边框和底纹、分栏等设置。

1. 设置段落的对齐方式

选择要设置对齐方式的段落，切换到“开始”选项卡，在“段落”选项组中单击“文本左对齐”按钮、“居中”按钮、“文本右对齐”按钮、“两端对齐”按钮或“分散对齐”按钮，或者单击

“段落”选项组中的“对话框启动器”按钮,打开“段落”对话框,如图 3 – 18 所示,在“缩进和间距”选项卡的“常规”栏中将“对齐方式”下拉列表框设置为适当的选项。

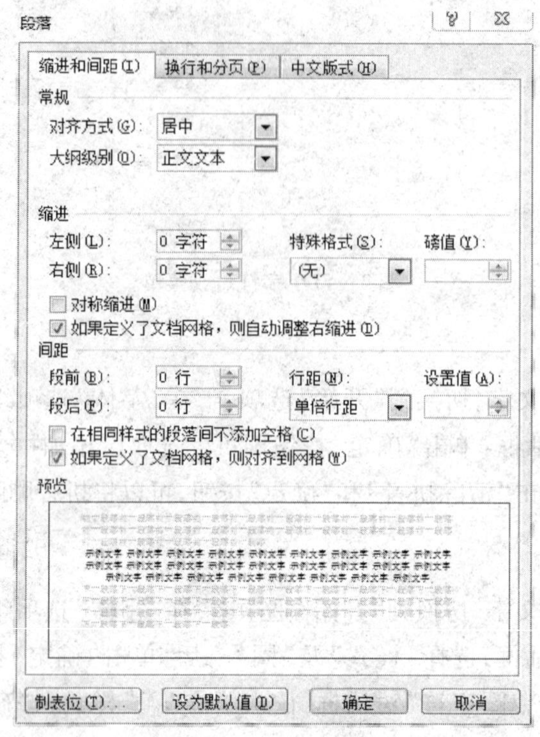

图 3 – 18　“段落”对话框

2. 设置段落缩进

(1)使用功能区工具。选择要设置缩进的段落,切换到“开始”选项卡,在“段落”选项组中单击“减少缩进量”和“增加缩进量”按钮,即可调整段落缩进。

(2)使用“段落”对话框。选择要设置缩进的段落,打开“段落”对话框,在“缩进和间距”选项卡的“缩进”栏的“左”“右”微调框中设置段落的缩进。在“特殊格式”下拉列表框中选择“首行缩进”或“悬挂缩进”选项,然后在后面的“磅值”微调框指定数值,可以设置在段落缩进基础上段落首行或除首行以外的其他行的缩进量。

选中“段落”对话框中的“对称缩进”复选框,“左侧”和“右侧”微调框会变成“内侧”和“外侧”微调框,以便设置更适合类似图书的打印样式。

(3)使用水平标尺。选择要设置缩进的段落,单击垂直滚动条上方的“标尺”按钮,可以在文档的上方和左侧分别显示水平标尺和垂直标尺。水平标尺上有“首行缩进”“左缩进”和“右缩进”3 个缩进标记,使用鼠标左键点击相应的缩进标记不放,并拖动鼠标也可以对段落缩进进行调整,如图 3 – 19 所示。

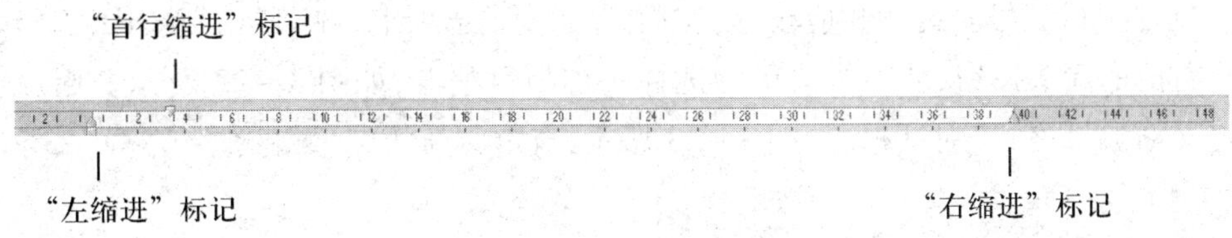

图 3－19　段落缩进标记

3. 设置段落间距与行距

光标定位的段落称为当前段落，当前段落与其前、后段落之间的距离称为段落间距，段落内部行与行之间的距离称为行距。其设置方法如下：

(1)使用功能区工具。选择要设置间距与行距的段落，切换到“开始”选项卡，在“段落”选项组中单击“行和段落间距”按钮，从下拉菜单中选择适当的命令，可以设置当前段落的行距。切换到“页面布局”选项卡，通过“段落”选项组的“段前”和“段后”微调框，可以设置当前段落与相邻段落的间距。

(2)使用“段落”对话框。选择要设置间距与行距的段落，在“段落”对话框的“缩进和间距”选项卡的“间距”栏中，通过“段前”和“段后”微调框，可以设置当前段落与相邻段落的间距。“行距”下拉列表框可以设置选定段落的行距。

三、设置项目符号和编号

项目符号和编号可以使分类和要点更加突出。对于有顺序的项目使用项目编号，而对于并列关系的项目则使用项目符号。为段落创建项目符号和编号，是 Word 提供的自动输入功能之一。

(1)创建项目符号。选择相应段落，切换到“开始”选项卡，在“段落”选项组中单击“项目符号”右侧的箭头按钮，从下拉菜单中选择一种项目符号，如图 3－20 所示。

如果用户对程序提供的项目符号不满意，可以选择“定义新项目符号”命令，在打开的“定义新项目符号”对话框中设置项目符号的字符、字体、对齐方式等，如图 3－21 所示。

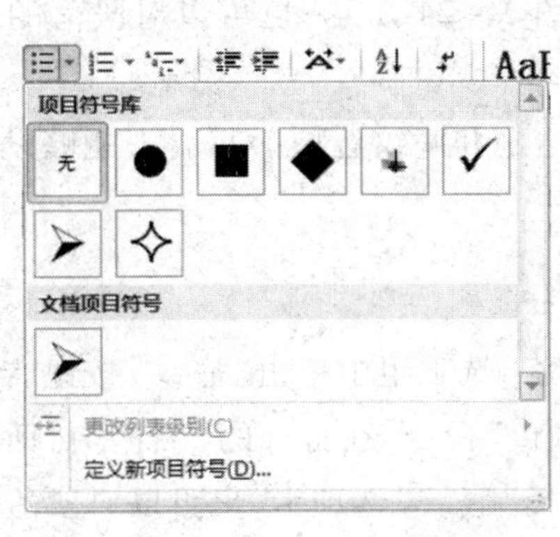

图 3－20　“项目符号”下拉菜单

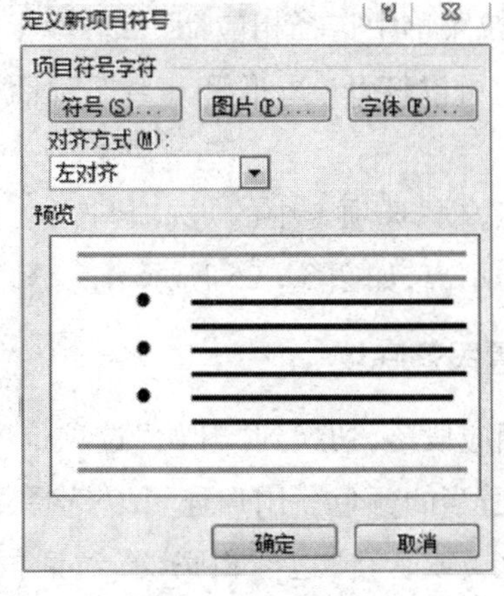

图 3－21　“定义新项目符号”对话框

(2)创建项目编号。选择相应段落,切换到“开始”选项卡,在“段落”选项组中单击“项目编号”右侧的箭头按钮,从下拉菜单中选择一种项目编号,如图 3－22 所示。用户也可以打开“定义新编号格式”对话框,如图 3－23 所示,自定义新的编号格式。

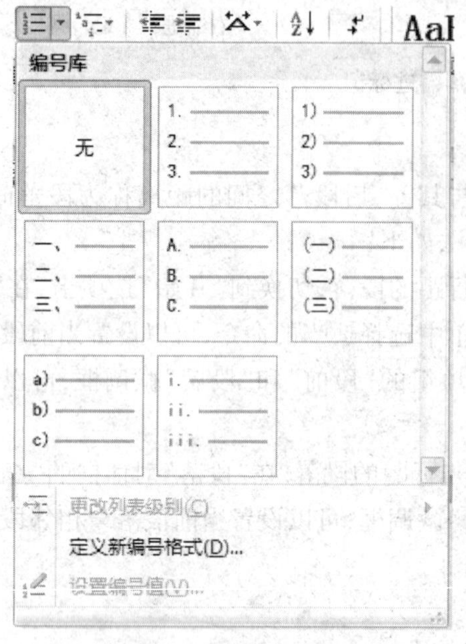

图 3－22　“项目编号”下拉菜单

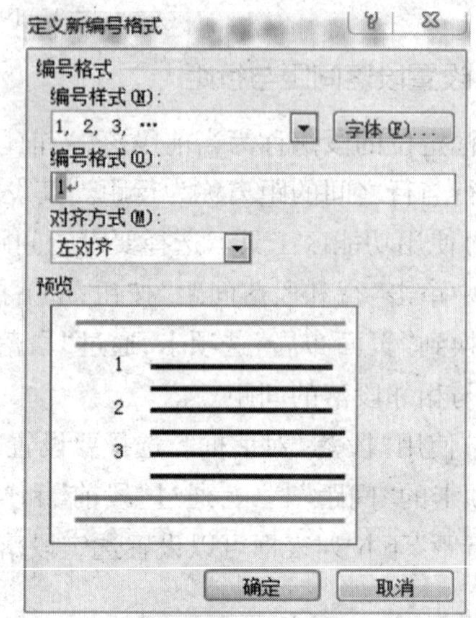

图 3－23　“定义新编号格式”对话框

(3)取消项目符号和编号。对于创建了项目符号或编号的段落,再次单击“段落”选项组中的“项目符号”或“编号”按钮,可以取消项目符号或编号。

四、设置段落边框和底纹

1. 设置段落边框

选择相应段落,切换到“开始”选项卡,在“段落”选项组中单击“边框”按钮右侧的下拉按钮,从下拉菜单中选择相应命令,对段落的边框进行设置。在下拉菜单中选择“边框和底纹”菜单项,可以打开“边框和底纹”对话框,如图 3－24 所示,也可以对段落的边框进行设置。

单击“边框”选项卡中的“选项”按钮,打开“边框和底纹选项”对话框,能够设置边框与文本之间的距离,如图 3－25 所示。

2. 设置段落底纹

选择相应段落,切换到“开始”选项卡,在“段落”选项组中单击“底纹”按钮右侧的箭头按钮,选择适当的颜色。用户还可以选择“其他颜色”命令,在打开的“颜色”对话框中自定义段落颜色。或者在“边框和底纹”对话框中,选择“底纹”选项卡,也可以对段落的底纹进行设置。

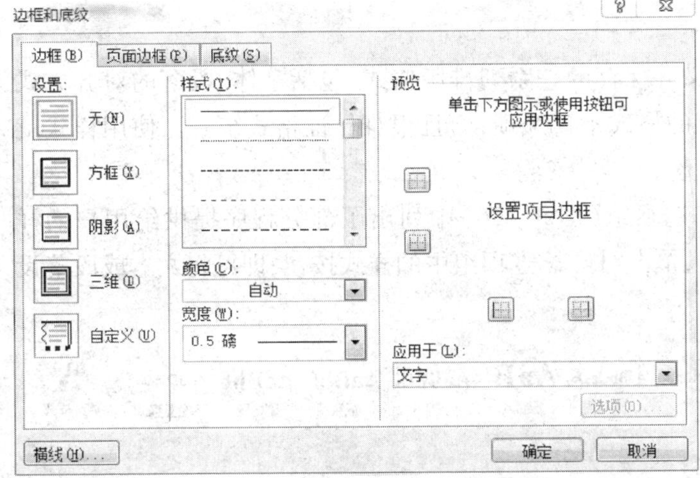

图 3-24 “边框和底纹”对话框

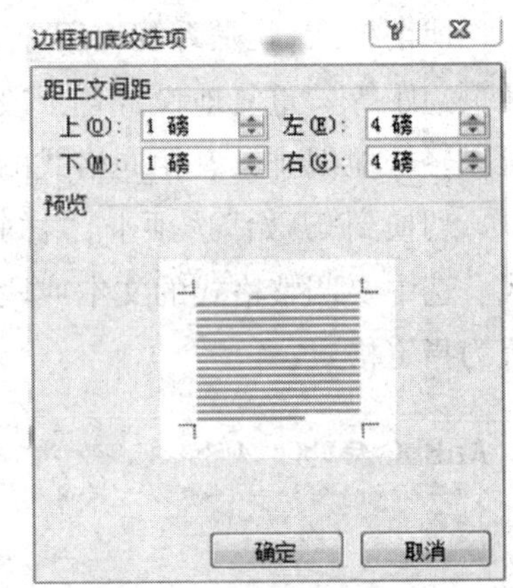

图 3-25 “边框和底纹选项”对话框

五、首字下沉

段落的首行必须顶格才能使用首字下沉。选择相应的段落，切换到“插入”选项卡，在“文本”选项组中单击“首字下沉”按钮，从下拉菜单中选择相应的命令，可以实现首字下沉。

如果要对首字下沉的文字进行字体等设置，选择下拉菜单中的“首字下沉选项”命令，在打开的“首字下沉”对话框中进行自定义处理。

六、复制与清除格式

1. 复制格式

选择已设置好格式的文本或段落，切换到“开始”选项卡，在“剪贴板”选项组中单击“格式刷”按钮，此时，光标变成一个刷子形状。将光标移至要复制格式的文本起始处，拖动鼠标到要复制格式的文本结束处，然后释放鼠标。也可以在“剪贴板”选项组中双击“格式刷”按钮，然后反复对不同位置的目标文本进行格式复制。复制完成后，可以按“Esc”键退出“格式刷”状态。

2. 清除格式

选择已设置好格式的文本或段落，切换到“开始”选项卡，在“字体”选项组中单击“清除格式”按钮，或者按“Ctrl + Shift + Z”组合键，可以取消文本或段落的格式。

七、样式与模板

样式和模板是 Word 中重要的排版工具，应用样式可以直接将文字和段落设置成事先定义好的格式，应用模板可以轻松制作出信函、文书等文件。

1. 样式

所谓样式，就是系统或用户定义并保存的一系列排版格式，包括字体、段落的对齐方式和页边距等。重复地设置各个段落的格式不仅烦琐，而且很难保证格式统一。使用样式就可以轻松地编排具有相同格式的段落。

切换到“开始”选项卡，“样式”选项组（图 3－26）中列出了部分程序提供给用户的样式。选中要调整格式的文本或段落，单击“样式”选项组中的样式按钮，即可将文本或段落设置为指定格式。

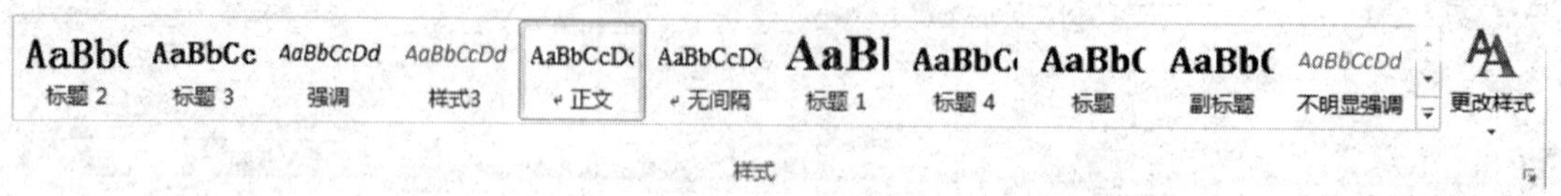

图 3－26 “样式”选项组

(1)创建新样式。切换到“开始”选项卡，单击“样式”选项组中的“对话框启动器”按钮，打开“样式”任务窗格，如图 3－27 所示。单击“新建样式”按钮，打开“根据格式设置创建新样式”对话框，如图 3－28 所示。

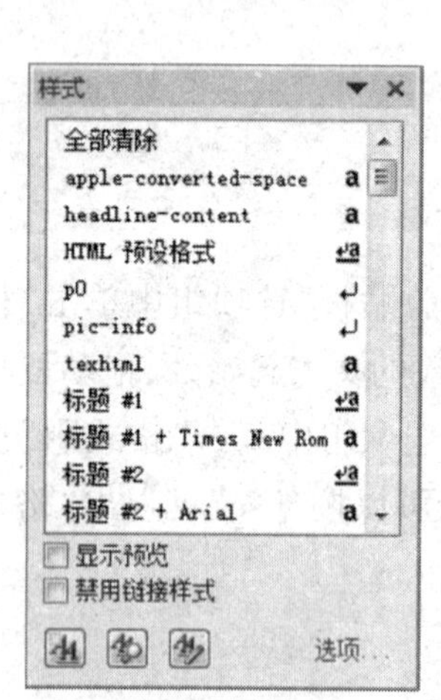

图 3－27 “样式”任务窗格

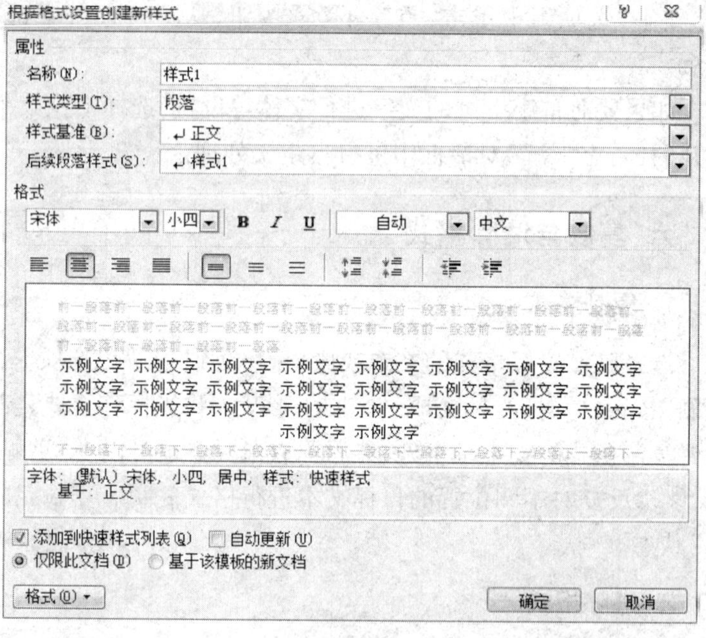

图 3－28 “根据格式设置创建新样式”对话框

在“名称”文本框输入新建样式的名称。在“样式类型”下拉列表框中选择样式类型，其中包括 5 个选项：字符、段落、链接段落和字符、表格和列表。不同类型的应用范围不同。例如，字符类型用于设置选中的文字格式，而段落类型用于设置选中的段落格式。

在“样式基准”下拉列表框中列出了当前文档中的所有样式。如果要创建的样式与其中某个样式比较相似，选择该样式，新样式会继承该样式的格式，只需对新样式稍作修改，就可

以创建新样式。

在“后续段落样式”下拉列表框中显示了当前文档中的所有样式，作用是在编辑文档中按“Enter”键后，转到下一段落时自动套用样式。

在“格式”栏中，可以设置字体和段落的常用格式，例如字体、字号、字形、字体颜色、段落对齐方式以及行间距等。

根据实际需要，用户还可以单击“格式”按钮，从弹出的下拉菜单中选择要设置的格式类型，然后在打开的对话框中进行详细设置。

所有设置完毕后，单击“确定”按钮，新样式创建完成。

(2)修改与删除样式。在“样式”选项组中右击快速样式库列表框内要修改的样式，从快捷菜单中选择“修改”命令，如图 3－29 所示。或者打开“样式”任务窗格，单击样式名右侧的箭头按钮，从列表中选择“修改”命令，如图 3－30 所示。

在“修改样式”对话框中，用户可以根据需要重新设置样式，其操作方法与“根据格式设置创建新样式”对话框基本类似。

打开“样式”任务窗格，单击样式名右侧的箭头按钮，或右击样式名，从快捷菜单中选择“删除”命令即可删除样式。

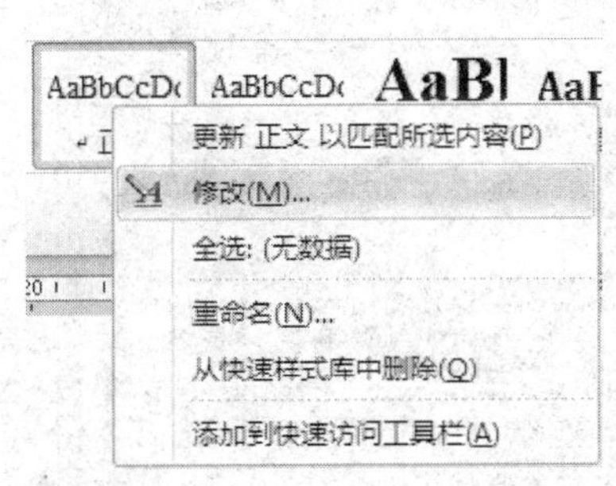

图 3－29　修改快速样式库的快捷菜单

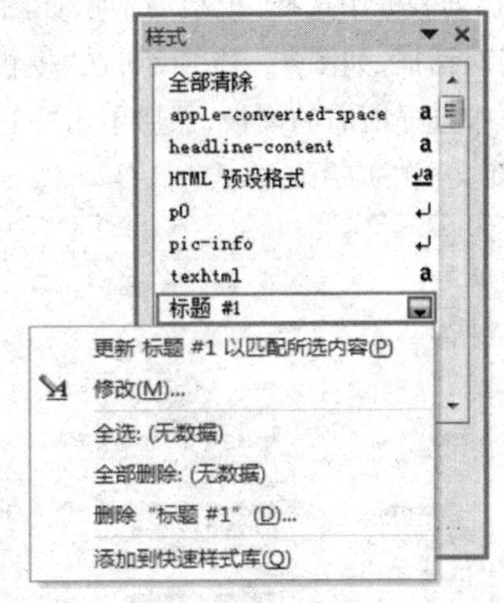

图 3－30　修改“样式”任务窗格的快捷菜单

2. 模板

模板是一种框架，它包含了一系列文字和样式等项目，文档都是在模板的基础上建立的。

(1)新建模板。切换到“文件”选项卡，选择“新建”命令，在中间窗格的“可用模板”中选择“我的模板”选项，打开“新建”对话框。在“新建”选项组中选中“模板”单选按钮，如图 3－31所示，然后单击“确定”按钮，新建一个名称为“模板 1”的空白文档窗口。在文档中可以修改各种格式、样式和文本，然后切换到“文件”选项卡，选择“保存”命令将模板保存起来，其扩展名为 . dotx。

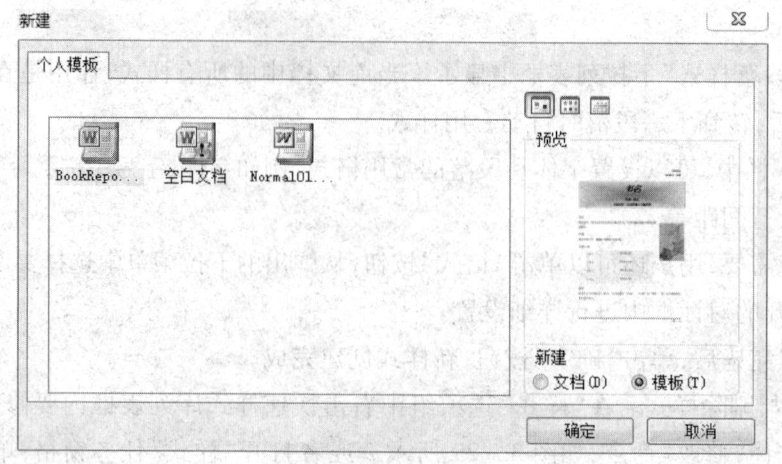

图 3－31　新建模板的对话框

(2)使用模板。启动 Word 后,切换到“文件”选项卡,选择“新建”命令,在“可用模板”列表中选择“我的模板”选项,在打开的“新建”对话框中选择所需模板,单击“确定”按钮即可。

除了可以在新建文件时使用模板外,还可以从已存在的文档中套用模板。切换到“文件”选项卡,选择“选项”命令,打开“Word 选项”对话框。单击左侧的“加载项”,在右侧的“管理”下拉列表框中选择“模板”选项,如图 3－32 所示。然后单击“转到”按钮,打开“模板和加载项”对话框,如图 3－33 所示,在“模板”选项卡中单击“选用”按钮,在打开的“选用模板”对话框中选择所需的模板,然后单击“打开”按钮。选中“自动更新文档样式”复选框,可以自动更新文档中应用的样式。

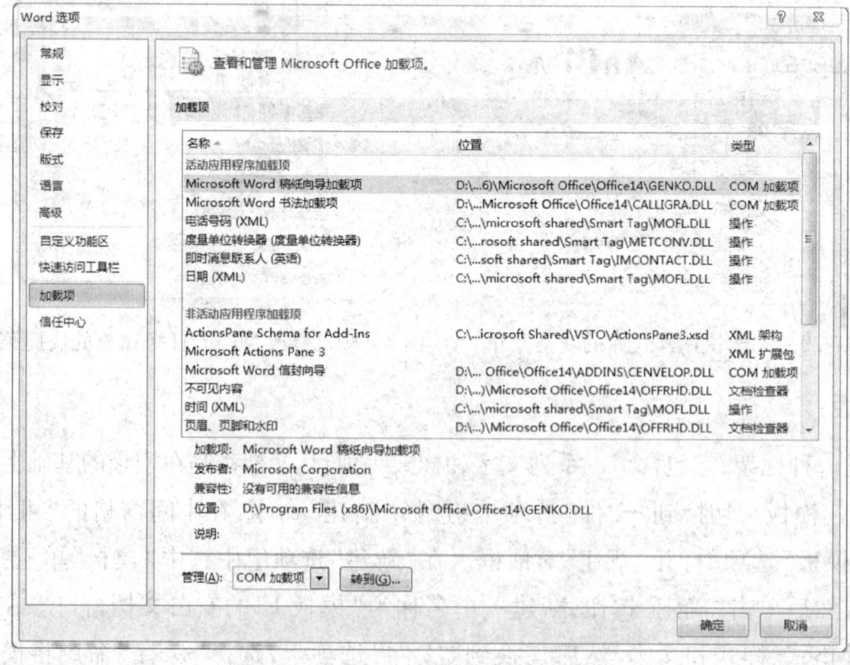

图 3－32　“Word 选项”对话框

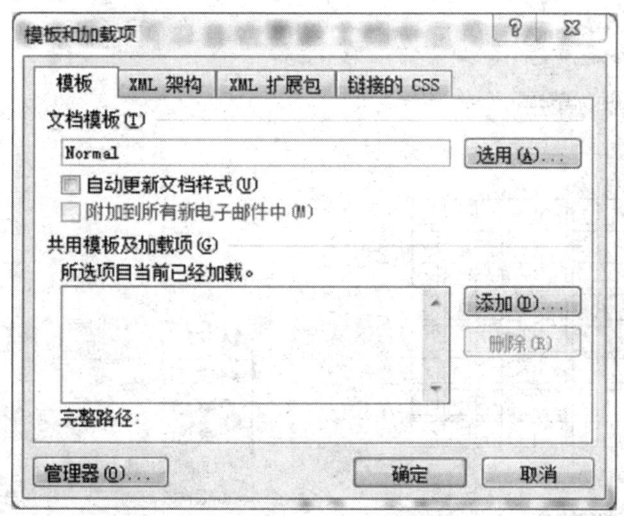

图 3－33 “模板和加载项”对话框

第四节 Word 2010 的表格

文档中经常需要使用表格来组织有规律的文字和数字,有时还需要用表格将文字段落并行排列,如个人履历表。表格是由若干行和若干列组成的,行列的交叉称为“单元格”,单元格中可以输入文字、数字及图形。

一、创建表格

(1)自动创建表格。将插入点置于目标位置,切换到“插入”选项卡,单击“表格”选项组的“表格”按钮,移动鼠标在出现的示意表格中拖动,如图 3－34 所示,选取要创建的表格的行数和列数,同时在示意表格的上方显示相应的行、列数,选定行、列数后,释放鼠标,Word 将自动把设置的表格插入到指定位置。

(2)手动创建表格。单击“表格”选项组的“表格”按钮,在下拉菜单中选择“插入表格”命令,打开“插入表格”对话框,如图 3－35 所示,对“表格尺寸”栏的“列数”和“行数”微调框进行设置,并根据实际情况设置“自动调整”操作栏,单击“确定”按钮,Word 将设置的表格插入到指定位置。

图 3－34 “表格”下拉菜单

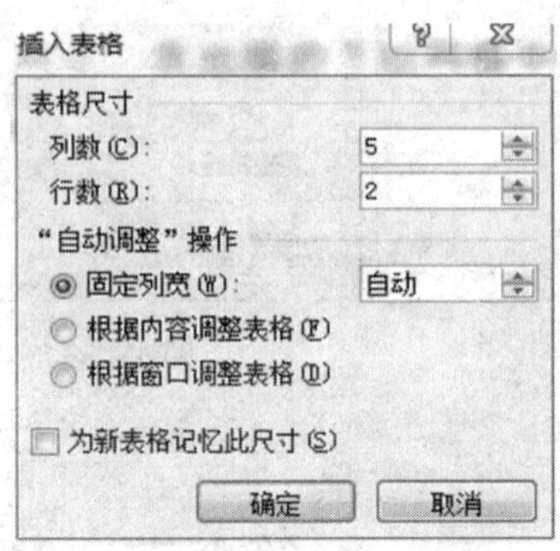

图 3－35 “插入表格”对话框

二、编辑表格

1. 选定单元格

表格的编辑操作依然遵循“先选择，后操作”的原则，选取表格对象的方法见表 3－3。

表 3－3 选取表格对象的方法

选取对象	方法
单个单元格	将光标移至要选取单元格的左侧，当指针变成“➚”形状时单击左键
连续的单元格	选取第一个单元格，然后按住鼠标左键拖动
不连续的单元格	选取第一个单元格，然后按住“Ctrl”键，依次选定其他单元格
一行	将光标移至选定行的左侧，当指针变成“⇗”形状时单击
连续的多行	将光标移至选定首行的左侧，按住鼠标左键向下拖动，直到最后一行松开按键
不连续的多行	选中一行后按住“Ctrl”键，依次选中其他行
一列	将光标移至选定列的上方，当指针变成“⬇”形状时单击左键
连续的多列	将光标移至选定首列的上方，按住鼠标左键向右拖动，直到最后一列松开按键
不连续的多列	选中一列后按住“Ctrl”键，依次选中其他列

单击文档的其他位置或按“Esc”键，即可取消对表格内容的选取。

2. 插入或删除单元格、行和列

通常用户在创建表格初期并不能准确估计表格的行、列数量，因此，在编辑表格数据的

过程中会出现表格的单元格、行、列数量不够或有多余的情况，通过添加或删除单元格、行和列可以解决这个问题。

（1）插入与删除单元格。插入单元格时，在要插入新单元格位置的左边或上边选定一个或几个单元格，其数目与要插入的单元格数量相同。然后切换到“表格工具|布局”选项卡，在“行和列”选项组中单击“对话框启动器”按钮，打开“插入单元格”对话框，如图3－36所示，选中“活动单元格右移”或“活动单元格下移”单选按钮后，单击“确定”按钮。

删除单元格时，右击选定的单元格，从快捷菜单中选择“删除单元格”命令，打开“删除单元格”对话框，如图3－37所示。选中“右侧单元格左移”或“下方单元格上移”单选按钮后，单击“确定”按钮。

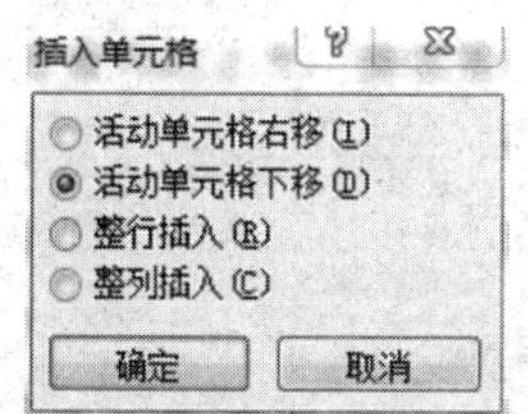

图3－36 “插入单元格”对话框

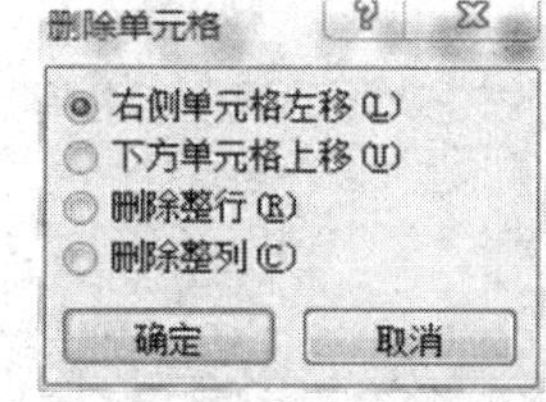

图3－37 “删除单元格”对话框

（2）插入行和列。用鼠标右击单元格，从快捷菜单中选择“插入”命令的子命令。或者单击某个单元格，切换到“布局”选项卡，在“行和列”选项组中单击“在上方插入”或“在下方插入”按钮，可在当前单元格的上方或下方插入一行；插入列时，只需单击“在左侧插入”或“在右侧插入”按钮即可。

（3）删除行和列。用鼠标右击选定的行或列，从快捷菜单中选择“删除行”或“删除列”命令。

3. 合并与拆分单元格

（1）合并单元格。右击选定的多个单元格，从快捷菜单中选择“合并单元格”命令。

（2）拆分单元格。选定要拆分的单元格，切换到“表格工具|布局”选项卡，在“合并”选项组中单击“拆分单元格”按钮，打开“拆分单元格”对话框，在其中输入要拆分的行数和列数，然后单击“确定”按钮。

（3）拆分和合并表格。将插入点移至拆分后要成为新表格第1行的任意单元格，切换到“布局”选项卡，在“合并”选项组中单击“拆分表格”按钮。删除两个表格之间的换行符，即可将二者合并在一起。

三、表格格式化

1. 设置单元格内文本的对齐方式

切换到“表格工具|布局”选项卡，在“对齐方式”选项组中单击对齐按钮；或者右击选定的表格对象，从快捷菜单中选择“单元格对齐方式”命令的子命令。

2. 设置文字方向

将插入点置于单元格中,或者选定要设置的多个单元格,切换到“表格工具|布局”选项卡,在“对齐方式”选项组中单击“文字方向”按钮。

3. 设置单元格边距和间距

单元格边距是指单元格中的内容与边框之间的距离,单元格间距是指单元格和单元格之间的距离。在自定义单元格边距和间距时,首先要选定整个表格,然后切换到“表格工具|布局”选项卡,在“对齐方式”选项组中单击“单元格边距”按钮,在打开的“表格选项”对话框中对相关选项进行设置,如图 3-38 所示。

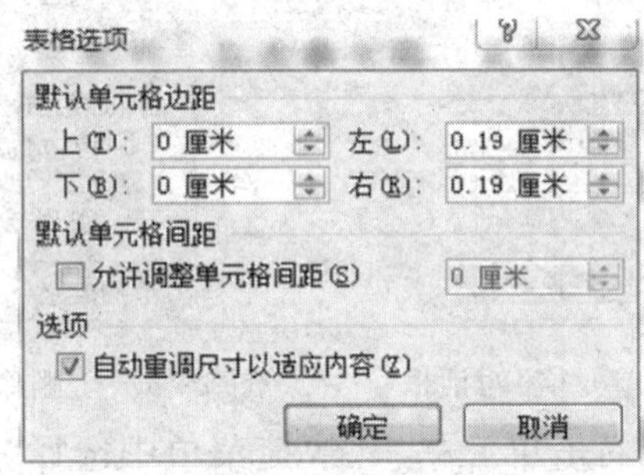

图 3-38 “表格选项”对话框

4. 设置行高和列宽

默认情况下,Word 会根据表格中输入内容的多少自动调整每行的高度和每列的宽度,用户也可以根据需要进行调整。调整行高和列宽的方法类似,下面以调整列宽为例说明操作方法。

(1)通过鼠标拖动调整。将鼠标指针移至两列中间的垂直分隔线上,当指针变成“⟺”形状时,按住鼠标左键左右拖动,调整满意后释放鼠标按键,列宽随之发生改变。

(2)手动指定行高和列宽值。切换到“表格工具|布局”选项卡,在“单元格大小”选项组中设置“高度”和“宽度”微调框的值,如图 3-39 所示。

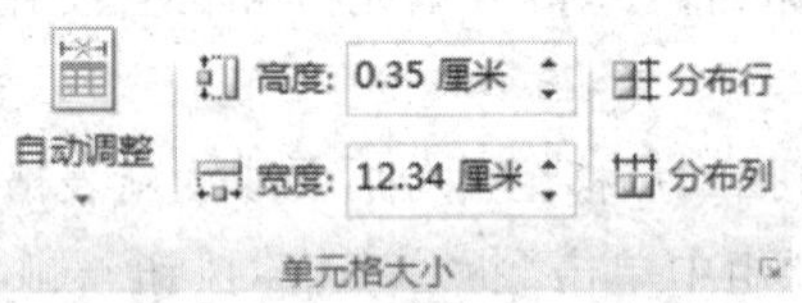

图 3-39 “单元格大小”选项组

(3)自动调整功能。切换到“表格工具|布局”选项卡,在“单元格大小”选项组中单击“自动调整”按钮,从下拉菜单中选择合适的命令。

另外,将多行的行高或多列的列宽设置为相同时,先选定要调整的多行或多列,然后切换到“布局”选项卡,在“单元格大小”选项组中单击“分布行”或“分布列”按钮。

5. 设置表格边框和底纹

设置表格边框的步骤如下：

(1)选定表格，切换到“表格工具|布局”选项卡，在“表格样式”选项组中单击“边框”按钮右侧的箭头按钮，从下拉菜单中选择适当的命令。

(2)如果要自定义边框，选择“边框和底纹”命令，打开“边框和底纹”对话框。

(3)在“边框”选项卡中对“样式”“颜色”和“宽度”等选项进行设置，然后单击“确定”按钮。

设置表格底纹的步骤如下：

选定要添加底纹的单元格，切换到“表格工具|设计”选项卡，在“表格样式”选项组中单击“底纹”按钮右侧的箭头按钮，从下拉菜单中选择所需的颜色。

6. 禁止表格跨页断行

当表格大于一页时，默认状态下，程序允许表格中的文字跨页拆分，这可能导致表格中同一行的内容被拆分到上、下两个页面上。禁止表格跨页断行的操作步骤如下：

(1)右击表格的任意单元格，从快捷菜单中选择“表格属性”命令，打开“表格属性”对话框。

(2)切换到“行”选项卡，在“选项”栏中取消选中的“允许跨页断行”复选框。

(3)单击“确定”按钮。

7. 跨页表格自动重复标题行

如果表格过长会导致分在两页甚至多页中显示，从第 2 页开始表格便没有标题行，这可能导致用户在查看表格的数据时产生混淆。跨页表格自动重复标题行功能可以解决这个问题，操作步骤为：单击表格标题行的任意单元格，然后切换到“表格工具|布局”选项卡，在“数据”选项组中单击“重复标题行”按钮即可。

8. 表格斜线表头

将光标置于要绘制斜线表头的单元格，切换到“设计”选项卡，单击“边框”按钮右侧的箭头按钮，在下拉菜单中选择“斜下框线”或“斜上框线”即可。

四、表格与文本相互转换

对于有规律的文本，Word 可以将其转换为表格形式。同样，Word 也可以将表格转换成排列整齐的文档。

1. 将文本转换为表格

(1)选定要转换的文本，切换到“插入”选项卡，在“表格”选项组中单击“表格”按钮，从下拉菜单中选择“文本转换成表格”命令，打开“将文字转换成表格”对话框，如图 3 – 40

所示。

(2)在“表格尺寸”栏中设置“列数”微调框中的数值,在“‘自动调整’操作”栏中选中“根据内容调整表格”单选按钮,在“文字分隔位置”栏中选择文字间的分隔形式。

(3)单击“确定”按钮,转换完成。

2. 将表格转换为文本

(1)选定要转换的表格,切换到“表格工具|布局”选项卡,在“数据”选项组中单击“转换为文本”按钮,打开“表格转换成文本”对话框,如图 3－41 所示。

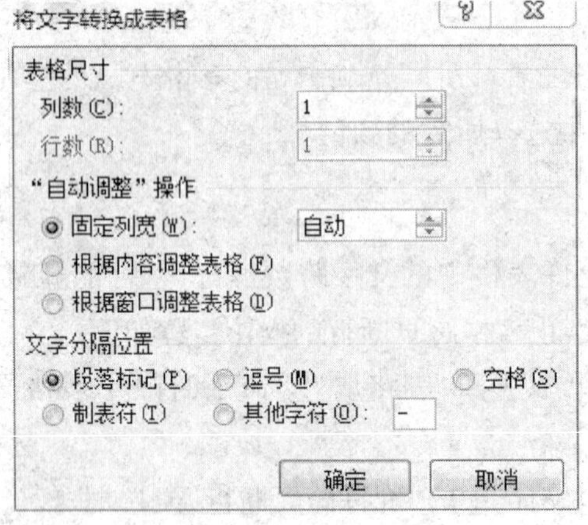

图 3－40 “将文字转换成表格”对话框

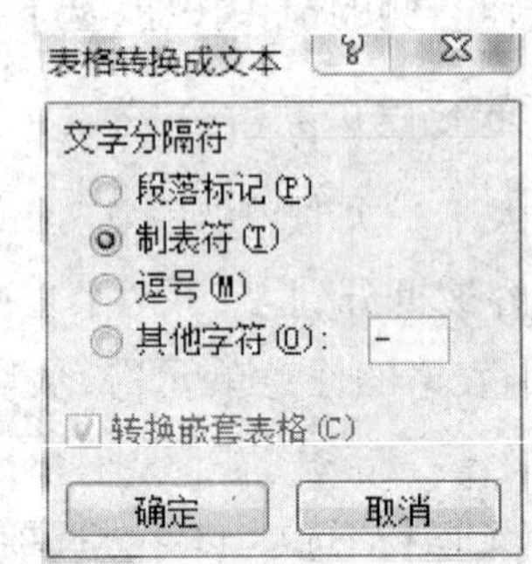

图 3－41 “表格转换成文本”对话框

(2)在“文字分隔符”栏中选择需要的分隔符号,建议用默认的“制表符”。

(3)单击“确定”按钮,转换完成。

五、表格的数据处理

Word 2010 的表格中自带了对公式的简单应用,要对数据进行复杂处理,就要用到后续章节介绍的 Excel 电子表格。下面以表 3－4 所示的学生成绩表为例介绍 Word 中公式的使用方法。

表 3－4 学生成绩表

	语文	数学	英语	总分
贺不道	94	90	93	
杨巍	83	83	88	
唐雄涛	94	81	77	
杨立玲	68	82	75	
沈嘉鹏	97	90	91	
何玲	94	90	93	
吴文勇	83	83	88	
魏宇	94	81	77	

1. 求和

(1)将光标置于“贺不道”同学的总分单元格中,切换到“表格工具|布局”选项卡,在“数据”选项组中单击“公式”按钮,打开“公式”对话框,如图 3－42 所示。

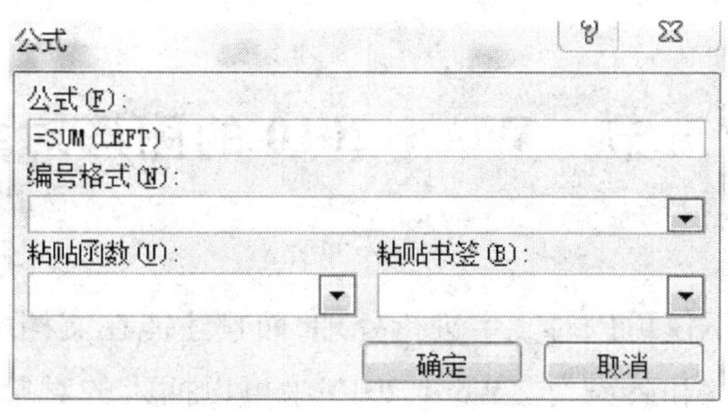

图 3－42　“公式”对话框

(2)在“公式”对话框中程序自动输入了“＝SUM(LEFT)”,表示对该行左侧的 3 门课程求和,可以在“数字格式”下拉列表框中选择需要的格式。

(3)单击“确定”按钮,程序自动求出了“贺不道”同学的总分。

(4)在其他同学的总分单元格中使用相同的公式,计算出其他学生的总分。

2. 排序

(1)将出入点置于表格中,切换到“布局”选项卡,在“数据”选项组中单击“排序”按钮,打开“排序”对话框,如图 3－43 所示。

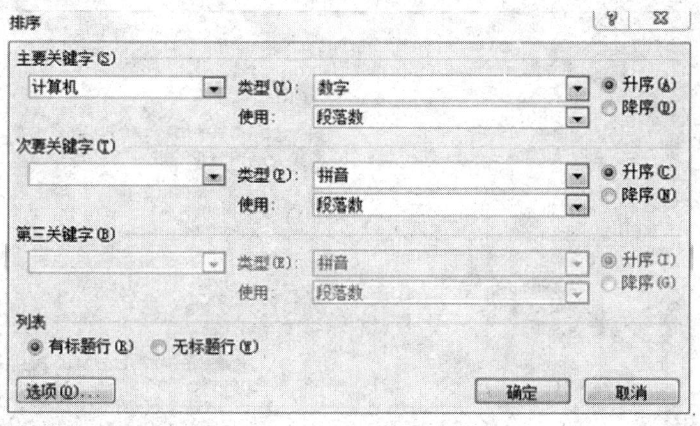

图 3－43　“排序”对话框

(2)在“主要关键字”栏中选择排序首先依据的列,例如对总分进行排序,然后在右边的“类型”下拉列表框中选择数据的类型。选择“升序”或“降序”单选按钮,表示按照该列的升序或降序进行排列。

(3)分别在“次要关键字”和“第三关键字”栏中选择排序的次要和第三依据的列名,例如语文、数学。右边的下拉列表框及单选按钮的含义同上,分别做出选择即可。

(4)在“列表”栏中选中“有标题行”单选按钮,可以防止对表格中的标题行也进行排序。

如果表格没有标题行,则选中“无标题行”单选按钮。

(5)单击“确定”按钮,进行排序。

如果要对表格的部分单元格排序,首先选定这些单元格,然后使用上述步骤即可。

第五节　Word 2010 的图形对象

现代文档处理系统不仅可以对文字进行处理,而且还能在文档中插入各种媒体文件,极大地增强了文章的可读性和感染力。Word 2010 中可以插入的对象包括:各种类型的文件、公式、图表、艺术字等。

一、插入图片

(1)将光标移至需要插入图片的位置,切换到“插入”选项卡,单击“插图”选项组中的“图片”按钮,打开“插入图片”对话框,如图 3-44 所示。

图 3-44　“插入图片”对话框

(2)在“插入图片”对话框中选择要插入的图片文件,单击“插入”按钮即可。

二、插入剪贴画

Office 2010 提供了一个剪贴画库,要在剪贴画库中查找并使用图片,可执行下列操作:

(1)将光标移至需要插入图片的位置,切换到“插入”选项卡,单击“插图”选项组中的“剪贴画”按钮,打开“剪贴画”任务窗格。

(2)在“搜索文字”文本框中输入描述剪贴画的词汇或短语,或输入剪贴画的分类名称,例如人物、科技或动物等,然后在“结果类型”下拉列表框中进行必要的设置。若不输入任何内容,则Word会搜索所有的剪贴画。

(3)单击“搜索”按钮,搜索结果将显示在“剪贴画”任务窗格的“结果”区中,如图3-45所示。

三、插入形状

Word 2010不但可以将图片文件插入到文档中,还可以让用户自己绘制各种图形。步骤如下:切换到“插入”选项卡,单击“插入”选项组中的“形状”按钮,从下拉菜单中选择要插入的形状,如图3-46所示,此时光标变成“+”字形,单击鼠标左键并拖动即可画出选择的形状。右击画出的形状图案,在快捷菜单中选择“添加文字”命令,可以为形状添加文字。

图3-45 “剪贴画”任务窗格

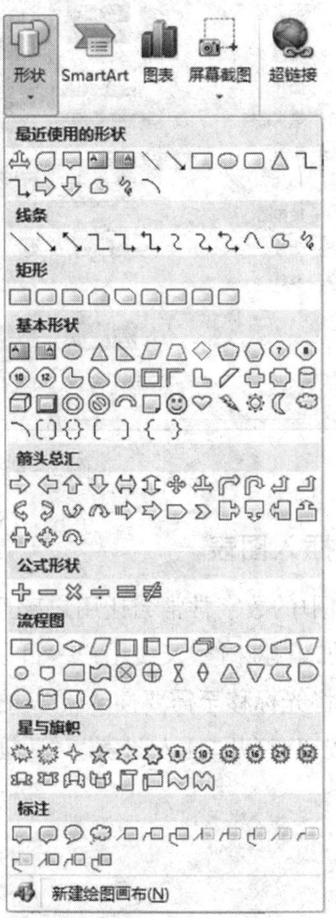

图3-46 “形状”下拉菜单

四、插入 SmartArt

使用早期版本的 Word，用户要花费大量时间进行以下操作：使各个形状大小相同并且适当对齐；使文字正确显示；手动设置形状的格式以符合文档的总体样式。使用 SmartArt 图形和其他新功能，只需单击几下鼠标，即可创建具有设计师水准的插图。使用 SmartArt 图形的操作步骤如下：

（1）将光标移至需要插入图形的位置，切换到“插入”选项卡，在“插图”选项组中单击“SmartArt”按钮，打开“选择 SmartArt 图形”对话框，如图 3－47 所示。

（2）在“选择 SmartArt 图形”对话框中选择一个图形类型，例如“流程”“层次结构”“循环”或“关系”等，每种类型又包括几个不同的布局。

（3）单击“确定”按钮，SmartArt 图形被插入到文档中，此时，用户可以对 SmartArt 图形进行文字编辑。

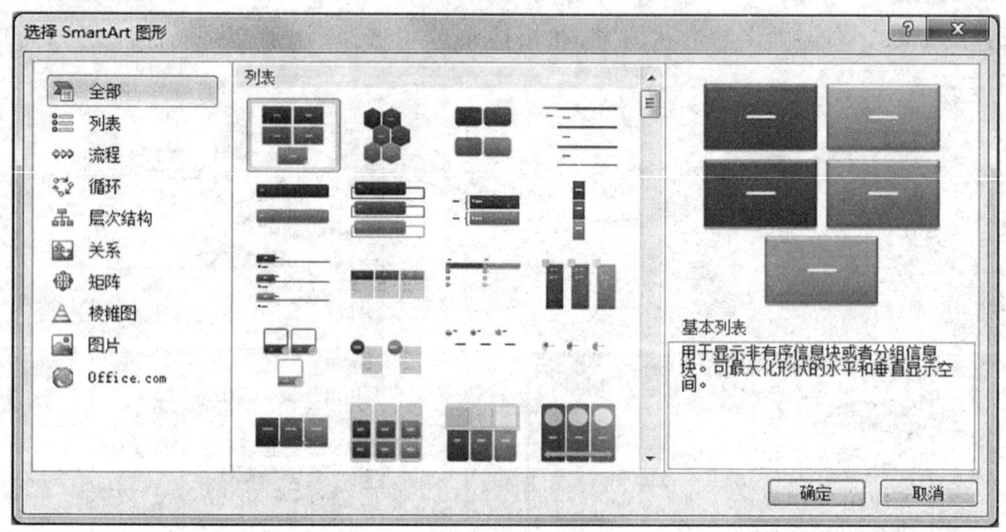

图 3－47 “选择 SmartArt 图形”对话框

五、插入图表

文档中的数字常常会让用户感到枯燥乏味，并且无法理解。使用图表既避免了数字的枯燥，增加了趣味性，又使用户一目了然、便于理解。使用图表的操作步骤如下：

（1）将光标移至需要插入图表的位置，切换到“插入”选项卡，在“插图”选项组中单击“图表”按钮，打开“插入图表”对话框，如图 3－48 所示。

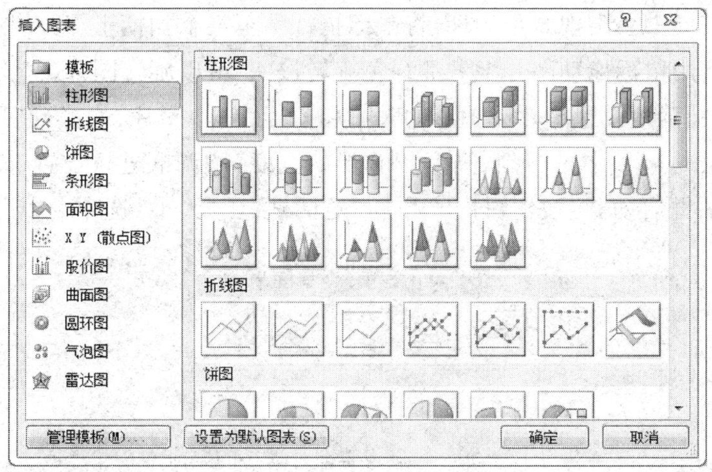

图 3－48 “插入图表”对话框

（2）在“插入图表”对话框中选择一个图表类型，例如“柱形图”“折线图”“饼图”或“条形图”等，每种类型又包括几个不同的布局。本例中选择“柱形图”第一行的第一个布局。

（3）单击“确定”按钮，程序打开 Excel 表格处理软件，将表 3－4 所示的学生成绩表输入到 Excel 表格，输入完毕后关闭 Excel 表格处理软件，如图 3－49 所示的图表被插入文档中。

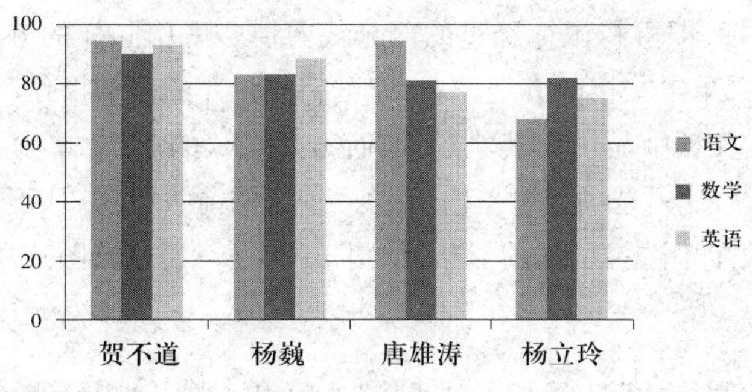

图 3－49 由表 3－4 创建的柱形图

六、插入艺术字

（1）将光标移至需要插入艺术字的位置，切换到“插入”选项卡，在“文本”选项组中选择“艺术字”按钮，从下拉菜单中选择一个艺术字格式。

（2）在“请在此放置您的文字”上单击鼠标左键，光标定位在艺术字文本框中，这时可以删除“请在此放置您的文字”，输入用户希望创建艺术字的文字即可。

七、编辑图形对象

1. 调整图片的大小和角度

图片插入文档后，用户可以使用缩放功能控制其大小，还可以旋转图片。方法为：单击要缩放的图片,其周围会出现8个句柄,将鼠标指针移至某个句柄上,移动鼠标,即可对图片进行缩放。另外,用鼠标拖动图片上方的绿色旋转按钮,可以旋转图片。

如果用户要精确地设置图片或图形的大小和角度,单击图片,切换到"图片工具|格式"选项卡,在"大小"选项组中对"形状高度"和"形状宽度"微调框进行设置,如图3-50所示。也可以单击"对话框启动器"按钮,打开"布局"对话框,在"大小"选项卡中设置。

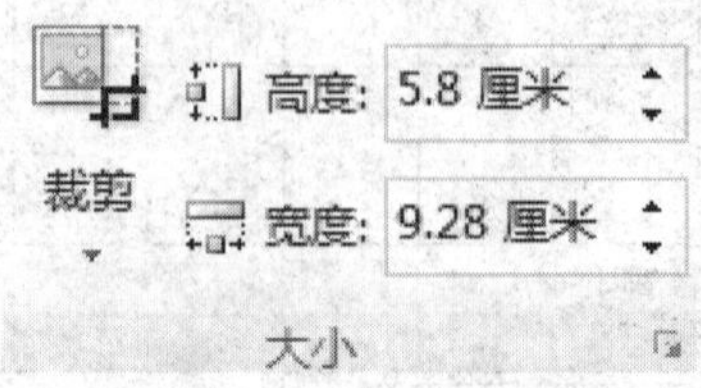

图3-50 精确设置图片大小的数值

另外,单击图片,切换到"图片工具|格式"选项卡,在"排列"选项组中单击"旋转"按钮,从下拉菜单中选择命令,也可以对图片进行精确的旋转操作。

2. 裁剪图片

单击文档中要裁剪的图片,切换到"格式"选项卡,在"大小"选项组中单击"裁剪"按钮,此时图片的四周会出现黑色的控制点。将鼠标指针移至图片上方控制点,指针变成黑色的倒T形,向下拖动鼠标,即可将鼠标经过的部分裁剪掉。采用同样的方法,可以对图片的其他边进行裁剪。最后,单击文档的其他位置,即可完成图片的裁剪操作。

如果要使图片在文档中显示为其他形状,而不是默认的矩形,单击要裁剪的图片,切换到"格式"选项卡,在"大小"选项组中单击"裁剪"按钮的箭头按钮,从下拉菜单中选择"裁剪为形状"命令,在子菜单中选择所需的形状,如图3-51所示,原始图片如图3-52所示。

3. 删除图片背景

单击图片,切换到"格式"选项卡,在"调整"选项组中单击"删除背景"按钮。此时,进入"图片工具|背景消除"选项卡,图片的周围出现一些蓝色的控制点,拖动控制点可以调整删除的背景范围。利用该选项卡中"标记要保留的区域"按钮以及"标记要删除的区域"按钮,然后拖动鼠标对图片中的一些特殊区域进行标记,从而进一步修正消除背景的准确性。设置好删除背景后,单击该选项卡中的"保留更改"按钮。

4. 美化图片

(1)设置图片的文字环绕效果。环绕方式是指文档中的图片与周围文字的位置关系。单击图片,切换到"格式"选项卡,在"排列"选项组中单击"自动换行"按钮,从下拉菜单中选择所需的命令,即可设置图片的文字环绕效果。

(2)设置图片样式。单击图片,切换到"格式"选项卡,在"图片样式"选项组中单击列表框中所需的样式,可以在文档中立即预览该样式的效果。单击列表框右侧的"其他"按钮,可以从弹出的列表中选择其他样式。用户也可以在"图片样式"选项组中单击"图片边框"按

钮，从下拉列表中选择所需的命令，对图片的边框进行设置。单击“图片效果”按钮，从下拉列表中选择所需的命令，可以为图片设置相应的效果。

图 3 – 51　裁剪为不同形状的图片

图 3 – 52　原始图片

（3）调整图片的亮度和对比度。单击图片，切换到“格式”选项卡，在“调整”选项组中单击“更正”按钮，从下拉菜单中选择“亮度和对比度”区域内的任何一种预定义命令，即可调整图片的亮度和对比度。当用户对这些选项不满意时，选择“图片更正选项”命令，打开“设置图片格式”对话框，如图 3 – 53 所示，在“图片更正”选项组中进行相应的设置。

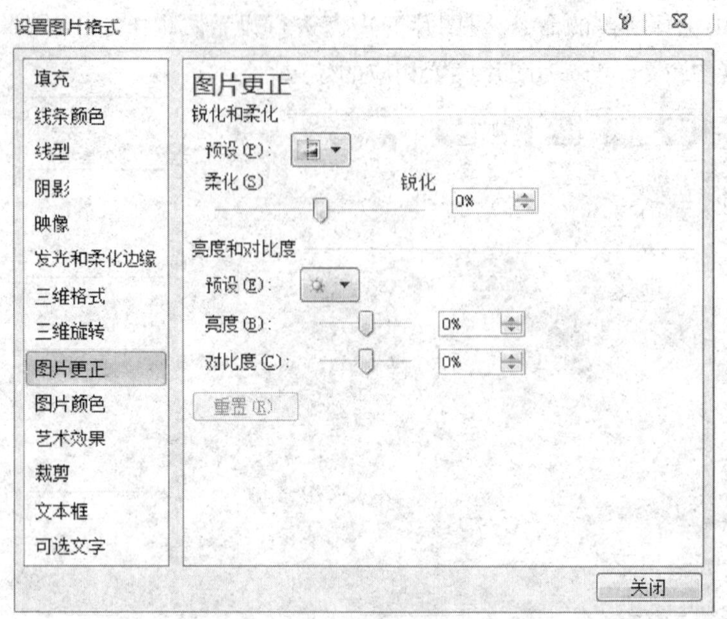

图 3－53 “设置图片格式”对话框

(4)调整图片的色调。单击图片,切换到“格式”选项卡,单击“调整”选项组中的“颜色”按钮,从下拉菜单中选择“色调”区域内的一种色调,如图 3－54 所示。

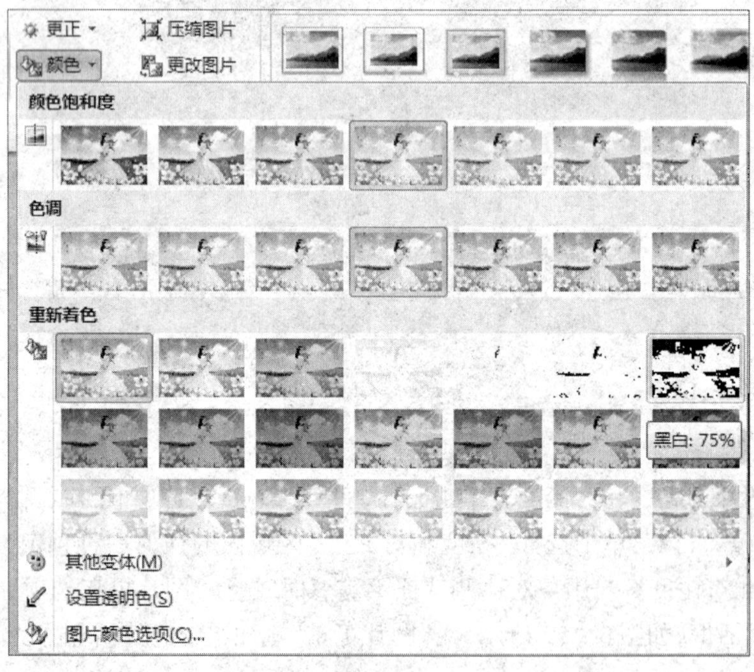

图 3－54 调整图片的色调

(5)调整图片的颜色和饱和度。单击图片,切换到“格式”选项卡,在“调整”选项组中单击“颜色”按钮,从下拉菜单中选择“颜色饱和度”区域内的某种饱和度即可。

另外,单击“颜色”按钮,从下拉菜单中选择“重新着色”区域内的一种着色样式,可以为

图片重新着色,包括灰度、冲蚀、黑白等效果。

(6)设置图片的艺术效果。单击图片,切换到"格式"选项卡,在"调整"选项组中单击"艺术效果"按钮,从下拉菜单中选择一种艺术效果即可。

其他图形对象的编辑方法与上面的介绍类似,此处不再赘述。

第六节 文档的页面设置与打印

一、页面设置

页面设置主要是设置文档的页面方向、纸张大小、页边距、装订线和页眉页脚等,以满足各种打印需要。

1. 设置页面大小

Word 2010 以 A4 纸为默认页面。用户可以根据需要将文档打印到 A3,A2 开等其他类型的纸张上。

切换到"页面布局"选项卡,在"页面设置"选项组(图 3-55)中单击"纸张大小"按钮,从下拉菜单中选择需要的纸张大小,即可设置页面大小,如图 3-56 所示。

图 3-55 "页面设置"选项组

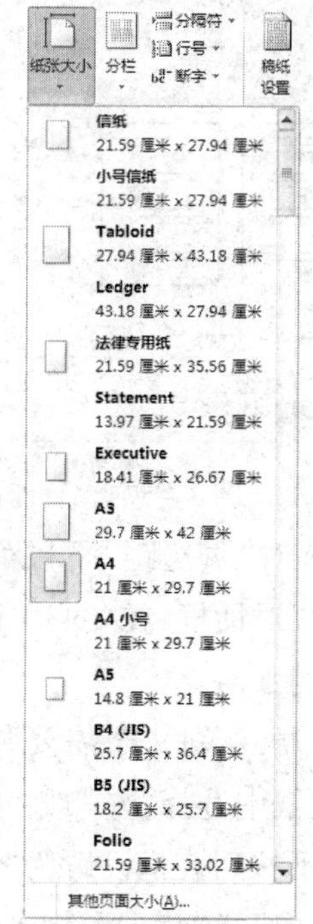

图 3-56 "纸张大小"下拉菜单

如果用户对“纸张大小”下拉菜单提供的页面设置不满意，可以单击“其他页面大小”命令，打开“页面设置”对话框(图 3 – 57)，在“纸张”选项卡的“纸张大小”栏中进行相应设置。

2. 设置页边距

默认情况下，Word 文档页面左、右两边到正文的距离是 3. 17 cm，上、下两边到正文的距离是 2. 54 cm，用户可以调整这些页边距以满足打印需要。

切换到“页面布局”选项卡，在“页面设置”选项组中单击“页边距”按钮，从下拉菜单中选择需要的页边距，如图 3 – 58 所示。

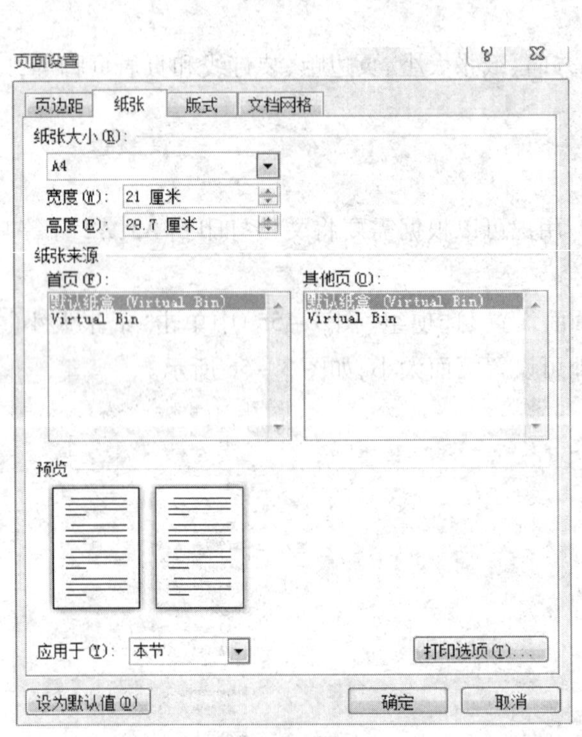

图 3 – 57 “页面设置”对话框

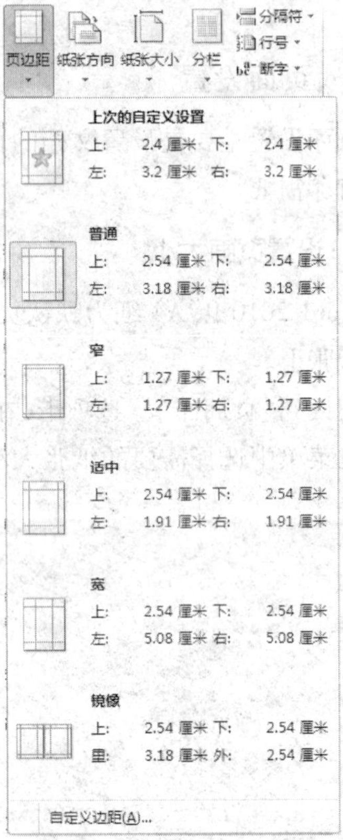

图 3 – 58 “页边距”下拉菜单

如果用户对“页边距”下拉菜单提供的页边距不满意，可以单击“自定义边距”命令，打开“页面设置”对话框，在“页边距”选项卡(图 3 – 59)的“页边距”栏中设置“上”“下”“左”“右”页边距的数值。

如果打印出来的文档需要装订，在“装订线”微调框输入装订线的宽度，在“装订线位置”下拉列表框中选择“左”或“上”选项。当文档需要双面打印时，还需要在“页面范围”栏中将“多页”下拉列表框设置为“对称页边距”选项。

选择“纵向”或“横向”选项，可以决定文档页面的方向。在“应用于”下拉列表框中选择

要应用新页边距设置的文档范围。

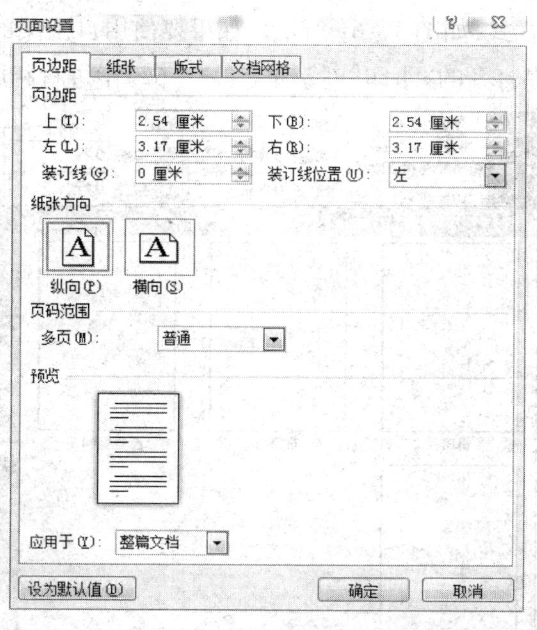

图 3-59 “页边距”选项卡

3. 设置页面背景

在使用 Word 2010 编辑文档时,用户可以对页面进行装饰,例如添加水印效果、设置页面颜色、设置稿纸等。

(1)稿纸设置。切换到“页面布局”选项卡,在“稿纸”选项组中单击“稿纸设置”按钮,打开“稿纸设置”对话框,如图 3-60 所示。

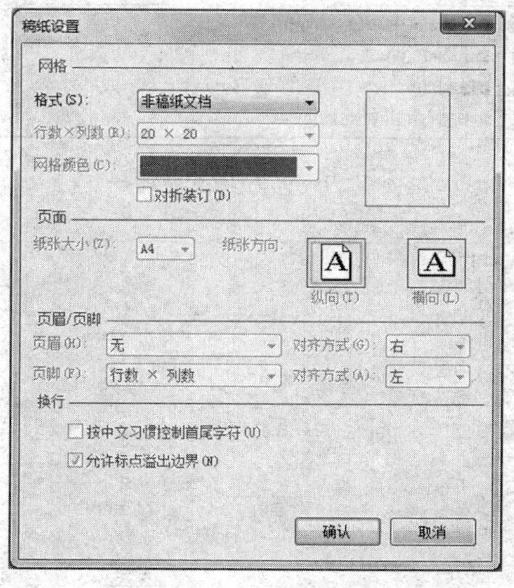

图 3-60 “稿纸设置”对话框

(2)水印。切换到“页面布局”选项卡,在“页面背景”选项组中单击“水印”按钮,从下拉列表中选择一种水印样式,如图3－61所示。如果要使用自定义的水印效果,选择菜单中的“自定义水印”命令,在打开的“水印”对话框(图3－62)中进行相应设置即可。

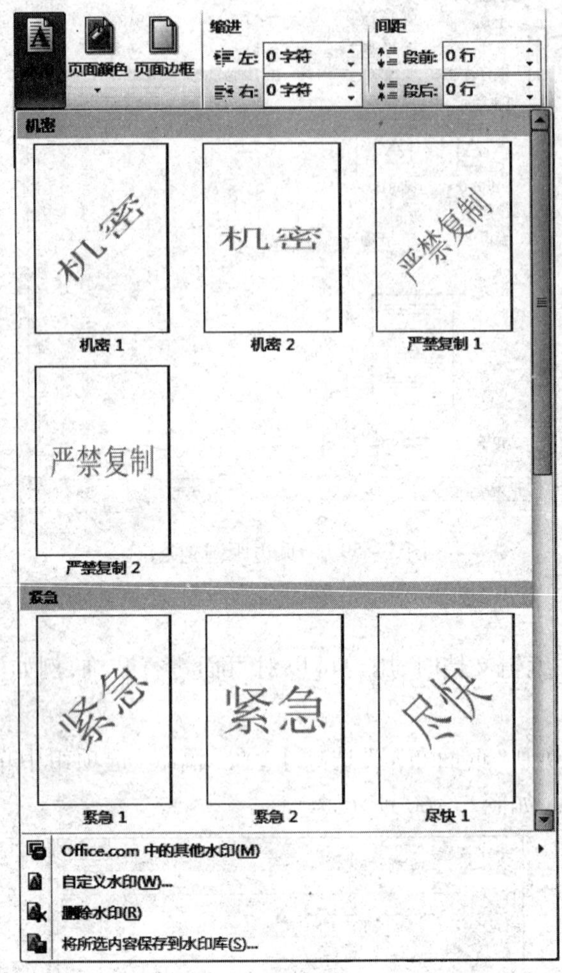

图3－61 “水印”下拉菜单

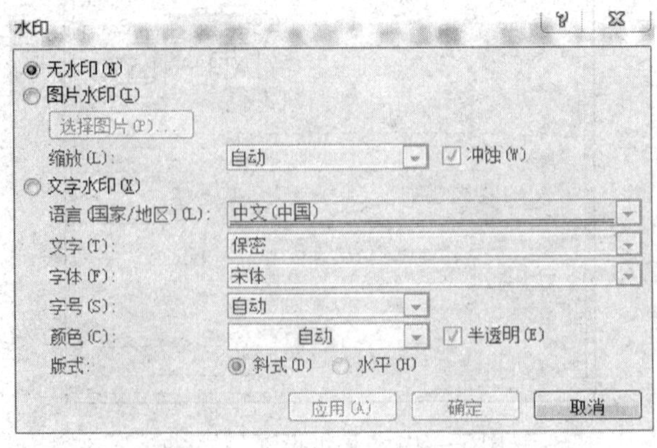

图3－62 “水印”对话框

(3)页面颜色。切换到“页面布局”选项卡,在“页面背景”选项组中单击“页面颜色”按钮,从下拉菜单中选择一种颜色,如图 3-63 所示。如果用户对程序提供的颜色不满意,可以选择“其他颜色”命令,打开“颜色”对话框,在“自定义”选项卡中设置相应的 RGB 值。“页面颜色”下拉菜单中还有一种特殊的“填充效果”,打开“填充效果”对话框,如图 3-64 所示,在“渐变”“纹理”“图案”或“图片”选项卡中进行相应设置。

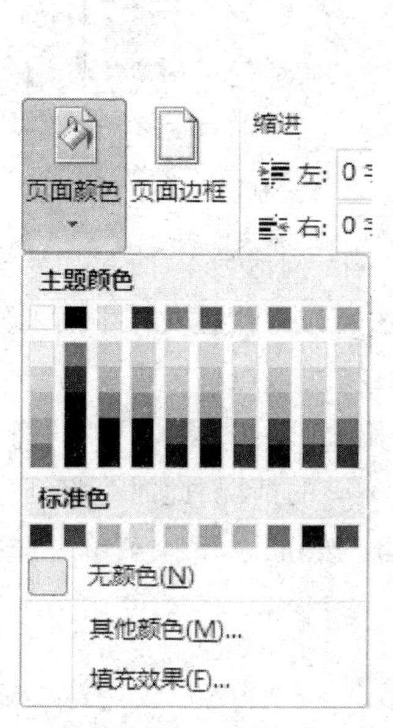

图 3-63 “页面颜色”下拉菜单

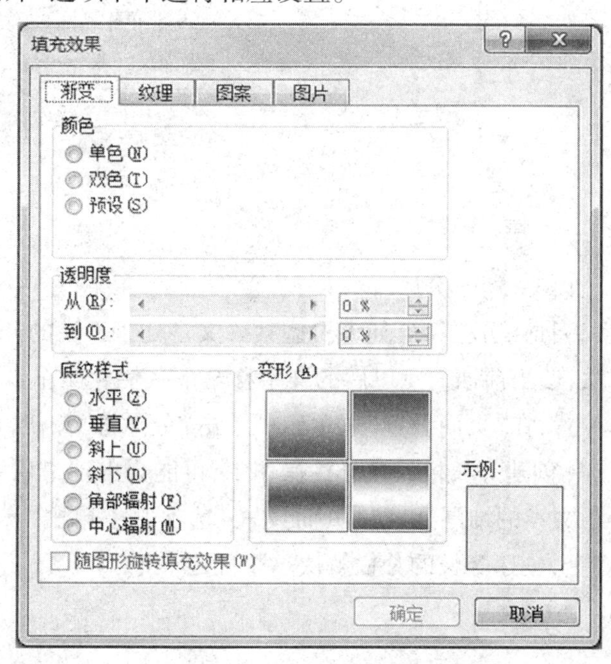

图 3-64 “填充效果”对话框

二、分栏、分页与分节

分栏经常用于报纸、杂志,它使界面美观,便于用户阅读,同时可以节约版面。设置分页与分节,可以将相应内容安排在指定位置。

1. 分栏

(1)设置分栏。选取要设置分栏的文本,切换到“页面布局”选项卡,在“页面设置”选项组中单击“分栏”按钮,从下拉菜单中选择分栏命令,如图 3-65 所示。

如果用户对程序提供的几种分栏格式不满意,选择“更多分栏”命令,打开“分栏”对话框,如图 3-66 所示。在“预设”栏中单击要使用的分栏格式,在“应用于”下拉列表框中指定分栏格式应用的范围。如果要在栏间设置分隔线,选中“分割线”复选框。

(2)修改与取消分栏。若要修改已存在的分栏,将插入点移至要修改分栏的文本区域内,然后打开“分栏”对话框进行相应修改,最后单击“确定”按钮。

将插入点移至已设置分栏的本文区域内,在“页面设置”选项组中单击“分栏”按钮,从下拉菜单中选择“一栏”命令,即可取消分栏效果。

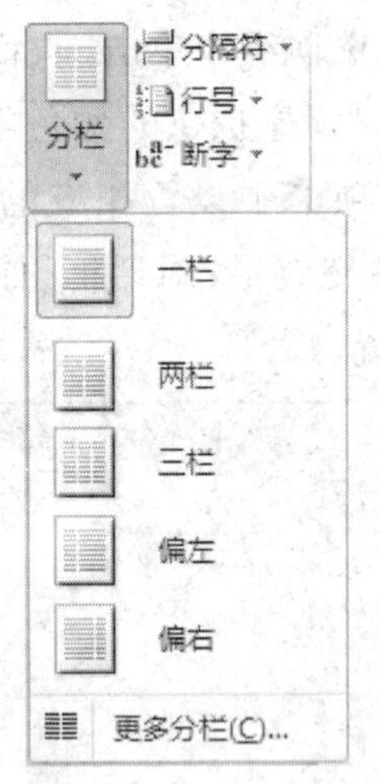

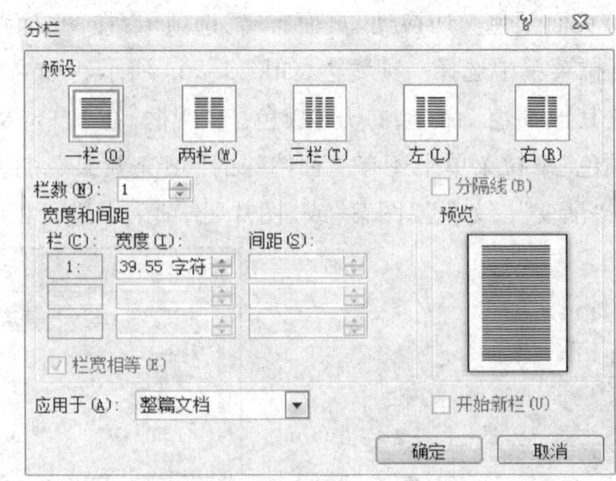

图 3-65 “分栏”下拉菜单　　图 3-66 “分栏”对话框

(3)插入分栏符。如果希望某段文字处于一栏的开始处,可以采用在文档中插入分栏符的方法,使当前插入点以后的文字移至下一栏。操作步骤为:将插入点移至需要另起一栏的文本位置,在“页面设置”选项组中单击“分隔符”按钮,从下拉菜单中选择“分栏符”命令。

(4)创建等长栏。在分栏操作中,可能会出现最后一栏不满的情况,此时可将插入点移至分栏文本的结尾处,在“页面设置”选项组中单击“分隔符”按钮,从下拉菜单中选择“连续”命令,创建等长的分栏解决这个问题。

2. 分页

Word 具有自动分页功能,当输入的文本或插入的图片占满一页时,Word 将自动转到下一页,并且在文档中插入一个软分页符。用户也可以根据需要,在文档中手动分页,所插入的分页符称为硬分页符。分页符位于一页的结束,另一页的开始。

打开原始文件,将光标定位到要作为下一页的段落的开头,切换到“页面布局”选项卡,在“页面布局”选项组中单击“分隔符”按钮,从下拉菜单中选择“分页符”命令,即可将光标所在位置后的文本向下移动一个页面。

3. 分节

节是 Word 划分段落的一种方式。对于新建的文档,整个文档就是一节,只能用一种版面格式编排。为了对文档的多个部分使用不同的格式,要把文档分成若干节,即插入分节符。每一节可以单独设置页眉、页脚、页码的格式,从而使文档的编辑更加灵活。

切换到“页面布局”选项卡,在“页面设置”选项组中单击“分隔符”按钮,从下拉菜单中选择一种分节符命令,即可插入相应的分节符。

Word 提供了四种不同类型的分节符,它们的功能如下。

(1)下一页。Word 文档会强制分页,在下一页开始新节。用户可以在不同的节上分别应用不同的页码格式、页眉和页脚文字,以及改变页面的纸张方向。

(2)连续。新的一节从下一行开始。

(3)偶数页。新的一节从偶数页开始,若分节符在偶数页上,下一个奇数页将是空页。

(4)奇数页。新的一节从奇数页开始,若分节符在奇数页上,下一个偶数页将是空页。

如果要取消分节,切换到"视图"选项卡,在"文档视图"选项组中单击"草稿"按钮,切换到草稿视图,将光标置于分节符上,按"Delete"键删除即可。

三、页眉和页脚

页眉和页脚通常用来显示文档的附加信息,其内容可以是时间、日期、页码、单位名称、章节名称等。其中,页眉在页面的顶部,页脚在页面的底部,通常页眉也可以添加文档注释等内容。页眉和页脚也用作提示信息,特别是其中插入的页码,通过这种方式能够快速定位所要查找的页面。

1. 创建页眉和页脚

(1)切换到"插入"选项卡,在"页眉和页脚"选项组中单击"页眉"按钮,打开如图 3-67 所示的下拉菜单。

图 3-67 "页眉"下拉菜单

(2)从下拉菜单中选择所需的格式,然后在页眉区添加相应的格式,同时功能区会显示"页眉和页脚工具|设计"选项卡。

(3)输入页眉的内容,或者单击"页眉和页脚工具|设计"选项卡下"插入"选项组中的按钮来插入一些特殊信息,如图 3-68 所示。

(4)单击“导航”选项组中的“转至页脚”按钮,如图 3-69 所示,切换到页脚区设置页脚,页脚的设置方法与页眉相同。

图 3-68 “插入”选项组　　　　图 3-69 “导航”选项组

(5)单击“页眉和页脚工具|设计”选项卡中的“关闭页眉和页脚”按钮,返回正文编辑状态。

2. 为奇偶页创建不同的页眉和页脚

当文档双面打印时,通常需要为奇偶页设置不同的页眉和页脚。

(1)双击文档的页眉或页脚区,进入页眉和页脚编辑状态。

(2)切换到“页眉和页脚工具|设计”选项卡,在“选项”选项组中(图 3-70)选中“奇偶页不同”复选框。此时,页眉区的顶部显示“奇数页页眉”字样,用户可以输入奇数页页眉。

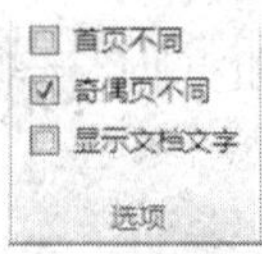

图 3-70 “选项”选项组

(3)在“导航”选项组中单击“下一节”按钮,在页眉的顶部显示“偶数页页眉”字样,此时可以输入偶数页页眉。

(4)如果想创建偶数页的页脚,单击“导航”选项组中的“转至页脚”按钮,切换到页脚区进行设置。

(5)设置完成后,单击“页眉和页脚工具|设计”选项卡中的“关闭页眉和页脚”按钮。

3. 设置页码

为文档添加页码的操作步骤如下:

(1)切换到“插入”选项卡,在“页眉和页脚”选项组中单击“页码”按钮,从下拉菜单中选择页码出现的位置,在从其子菜单中选择一种页码格式,如图 3-71 所示。

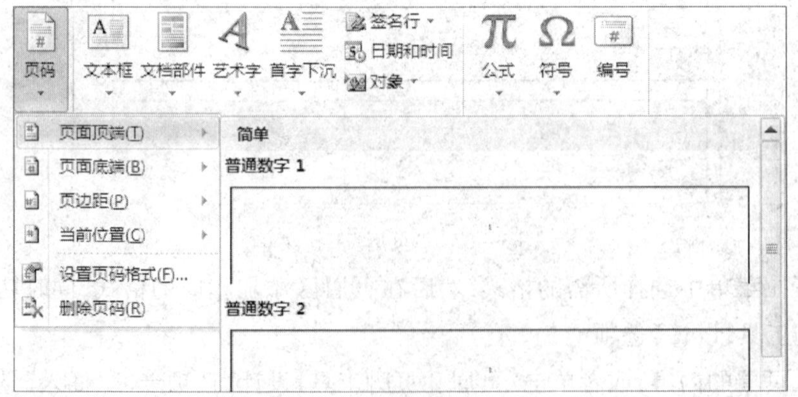

图 3-71 选择页码格式

(2)如果要设置页码的格式,从“页码”下拉菜单中选择“设置页码格式”命令,打开“页码格式”对话框。

(3)在“编号格式”下拉列表框中选择一个页码格式。

(4)如果不想从1开始编制页码,设置“起始页码”微调框中的数字。

(5)单击“确定”按钮,关闭对话框,此时可以看到修改后的页码。

4. 删除页眉和页脚

双击要删除的页眉区,按键盘的“Ctrl + A”组合键选取页眉文本和段落标记,接着按“Delete”键完成删除。

四、打印预览和打印

对于已输入了各种对象并且设置好格式的文档,可以打印出来。在此之前,可以使用“打印预览”功能在屏幕上查看打印的效果。

1. 打印预览

为了保证打印输出的品质及准确性,在正式打印前需要使用打印预览功能,检查文档整体版面布局是否还存在问题,确认无误后再进入下一步的打印设置及打印输出。打印预览的操作步骤如下:

(1)切换到“文件”选项卡,选择“打印”命令,此时在文档窗口中将显示所有与打印有关的命令,在右侧的窗格中能够预览打印效果。

(2)拖动窗口右下角的“显示比例”滚动条上的滑块能够调整文档的预览显示大小,单击窗口下方的“下一页”按钮和“上一页”按钮,能够进行预览的翻页操作。

2. 打印文档

对打印的预览效果满意后,即可对文档进行打印,操作步骤如下:

(1)切换到“文件”选项卡,选择“打印”命令,在中间窗格内的“份数”微调框中设置打印的份数,然后单击“打印”按钮,即可开始打印。

(2)Word默认打印文档中的所有页面,选择“打印所有页”命令,可以从子菜单中选择要打印的范围,还可以在“页数”文本框中设置打印页码。

(3)在“打印”命令的列表窗格中还提供了常用的打印设置按钮,如设置页面的打印顺序、页面的打印方向以及设置页边距等参数,用户可以根据需要进行设置。

(4)当需要在纸张的双面打印文档,但打印机只支持单面打印,单击中间窗格内的“单面打印”按钮,从下拉菜单中选择“手动双面打印”命令。这样,当所有纸张的第一面都打印完后,程序将提示打印第二面,将打印过的纸张翻转到第二面继续打印即可。

(5)如果想把几页缩小打印到一张纸上,可以单击中间窗格内的“每版打印1页”按钮,从下拉菜单中选择每版打印的页数。

第四章 Excel 2010

学习目标

- 熟练应用 Excel 2010。
- 掌握工作表、单元格的编辑和格式化。
- 掌握公式和函数的使用、数据的排序及筛选、图表的创建和格式化。

第一节 Excel 2010 的数据类型

Excel 按照信息处理方式的不同将数据分为字符型(或称文本型)、数值型和日期时间型。

一、字符型数据

字符型数据包括汉字、英文字母、空格等,每个单元格最多可容纳 32 000 个字符。默认情况下,字符数据自动沿单元格左边对齐。当输入的字符串超出了当前单元格的宽度时,如果右边相邻单元格里没有数据,那么字符串会往右延伸;如果右边单元格有数据,超出的那部分数据就会隐藏起来,只有把单元格的宽度变大后才能显示出来。

如果要输入的字符串全部由数字组成,如邮政编码、电话号码、存折账号等,为了避免 Excel 把它按数值型数据处理,在输入时可以先输一个单引号“ ′ ”(英文单引号),再接着输入具体的数字。例如,要在单元格中输入电话号码“64016633”,先连续输入“′64016633”,然后敲回车键,出现在单元格里的就是“64016633”,并自动左对齐。

二、数值型数据

在 Excel 中,数值型数据包括 0 ~ 9 中的数字以及含有正号、负号、货币符号、百分号等任一种符号的数据。默认情况下,数值自动沿单元格右边对齐。在输入过程中,有以下两种比较特殊的情况要注意。

(1)负数。在数值前加一个“ - ”号或把数值放在括号里,都可以输入负数。例如,要在

单元格中输入“-66”,可以输入“-66”或者“(66)”,然后敲回车键都可以在单元格中出现“-66”。

(2)分数。要在单元格中输入分数形式的数据,应先在编辑框中输入“0”和一个空格,然后再输入分数,否则 Excel 会把分数当作日期处理。例如,要在单元格中输入分数“2/3”,在编辑框中输入“0”和一个空格,然后接着输入“2/3”,敲一下回车键,单元格中就会出现分数“2/3”。

三、日期时间型数据

日期时间型的数据,在录入过程中要注意以下几点:

(1)输入日期时,年、月、日之间要用“/”号或“-”号隔开,如“2002-8-16”“2002/8/16”。

(2)输入时间时,时、分、秒之间要用冒号隔开,如“10:29:36”。

(3)若要在单元格中同时输入日期和时间,日期和时间之间应该用空格隔开。

第二节 Excel 2010 的表格编辑

一、工作表的基本操作

由于操作和处理 Excel 数据都是在工作簿和工作表中进行的,因此,用户必须首先了解工作簿和工作表的基本操作。

1. 新建、保存和保护工作表、工作簿

(1)新建工作表。启动 Excel 2010 后,工作界面中会自动创建一个空白工作簿,用户可以在工作区中进行想要的操作。如果要创建一个新的工作簿,切换到“文件”选项卡,选择“新建”命令,在中间的“可用模板”窗格中双击“空白工作簿”按钮即可,新工作簿名称的数字会依次顺延。

(2)保存工作表。单击快速访问工具栏中的“保存”按钮(或者按“Ctrl+S”组合键),打开“另存为”对话框,在“文件名”文本框中输入保存后的工作簿名称,在“保存类型”下拉列表中选择工作簿的保存类型,指定要保存的位置后单击“保存”按钮,即可保存当前工作簿。

如果要保存已经存在的工作簿,单击快速访问工具栏中的“保存”按钮或者按“Ctrl+S”组合键,Excel 将不再显示“另存为”对话框,而是直接保存工作簿。

(3)保护工作表。保护工作表的操作步骤如下:

①右击工作表标签,从快捷菜单中选择“保护工作表”命令,打开“保护工作表”对话框,选中“保护工作表及锁定的单元格内容”复选框。

如果要给工作表设置密码,在“取消工作表保护时使用密码”文本框中输入密码,如图4-1所示。

②在“允许此工作表的所有用户进行”列表框中选择可以进行的操作,或者取消选中禁止操作的复选框。例如,选中“设置列格式”复选框,则允许用户对列的格式进行处理。

③单击“确定”按钮,此时,在工作表中输入数据时会弹出对话框,禁止进行任何修改操作。

另外,切换到“开始”选项卡,在“单元格”选项组中单击“格式”按钮,从下拉菜单中选择“撤消工作表保护”命令,即可取消对工作表的保护。如果工作表设置了密码,则会显示“撤消工作表保护”对话框,输入正确的密码后单击“确定”按钮即可,如图4-2所示。

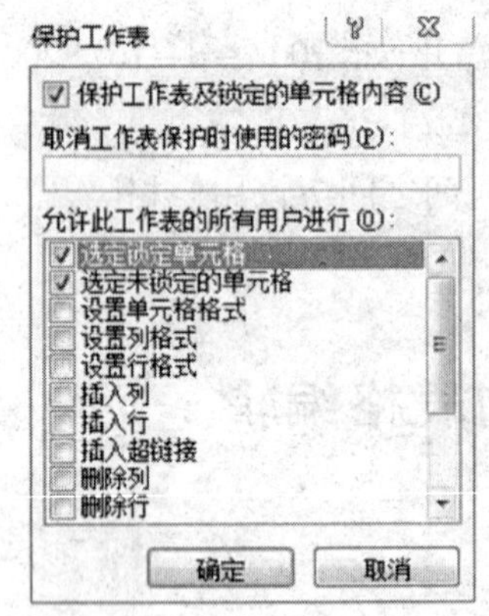

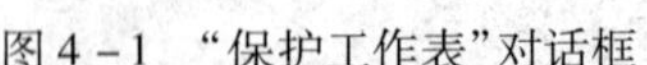

图4-1 “保护工作表”对话框

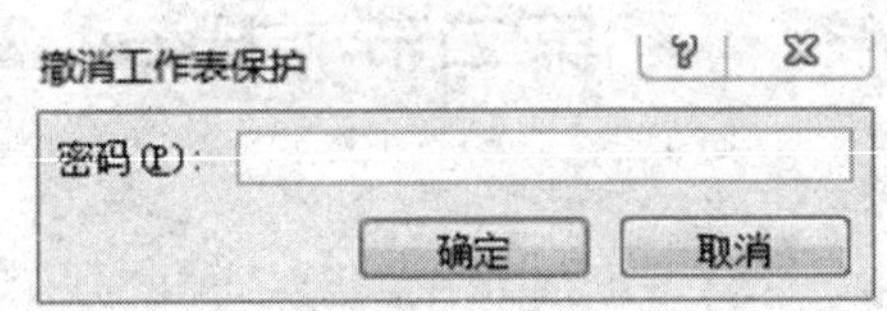

图4-2 “撤消工作表保护”对话框

(4)保护工作簿的结构。如果不希望他人随意在重要的Excel工作簿中进行添加、移动或删除工作表操作,可以对工作簿进行保护。保护工作簿的操作步骤如下:

①切换到“审阅”选项卡,在“更改”选项组中单击“保护工作簿”按钮,打开“保护结构和窗口”对话框。

②选择“结构”和“窗口”复选框,在“密码(可选)”文本框中输入密码,如图4-3所示,然后单击“确定”按钮,打开“确认密码”对话框。

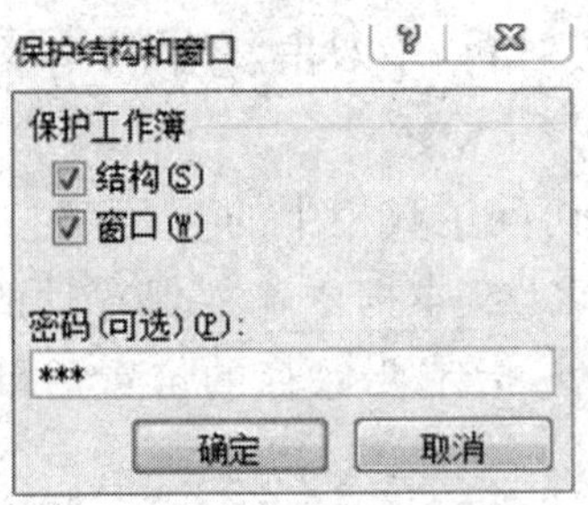

图4-3 “保护结构和窗口”对话框

③重新输入一次密码,单击“确定”按钮,设置完成。

如果要取消对工作簿的保护,再次切换到“审阅”选项卡,单击“更改”选项组中的“保护工作簿”按钮,在打开的“保护结构和窗口”对话框中输入前面设置的密码,然后单击“确定”按钮即可取消对工作簿的保护。

(5)为工作簿设置密码。如果工作簿中的数据很重要,不希望别人随便打开,可以使用下列方法为工作簿设置密码:切换到“文件”选项卡,选择“信息”命令,然后单击中间窗格中的“保护工作簿”按钮,从下拉菜单中选择“用密码进行加密”命令,在打开的“加密文档”对话框中输入密码,然后单击“确定”按钮,如图 4－4 所示。

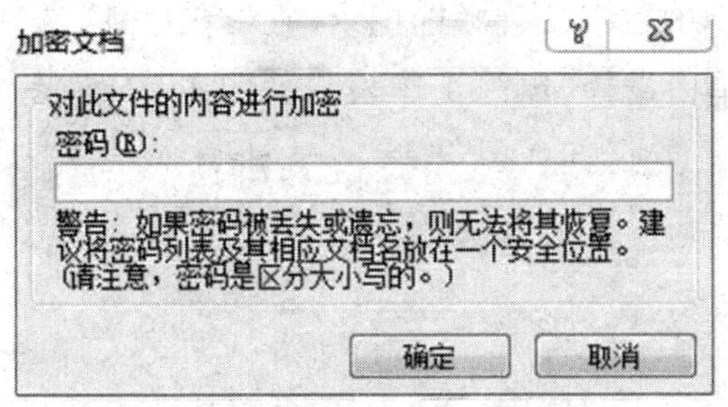

图 4－4 “加密文档”对话框

2. 切换工作表

用户在使用新建的工作簿时,默认使用的是 Sheet1 工作表,使用下列方法可以切换到其他工作表。

(1)单击工作表标签,可以快速在工作表之间切换。

(2)如果在工作簿中插入了很多工作表,所需的标签没有显示在屏幕上,可以通过工作表标签前面的标签滚动按钮来切换工作表。

(3)右击标签滚动按钮,从快捷菜单中选择要切换的工作表。

3. 插入工作表

使用下列方法,可以在工作簿中插入一张新的工作表,并使其成为活动工作表。

(1)单击所有工作表标签名称右侧的“插入工作簿”按钮。

(2)右击工作表标签,从快捷菜单中选择“插入”命令,如图 4－5 所示,打开“插入”对话框。在“常用”选项卡中选择“工作表”选项,单击“确定”按钮,如图 4－6 所示。

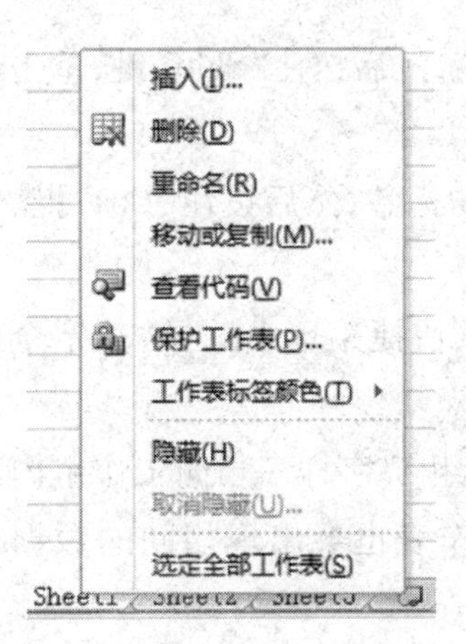

图 4－5 工作表标签右键快捷菜单

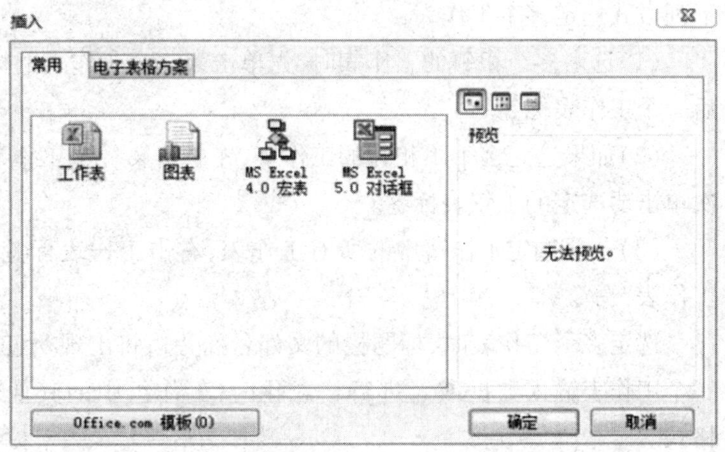

图 4－6 “插入”对话框

4. 删除工作表

如果用户不再需要某张工作表,可以使用下列方法将其删除。

(1)右击工作表标签,从快捷菜单中选择“删除”命令。

(2)单击工作表标签,切换到“开始”选项卡,在“单元格”选项组中单击“删除”按钮下方的箭头按钮,从下拉菜单中选择“删除工作表”,如图4-7所示。

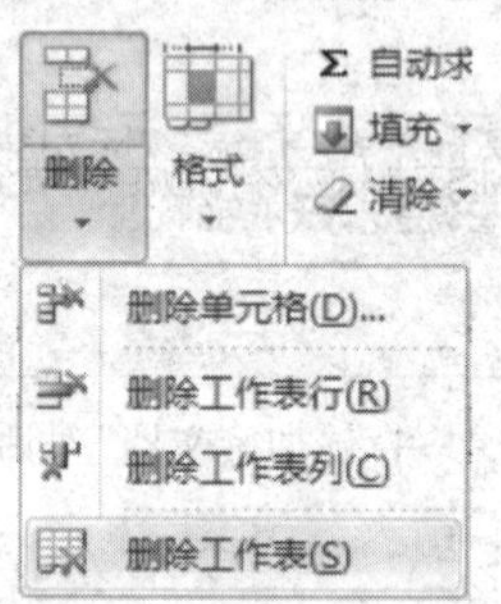

图4-7 “删除”下拉菜单

如果要删除的工作表中包含数据,会弹出含有“永久删除这些数据”提示信息的对话框。单击“删除”按钮,工作表以及其中的数据都会被删除。

5. 重命名工作表

用户可以使用下列方法给工作表起一个有意义的名称,以便于后期快捷地查找数据。

(1)双击要重命名的工作表。

(2)右击工作表标签,从快捷菜单中选择“重命名”命令。

此时的工作表名称将突出显示,直接输入名称,并按“Enter”键即可。

6. 选定多个工作表

如果要在工作簿的多个工作表中输入相同的数据,要将它们一起选定。用户可以使用下列方式选定多个工作表。

(1)选定多个相邻的工作表时,先单击第一个工作表的标签,然后按住“Shift”键,单击最后一个工作表标签。

(2)如果选定多个不相邻的工作表,先单击第一个工作表的标签,然后按住“Ctrl”键,依次单击要选定的工作表标签。

(3)若要选定工作簿中的所有工作表,右击工作表标签,从快捷菜单中选择“选定全部工作表”命令。

选定多个工作表时,标题栏的文件名称旁边将出现“[工作组]”字样。当向工作组内的一个工作表输入数据或者进行格式化时,工作组中的其他工作表也会出现相同的数据或格式。

单击任意一个为选定的工作表标签,或者右击工作表标签,从快捷菜单中选择“取消组

合工作表"命令即可取消对工作表的选定。

7. 移动或复制工作表

如果要在同一个工作簿中复制工作表,在按住"Ctrl"键的同时拖动工作表标签,当到达新位置时,先释放鼠标,再松开"Ctrl"键。

如果要将一个工作表移动或复制到另一个工作簿中,操作步骤如下:

(1)打开原工作表所在的工作簿和目标工作簿。

(2)右击要移动或复制的工作表标签,从快捷菜单中选择"移动或复制"命令,打开"移动或复制工作表"对话框,如图4-8所示。

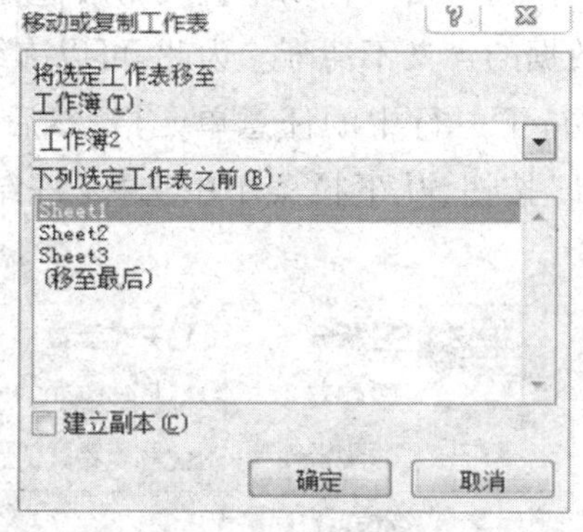

图4-8 "移动或复制工作表"对话框

(3)在"工作簿"下拉列表框中选择接收工作表的工作簿。若选择"(新工作簿)"选项,可以将选定的工作表移动或复制到新的工作簿中。

(4)在"下列选定工作表之前"列表框中选择移动后的位置。如果对工作表进行复制操作,要选中"建立副本"复选框。

(5)单击"确定"按钮,完成工作表的移动或复制操作。

8. 隐藏或显示工作表

隐藏工作表能够避免用户对重要或机密数据的误操作,当需要时再将其恢复显示即可。隐藏工作表的方法如下:

(1)右击工作表标签,从快捷菜单中选择"隐藏"命令。

(2)单击工作表标签,切换到"开始"选项卡,在"单元格"选项组中单击"格式"按钮,从下拉菜单中选择"隐藏和取消隐藏"菜单项的二级菜单"隐藏工作表"命令。

如果要取消对工作表的隐藏,右击工作表标签,从快捷菜单中选择"取消隐藏"命令,打开"取消隐藏"对话框,如图4-9所示。在列表框中选择需要再次显示的工作表,然后单击"确定"按钮即可。

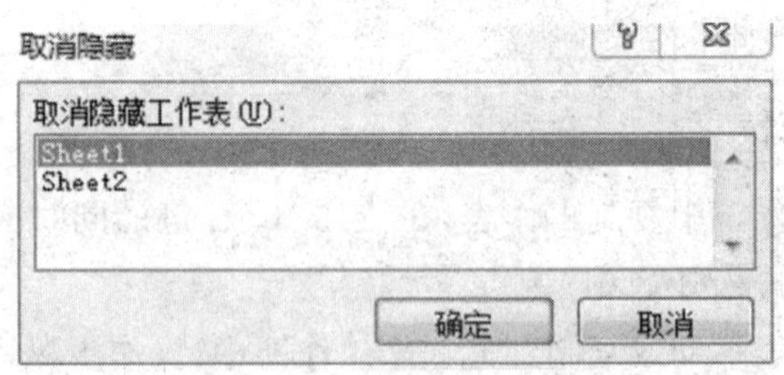

图 4－9 “取消隐藏”对话框

9. 冻结工作表标题

通常工作表中的数据会有很多行,当移动垂直滚动条查看下面的数据时,表格上方的标题行将会不可见,使得各列数据的含义不清晰。为此,可以冻结工作表标题来使其位置固定不变,操作步骤是:单击标题行下一行中的任意单元格,然后切换到“视图”选项卡,在“窗口”选项组中单击“冻结窗口”按钮,从下拉菜单中选择“冻结拆分窗格”命令,如图 4－10 所示。

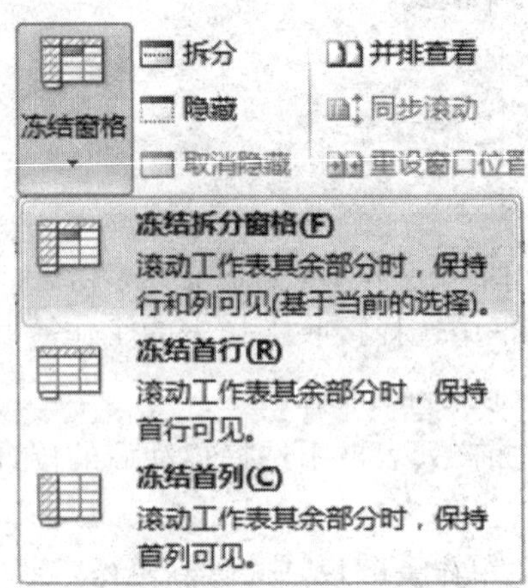

图 4－10 “冻结拆分窗格”命令

10. 设置工作表标签颜色

Excel 2010 允许为工作表标签添加颜色,以便于轻松地访问各工作表。例如,将已经制作完成的工作表标签设置为蓝色,将还需处理的工作表标签设置为红色。为工作表标签添加颜色时,首先右击工作表标签,从快捷菜单中选择“工作表标签颜色”命令,然后在子菜单中选择所需的颜色,如图 4－11 所示。

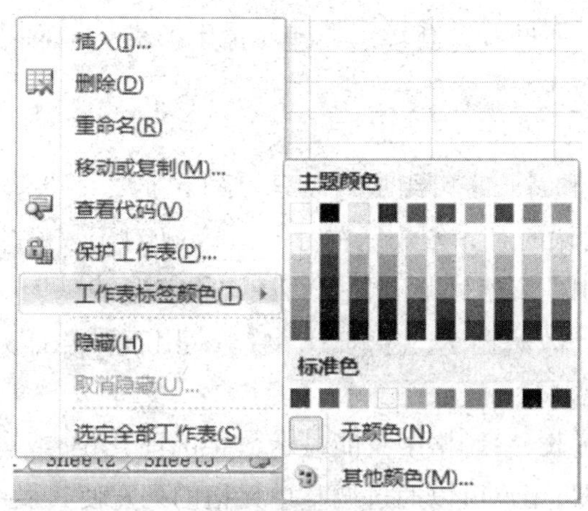

图 4－11　为工作表标签添加颜色

二、表格数据的编辑与设置

1. 选定单元格及单元格区域

对工作表进行编辑之前先要选定单元格或单元格区域。

当一个单元格成为活动单元格时，它的边框会变成黑线，其行号、列号会突出显示，用户可以在名称框中看到其坐标。选定工作表元素的操作见表 4－1。

表 4－1　Excel 表中的选定操作

选定对象	选定方法
单个单元格	单击相应的单元格，或用方向键移动到相应的单元格
连续单元格区域	单击要选定单元格区域的第一个单元格，然后拖动鼠标直到要选定的最后一个单元格；或者按住“Shift”键单击单元格区域的最后一个单元格
不相邻的单元格	选定第一个单元格，然后按住“Ctrl”键依次选定其他单元格
单行或单列	单击行号或列号
相邻的行或列	沿行号或列号拖动鼠标，或者先选定第一行或第一列，然后按住“Shift”键选定最后一行或最后一列
不相邻的行或列	先选定第一行或第一列，然后按住“Ctrl”键依次选定其他行或其他列
全部单元格	单击行号和列号交叉处的“全部选定”按钮，或按“Ctrl + A”组合键
取消选定区域	单击工作表中的其他任意单元格

2. 单元格的数据输入

用户可以向 Excel 单元格中输入常量和公式两类数据。常量是指没有以“ = ”开头的数据，包括数值、文本、日期、时间等。在选定的单元格中输入数据，然后按“Enter”键即可完成数据的输入。

(1)输入数值。

数值由0~9的数字和特殊字符组成。特殊字符包括“+”“-”“(”“)”“/”“$”“¥”“%”“E”“,”等。数值默认的对齐方式是右对齐。Excel对于数值的输入有如下规定。

①单元格默认的通用数字格式可以显示的最大数字为99 999 999 999，如果超过范围，则自动在单元格中以科学计数法显示。字符“E”或“e”用于科学计数法中指数的输入，例如2.6E-3表示0.0026。

②如果输入的数据过长，单元格中只能显示数字的前几位，或者以一串“#”提示用户该单元格无法显示这个数据，用户可以通过调整单元格的列宽使其显示正常。

③如果要输入正数，直接输入数字即可。如果要输入负数，需在数字前加一个负号“-”或者用圆括号“()”把数字括起来。例如，输入“-1”或者“(1)”都能得到-1。

④如果要输入百分数，可直接在数字后面加上百分号“%”。例如，要输入50%，则在单元格中先输入“50”，再输入“%”。

⑤如果输入的数据较长，可以使用千位分隔符，即逗号“,”。例如1,234.56表示1 234.56。

⑥如果要输入真分数，应在其前面加上“0”和空格。例如输入分数“1/4”，应在单元格内输入“0 1/4”，此时单元格中显示“1/4”，编辑栏中显示“0.25”；输入假分数时，也应在其整数部分和分数部分之间加上一个空格，如“2 2/3”。

⑦在公式中出现的数值，不能使用“()”表示负数，不能使用“,”分隔千分位，不能使用货币符号“¥”和“$”。

(2)输入文本。

文本可以包含大小写英文字母、数字、特殊字符等。输入到单元格内的字符，如果不被解释为数值、公式、日期、时间和逻辑值，一律视为文本。文本默认的对齐方式是左对齐。一个单元格最多可以存放32 767个字符。

输入文本之前，选定要输入文本的单元格区域，切换到“开始”选项卡，将“数字格式”下拉列表框设置为“文本”选项，然后输入数据。

为了避免类似身份证号码、电话号码等全部由数字组成的文本被Excel解释成数值，则要在数字前面输入英文状态下的单引号“'”。例如，输入身份证号码“'42088119810816 * * * *”。

(3)输入时间和日期。

在Excel中，可以将时间和日期视为数值进行处理。

输入时间时，时间的时分秒用“:”分隔，例如“6:43:24”。若用12小时制表示，则要在秒数后面输入一个空格，然后输入“A”或“P”表示上午或下午。

输入日期时，日期的年月日用“-”或“/”分隔，常用的日期输入格式有“2014-6-2”

“14/6/2”“6－2”等。默认情况下，单元格内显示为“2014－6－2”“2014/6/2”“6月2日”。当输入的年份为两位数时，00～29之间解释为2000－2029，30～99之间解释为1930－1999。

输入当前日期按“Ctrl＋;”组合键，输入当前时间按“Ctrl＋Shift＋;”组合键。

若输入日期和时间的形式不对或日期时间超出了范围，如“6:43:66”，则输入的内容被解释为文本，对齐方式为左对齐。

用户可以输入“2014/6/2　8:31:44 A”形式的日期和时间数据，日期和时间之间要留有空格。

如果要对日期和时间数据进行格式化，切换到“开始”选项卡，单击“数字”选项组中的“对话框启动器”按钮，打开“设置单元格格式”对话框，在“数字”选项卡中单击“分类”列表框中的“日期”或“时间”选项，在右侧的“类型”列表框中进行选择，如图4－12所示。

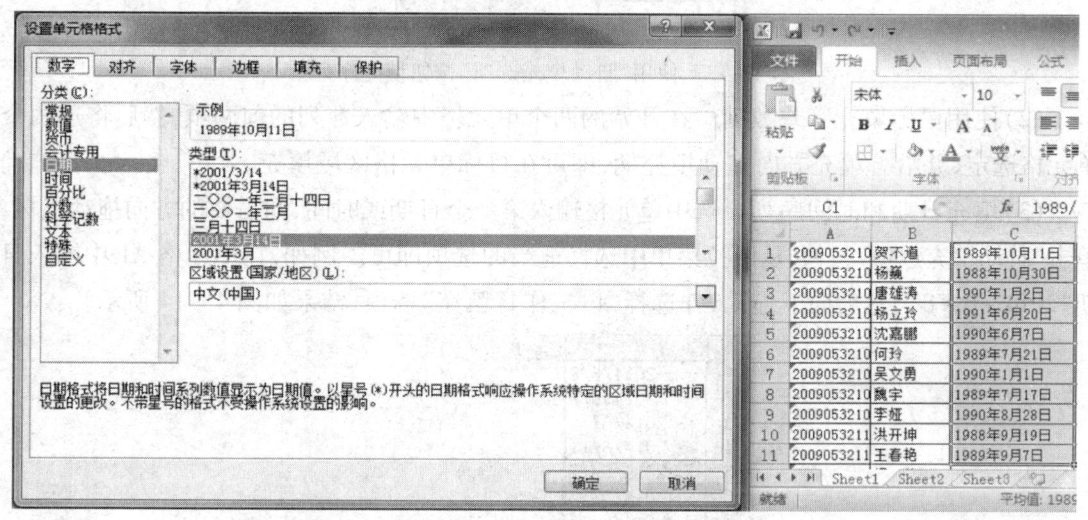

图4－12　设置日期

3. 快速输入工作表数据

使用Excel提供的自动填充数据功能，可以向表格中若干连续单元格快速填充一组有规律的数据，从而提高工作效率。

(1)使用鼠标填充项目序号。向单元格输入数据后，在填充柄处按住鼠标左键向下或向右拖动(也可以向上或向左)，如果原单元格中的数据是数值，则鼠标拖出的填充区域中会用原单元格中相同的数据填充；如果原数据是文本，Excel则会以递增的方式填充。

在单元格A1中输入数字“1”，向下填充单元格后，单击右下角的“自动填充选项”按钮，从下拉菜单中选择不同的填充选项，可以改变填充方式，如图4－13所示。

	A	B	C
1	1		
2	2		
3	3		
4	4		
5	5		
6	6		
7	7		
8	8		
9	9		
10			
11			
12			
13			
14			
15			
16			

复制单元格(C)
填充序列(S)
仅填充格式(F)
不带格式填充(O)

图 4－13 使用“自动填充选项”按钮填充序列

(2)使用鼠标填充等差数列。在开始的两个单元格中输入数列的前两项,然后将这两个单元格选定,并沿着填充方向拖动填充柄,即可在目标单元格区域填充。

(3)填充日期和时间序列。选中单元格输入第一个日期或时间,向需要的方向拖动鼠标,单击“自动填充选项”按钮,从下拉菜单中选择适当的选项即可。例如,在单元格 A1 中输入日期“2014－6－8”,然后向下拖动,并选择“以工作日填充”选项,结果如图 4－14 所示。

	A	B	C
1	2014/6/8		
2	2014/6/9		
3	2014/6/10		
4	2014/6/11		
5	2014/6/12		
6	2014/6/13		
7	2014/6/16		
8	2014/6/17		
9	2014/6/18		
10	2014/6/19		
11			
12			
13			
14			
15			
16			
17			
18			
19			
20			
21			
22			

复制单元格(C)
填充序列(S)
仅填充格式(F)
不带格式填充(O)
以天数填充(D)
以工作日填充(W)
以月填充(M)
以年填充(Y)

图 4－14 选择“以工作日填充”选项的结果

(4)使用对话框填充序列。用鼠标填充的序列范围较小,如果要填充等比数列,可以使用对话框方式。下面以在单元格区域 A1:A5 中填充等比序列 1,3,9,27,81 为例说明操作方法:在单元格 A1 中输入数字 1,然后选中单元格区域 A1:A5,切换到“开始”选项卡,在“编辑”选项组中单击“填充”按钮右侧的箭头按钮,从下拉菜单中选择“序列”命令,打开“序列”

对话框。在“类型”栏中选中“等比序列”单选按钮，在“步长值”文本框中输入数字3，如图4－15所示，最后单击“确定”按钮。

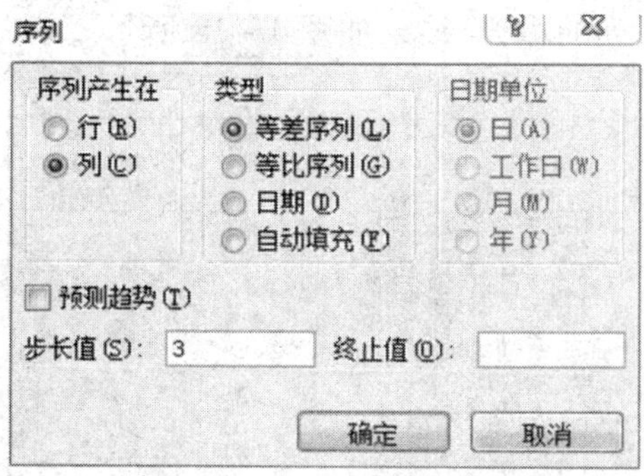

图4－15 “序列”对话框

（5）自定义序列。切换到“文件”选项卡，选择“选项”命令，打开“Excel 选项”对话框，如图4－16所示。然后切换到“高级”选项卡，在右侧向下拖动垂直滚动条，单击其中的“编辑自定义列表”按钮，打开“自定义序列”对话框。

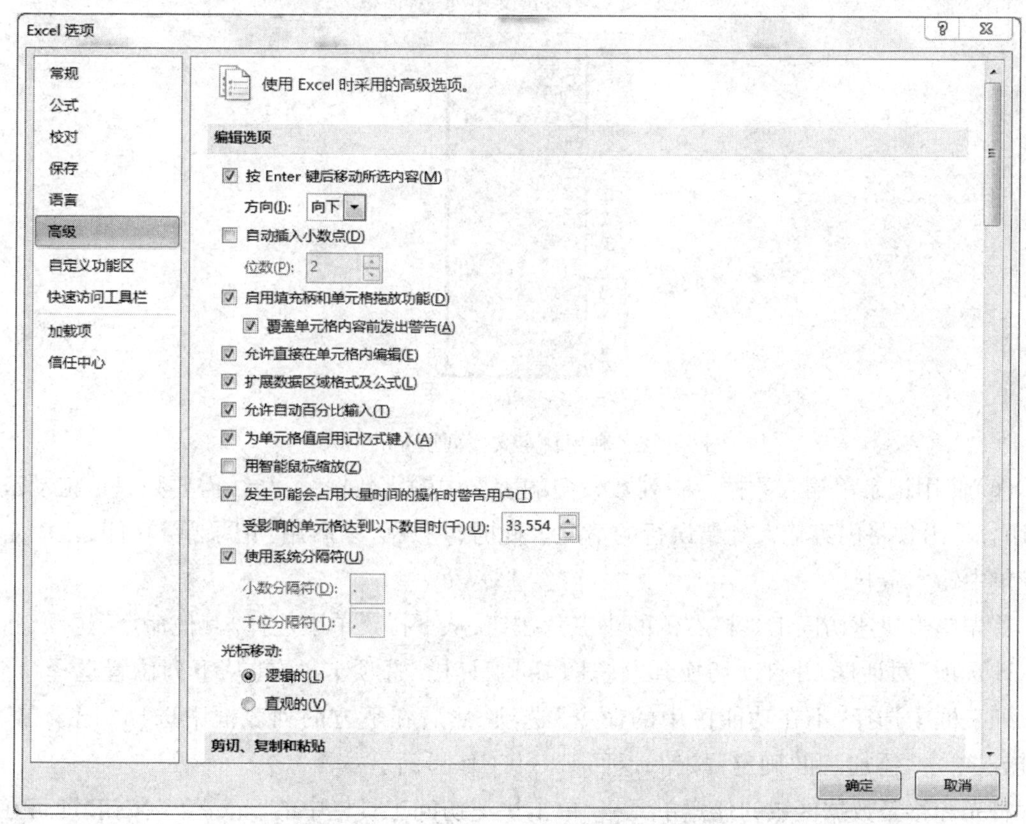

图4－16 “Excel 选项”对话框

在“输入序列”文本框中输入自定义的序列，每项输入完成后按“Enter”键进行分隔，如图4－17所示，然后单击“添加”按钮，新定义的序列就会出现在“自定义序列”列表框中。

单击“确定”按钮,返回“Excel 选项”对话框,再单击“确定”按钮,回到工作表窗口。在单元格中输入自定义序列中的任意一个数据,通过填充柄的方法进行填充,到达目标位置,释放鼠标按钮即可完成自定义序列的填充,结果如图 4 – 18 所示。

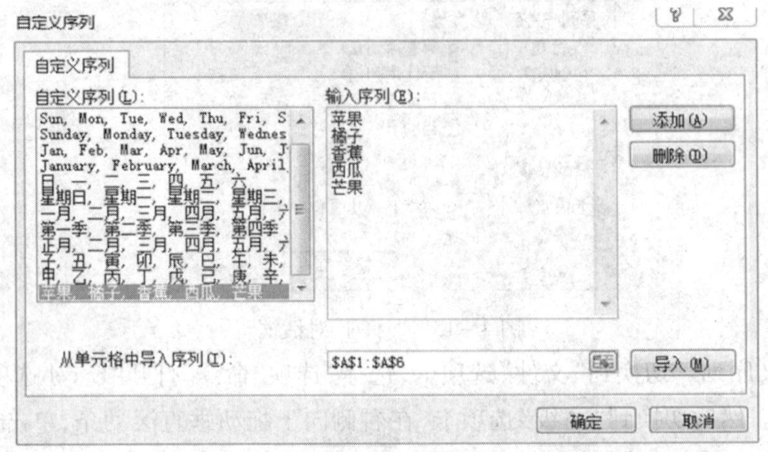

图 4 – 17 “自定义序列”对话框

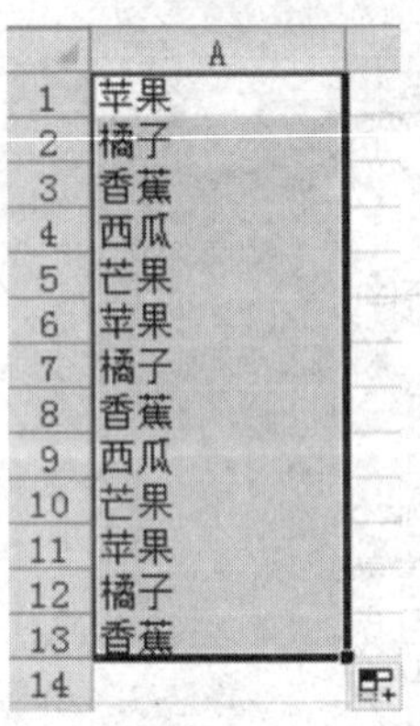

图 4 – 18 利用自定义序列填充的结果

(6)使用记录单输入数据。在列数较多的表格中输入数据时,往往需要频繁地拖动滚动条,还容易出现将内容输入到错误行的情况。此时,用户可以启用“记录单”功能,在固定的记录单中输入资料。

首先单击快速访问工具栏右侧的小三角按钮,从下拉菜单中选择“其他命令”选项,打开“Excel 选项”对话框,并自动切换到“快速访问工具栏”选项卡。在“从下列位置选择命令”下拉列表框中选择“不在功能区中的命令”选项,然后在下方的列表框中选择“记录单”选项,依次单击“添加”和“确定”按钮,返回 Excel 工作界面。

将光标移至数据区域的任意单元格,单击快速访问工具栏中的“记录单”按钮,即可在打开的记录单对话框中编辑、删除和添加新记录,如图 4 – 19 所示。

	A	B	C	D	E	F	G	H	I
1	学号	姓名	性别	出生日期	政治面貌	民族	行政班	身份证号	联系电
2	20090532101	贺不道	男	1989-10-11	团				152872215
3	20090532102	杨巍	男	1988-10-30	团				137592373
4	20090532103	唐雄涛	男	1990-1-2	团				182881620
5	20090532104	杨立玲	女	1991-6-20	团				152872248
6	20090532105	沈嘉鹏	女	1990-6-7	团				159692819
7	20090532106	何玲	女	1989-7-21	团				158875541
8	20090532107	吴文勇	男	1990-1-1	团				136288644
9	20090532108	魏宇	男	1989-7-17	团				187882269
10	20090532109	李娅	女	1990-8-28	团				152872247
11	20090532110	洪开坤	男	1988-9-19	团				187882020
12	20090532111	王春艳	女	1989-9-7	预备				152872219
13	20090532112	辉丽秋	女	1990-10-2	预备				152872248
14	20090532113	张小波	女	1988-1-20	团				133688201
15	20090532114	杨帅	男	1989-3-21	预备				152872247
16	20090532115	段智梅	女	1988-1-28	预备				152872248
17	20090532116	王泓	男	1987-2-5	团				151849440

Sheet1

学号: 姓名: 性别: 出生日期: 政治面貌: 民族: 行政班: 身份证号: 联系电话:

新建记录 新建(W) 删除(D) 还原(R) 上一条(P) 下一条(N) 条件(C) 关闭(L)

图 4－19 使用记录单输入数据

4. 设置数据有效性

设置数据有效性是指对单元格中输入数据的类型和范围预先设置,保证数据被限定在一个有效范围内,同时还可以设置相关的提示信息。当在设置了数据有效性的任意单元格中输入不在指定范围的数据时,屏幕上会出现错误提示信息。

(1)选定单元格或单元格区域,切换到"数据"选项卡,在"数据工具"选项组中单击"数据有效性"按钮,从下拉菜单中选择"数据有效性"命令,打开"数据有效性"对话框。

(2)在"设置"选项卡中设置有效性条件,在"输入信息"选项卡中设置选定单元格时显示的输入信息,在"出错警告"选项卡中设置输入无效信息时显示的警告信息。

(3)单击"确定"按钮,完成设置。

5. 修改与删除单元格数据

用户在使用 Excel 的过程中,难免要对工作表中的数据进行修改、移动或复制、删除等操作。

(1)修改与删除单元格数据。

当需要对单元格中的数据进行编辑时,可以通过下列方法进入编辑状态。

①双击单元格。

②将光标移至要修改的单元格中,然后按"F2"键。

③单击要编辑的单元格,将其变为活动单元格,然后在编辑框中修改其内容。

④进入单元格编辑状态后,光标变成垂直竖条的形状,用户即可以对单元格的数据进行修改。

⑤选定单元格或单元格区域,然后按"Delete"键可以在保留单元格格式的情况下快速删除单元格的数据内容。

(2)移动与复制单元格数据。

Excel 中移动与复制单元格数据的方法与 Word 中的操作类似,先选定要移动或复制的单元格,再按"Ctrl + X"(移动)或"Ctrl + C"(复制)组合键,然后将光标移至目标位置,再按"Ctrl + V"组合键。

(3)选择性粘贴。

在 Excel 2010 中,除了能够复制选中的单元格外,还可以进行有选择的复制。例如,对单元格区域进行转置处理等。执行选择性粘贴的操作步骤如下:

①选定包含数据的单元格区域,切换到"开始"选项卡,在"剪贴板"选项组中单击"复制"按钮。

②选定粘贴单元格区域或区域左上角的单元格,然后在"剪贴板"选项组中单击"粘贴"按钮下方的箭头按钮,从下拉菜单中选择"选择性粘贴"命令,打开"选择性粘贴"对话框,在不同栏目中选择需要的粘贴方式。"粘贴"栏用于设置粘贴"全部"还是"公式"等;"运算"栏表示如果选中了除"无"之外的单选按钮,则复制单元格中的公式或数值将与粘贴单元格中的数值进行相应的运算。选中"跳过空单元"可以使目标区域单元格的数值不被复制区域的空白单元格覆盖。

③单击"确定"按钮,完成有选择的复制数据操作。

三、单元格、行和列的基本操作

用户在工作表中输入数据后,经常需要对单元格、行和列进行必要的操作,包括插入与删除单元格、隐藏与显示行和列等。

1. 插入与删除单元格

单击某个单元格或选定单元格区域以确定插入位置,然后在选定单元格区域右击,从快捷菜单中选择"插入"命令(或者切换到"开始"选项卡,在"单元格"选项组中单击"插入"按钮,从下拉菜单中选择"插入单元格"命令),打开"插入"对话框,如图 4 – 20 所示。在该对话框中选择合适的插入方式,单击"确定"按钮,完成插入操作。

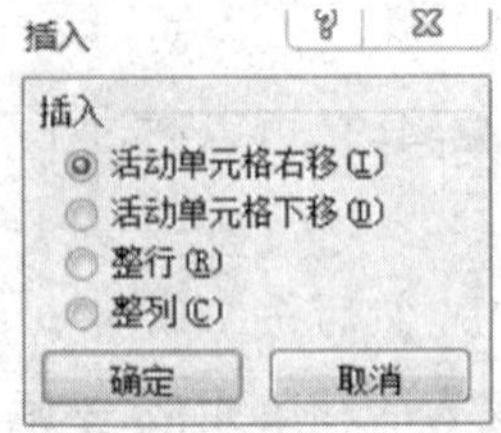

图 4 – 20 "插入"对话框

删除单元格时,首先单击某个单元格或选定要删除的单元格区域,然后在选定区域中右击,从快捷菜单中选择"删除"命令,打开"删除"对话框,在"删除"栏中做合适的选择,最后单击"确定"按钮完成删除操作。

2. 合并与拆分单元格

选定要合并的单元格区域,切换到“开始”选项卡,在“对齐方式”选项组中单击“合并后居中”按钮,如图 4 – 21 所示。

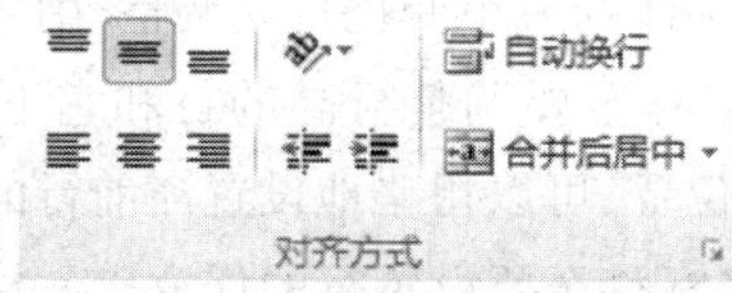

图 4 – 21　“对齐方式”选项组

选中已经合并的单元格,切换到“开始”选项卡,在“对齐方式”选项组中单击“合并后居中”按钮右侧的箭头按钮,从下拉菜单中选择“取消单元格合并”命令,即可将其拆分,如图 4 – 22所示。

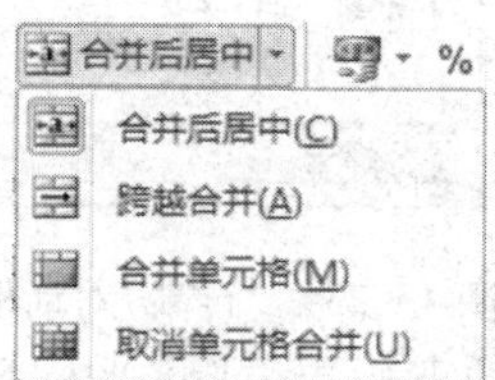

图 4 – 22　“合并后居中”下拉菜单

3. 插入与删除行和列

插入行和列的方法类似,下面以插入行为例,说明操作方法。

如果需要插入一行,右击要插入的行的行号,在快捷菜单中选择“插入”命令;或者单击要插入的行号,切换到“开始”选项卡,在“单元格”选项组中单击“插入”按钮下的箭头按钮,在下拉菜单中选择“插入工作表行”命令。

如果需要插入多行,选中要插入多行的行号,右击选中区域,在快捷菜单中选择“插入”命令;或者选中要插入的多行的行号,切换到“开始”选项卡,在“单元格”选项组中单击“插入”按钮下的箭头按钮,在下拉菜单中选择“插入工作表行”命令。

插入列的方法与插入行的方法类似,这里不再赘述。

4. 隐藏与显示行和列

(1)隐藏行和列。隐藏行和列的方法类似,下面以隐藏行为例,说明操作方法。在需要隐藏行的行号上拖动鼠标,然后右击选中区域,并从快捷方式中选择“隐藏”命令;或者选中要隐藏的多行的行号,切换到“开始”选项卡,在“单元格”选项组中单击“格式”按钮,从下拉菜单中选择“隐藏和取消隐藏”命令的二级命令“隐藏行”。

(2)取消行和列的隐藏。如果要将隐藏的行再次显示在工作表中,可以使用下列方法进行操作。在隐藏行的上下两行的行号上拖动鼠标,然后右击选中的区域,并从快捷菜单中选择“取消隐藏”命令;或者拖动鼠标选中隐藏的行的上下两行,切换到“开始”选项卡,在“单元格”选项组中单击“格式”按钮,从下拉菜单中选择“隐藏和取消隐藏”命令的二级命令“取消隐藏行”。

5. 改变行高和列宽

单元格的行高会随着显示字体的大小变化自动调整,用户也可以根据需要调整行高。

(1)手动调整行高。将光标移至要调整行高的行和它下一行的分割线上,当指针变成“ ✢ ”时,拖动分割线到合适的位置,可以粗略地设置当前行的行高。

若要精确地设置行高,将光标移至要设置行的任意单元格中,或者选定多行,切换到“开始”选项卡,在“单元格”选项组中单击“格式”按钮,从下拉菜单中选择“行高”命令,打开“行高”对话框,在文本框中输入行高值,如图 4 – 23 所示,然后单击“确定”按钮。

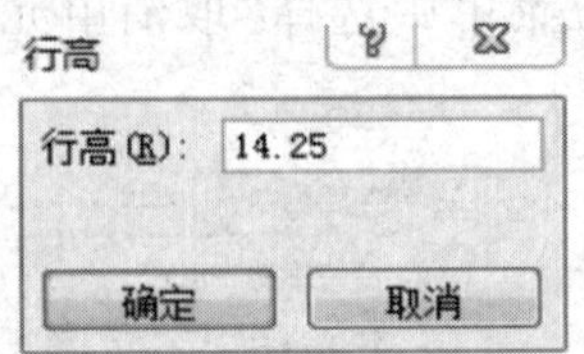

图 4 – 23 “行高”对话框

(2)自动调整行高。双击行号的下边界,或将光标移至要设置行高的任意单元格中,然后切换到“开始”选项卡,在“单元格”选项组中单击“格式”按钮,从下拉菜单中选择“自动调整行高”命令,该行的行高值将符合最高的条目。

改变列宽的方法与之类似,这里不再赘述。

四、表格的格式化

1. 设置字体格式与文本对齐方式

在 Excel 中设置字体格式的方法与 Word 类似。选定单元格区域,切换到“开始”选项卡,只用“字体”选项组中的“字体”“字号”下拉列表框即可设置字体格式。

在输入数据时,文本靠左对齐,数字、日期和时间靠右对齐。用户可以在不改变数据类型的情况下,改变单元格中数据的对齐方式。切换到“开始”选项卡,在“对齐方式”选项组中单击某个水平或垂直对齐按钮,可以改变文本在水平或垂直方向上的对齐方式;单击“方向”按钮,从下拉菜单中选择适当的命令,能够调整文本角度;单击“自动换行”按钮,可以使超过单元格宽度的文本型数据以多行形式显示。

如果要详细设置字体格式或文本对齐方式,打开“设置单元格格式”对话框,在“字体”和“对齐”选项卡中进行设置。

2. 设置数字格式

数字格式的改变并不影响单元格的实际数值。

切换到“开始”选项卡,在“数字”选项组中提供了几个快速设置数字格式的控件。

(1)“数字格式”下拉列表框提供了设置数字、日期和时间的常用选项。

(2)单击“会计数字格式”按钮,可以在原数字前面加货币符号,并且添加两位小数。

(3)单击“千分分隔样式”按钮,将在数字中加入千位分隔符。

(4)单击“增加小数位数”或“减少小数位数”按钮,可以设置数字的小数位。

如果用户要进一步设置选定单元格区域中的数字格式,可以打开“设置单元格格式”对话框,在“数字”选项卡的“分类”列表框中选择“数值”选项,然后对右侧的小数位数微调框进行调整。

对数字设置好格式后,如果数据的长度超过单元格的宽度,单元格中会显示“####”符号。此时,改变单元格的宽度,使之比数据的宽度稍大,数据显示即可恢复正常。

3. 设置表格边框和填充效果

(1)设置表格边框。默认情况下,工作表中的表格线都是浅色的,称为网格线,在打印时并不显示。为了打印带有边框的表格,可以为其添加不同线形的边框,方法为:选择要进行设置的单元格区域,切换到“开始”选项卡,在“字体”选项组中单击“边框”按钮,然后从下拉菜单中选择适当的边框样式。

如果用户对下拉菜单中的边框样式不满意,可以选择“其他边框”命令,打开“设置单元格格式”对话框并切换到“边框”选项卡,然后在“样式”列表框中选择边框的线条样式,在“颜色”下拉列表框中选择边框的颜色,在“预置”栏中为表格添加内、外边框或清除表格线,在“边框”栏中自定义表格的边框位置。

(2)添加表格的填充效果。在 Excel 中,单元格默认的颜色是白色,为了使表格的重要信息更加醒目,可以为单元格设置适当的填充效果。方法为:选择要设置的单元格区域,切换到“开始”选项卡,在“字体”选项组中单击“填充颜色”按钮右侧的箭头按钮,从下拉列表框中选择所需的颜色。

在“设置单元格格式”对话框的“填充”选项卡中,还可以设置单元格区域的背景色、填充效果、图案颜色和图案样式。

4. 套用表格格式

Excel 中保存了很多设定好的表格格式,用户可以使用这些表格格式快速美化表格外观,而无须手动设置表格边框和填充效果。

(1)选定要套用格式的单元格区域,切换到“开始”选项卡,在“样式”选项组中单击“套用表格格式”按钮,从下拉菜单中选中一种表格格式,如图 4 – 24 所示。

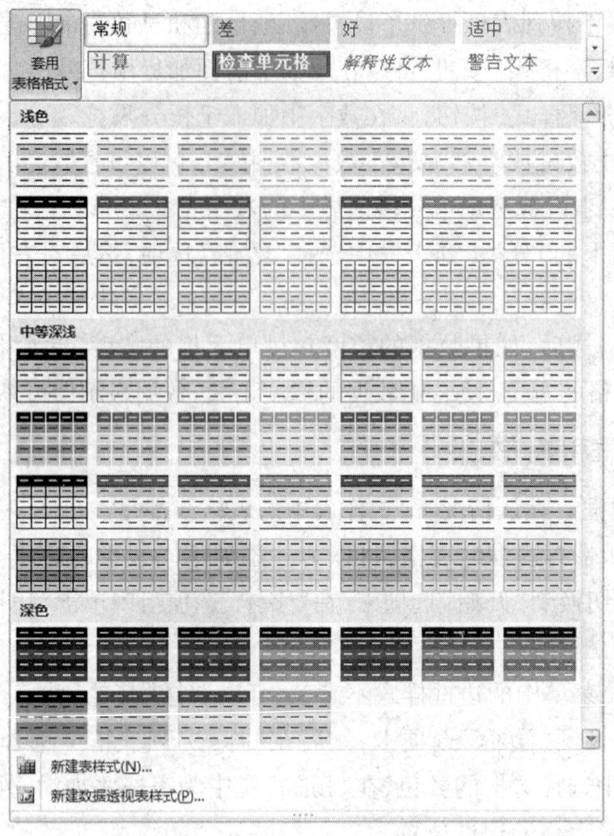

图 4-24 “套用表格格式”下拉菜单

(2)在弹出的“套用表格式”对话框中,确认表数据的来源区域是否正确。如果希望标题出现在套用格式中,选中“表包含标题”复选框,如图 4-25 所示。

(3)单击“确定”按钮,表格式套用在选择的数据区域中。

如果要将表转换为普通的区域,切换到“设计”选项卡,单击“工具”选项组中的“转换为区域”按钮,如图 4-26 所示,在弹出的对话框中单击“是”按钮。

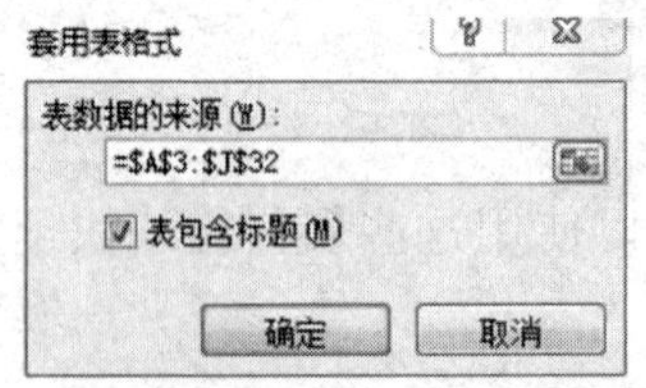

图 4-25 “套用表格式”对话框

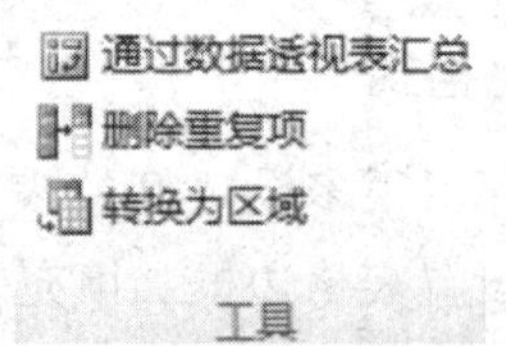

图 4-26 表格工具的“工具”选项组

5. 设置条件格式

前面的格式处理是对选择区域中的所有单元格进行的,有时用户需要只对选定单元格区域中满足某些条件的数据进行设置,这就要用到条件格式。下面以标出图 4-27 所示的学生成绩表中所有不及格的分数为例,说明如何设置条件格式。

	A	B	C	D	E	F	G	H
1	学号	姓名	C程序设计语言	计算机原理	Flash	Photoshop	计算机组装与维修	计算机网络基础
2	20090532101	贺不道	78	90	89	92	87	95
3	20090532102	杨巍	69	89	64	68	75	87
4	20090532103	唐雄涛	84	64	92	75	68	86
5	20090532104	杨立玲	51	76	75	85	73	90
6	20090532105	沈嘉鹏	50	85	69	71	69	68
7	20090532106	何玲	64	83	75	62	83	51
8	20090532107	吴文勇	78	60	58	69	90	63
9	20090532108	魏宇	89	56	75	45	67	86
10	20090532109	李娅	67	93	93	86	82	75
11	20090532110	洪开坤	73	74	60	83	61	57

图 4－27　学生成绩表

（1）在为数据设置条件格式时，首先选择要设置的数据区域，本例中要选中 C2:H11 之间的单元格区域。切换到“开始”选项卡，在“样式”选项组中单击“条件格式”按钮，在快捷菜单中选择“项目选取规则”命令的二级命令“其他规则”，如图 4－28 所示。

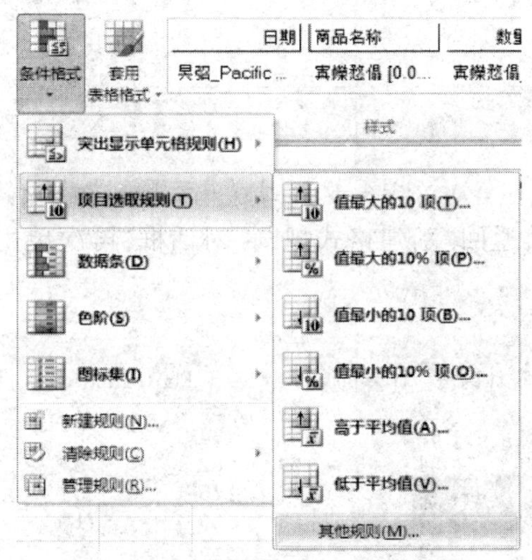

图 4－28　“条件格式”下拉菜单

（2）在弹出的“新建格式规则”对话框的“选择规则类型”栏中单击“只为包含以下内容的单元格设置格式”选项，然后单击“编辑规则说明”栏中的“介于”下拉列表，选择“小于”选项，在后面的文本框中输入“60”。

（3）单击“新建格式规则”对话框的“格式”按钮，弹出“设置单元格格式”对话框，切换到“填充”选项卡，在“背景色”栏选择红色，如图 4－29 所示。

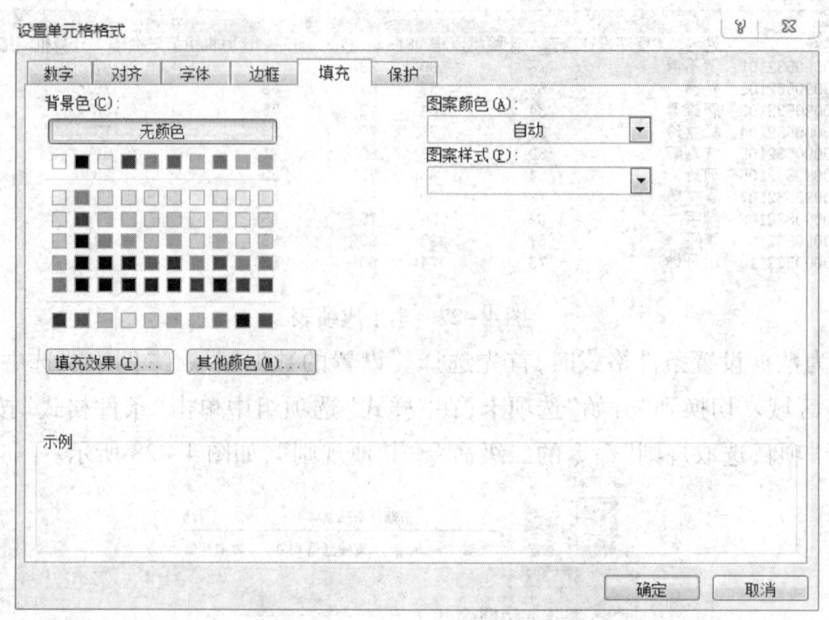

图 4－29 选择填充颜色

(4)单击“确定”按钮,返回“新建格式规则”对话框,再次单击“确定”按钮,最终的结果如图 4－30 所示。

	A	B	C	D	E	F	G	H
1	学号	姓名	C程序设计语言	计算机原理	Flash	Photoshop	计算机组装与维修	计算机网络基础
2	20090532101	贺不道	78	90	89	92	87	95
3	20090532102	杨巍	69	89	64	68	75	87
4	20090532103	唐雄涛	84	64	92	75	68	86
5	20090532104	杨立玲	51	76	75	85	73	90
6	20090532105	沈嘉鹏	50	85	69	71	69	68
7	20090532106	何玲	64	83	75	62	83	51
8	20090532107	吴文勇	78	60	58	69	90	63
9	20090532108	魏宇	89	56	75	45	67	86
10	20090532109	李娅	67	93	93	86	82	75
11	20090532110	洪开坤	73	74	60	83	61	57

图 4－30 设置条件格式后的学生成绩表

6. 格式的复制与清除

(1)复制格式。和 Word 类似,在 Excel 中复制格式最简单的方法依然是使用格式刷,即选定已设置好格式的单元格或单元格区域,然后切换到“开始”选项卡,在“剪贴板”选项组中单击“格式刷”按钮,接着按住鼠标左键在目标区域拖动。

(2)清除格式。当用户对单元格区域中设置的格式不满意时,切换到“开始”选项卡,在“编辑”选项组中单击“清除”按钮,从下拉菜单中选择“清除格式”命令将其格式清除。此时,单元格中的数据将以默认的格式显示,即文本左对齐,数字右对齐。

第三节 公式与函数

在 Excel 2010 中,用户可以利用公式和函数对数据进行分析和计算。公式是对单元格中的数据进行处理的等式,用于完成算术、比较或逻辑等运算。Excel 中的公式遵循一个特定的语法,即最前面是“=”号,后面是运算数和运算符。每个运算数可以是数值、单元格区域的引用、标志、名称或函数。

一、运算符

1. 运算符的分类

运算符是进行数据计算的基础。Excel 2010 的运算符包括算术运算符、关系运算符、连接运算符和引用运算符。

(1)算术运算符。算术运算符包括加号“+”、减号“-”、乘号“*”、除号“/”、乘方“^”和百分号“%”,用于对数值进行四则运算。

(2)关系运算符。关系运算符包括等于“=”、大于“>”、小于“<”、大于等于“>=”、小于等于“<=”和不等于“<>”,用于对两个数值或文本进行比较,并产生一个逻辑值,如果比较的结果成立,逻辑值为 TRUE,否则为 FALSE。例如,“3>2”的结果是 TRUE,而“3<2”的结果为 FALSE。

(3)连接运算符。连接运算符“&”用于将两个文本连接起来形成一个连续的文本值。例如,"123"&"abc"的结果为"123abc"。

(4)引用运算符。引用运算符完成对单元格数据的引用,其中“:”(冒号)表示连续区域引用;“,”(联合运算符)表示离散区域引用。例如,A1:A4 表示由 A1,A2,A3,A4 四个单元格组成的区域。联合运算符可以将多个引用合并为一个引用,如 SUM(B2:B4,C3,E5)是对 B2,B3,B4,C3,E5 共 5 个单元格进行求和运算。

2. 运算符的优先级

当用户在公式中同时用到多个运算符时,Excel 将按照表 4-2 所示的优先级顺序进行运算,对于相同优先级的运算符,则按照从左到右的原则进行运算。

表 4－2　运算符的优先级

运算符	说明	优先级
( )	圆括号,可以改变运算的优先级	1
-	负号	2
%	百分号	3
^	乘方	4
*,/	乘法和除法	5
+,-	加法和减法	6
&	连接运算符	7
=,>,<,>=,<=,<>	比较运算符	8

二、编辑公式

Excel 的公式由数字、运算符、单元格引用及函数组成,公式必须以"＝"开头,后面是表达式。通过以下步骤可以创建公式。

(1)选中输入公式的单元格。

(2)输入等号"＝"。

(3)在单元格或编辑框中输入公式的具体内容。

(4)按"Enter"键或单击编辑框的"输入"按钮,完成公式的创建。

选中含有公式的单元格时,单元格只显示计算结果,在编辑框中显示公式,如图 4－31 所示。若要在单元格中显示公式,切换到"公式"选项卡,在"公式审核"选项组中单击"显示公式"按钮即可,如图 4－32 所示。

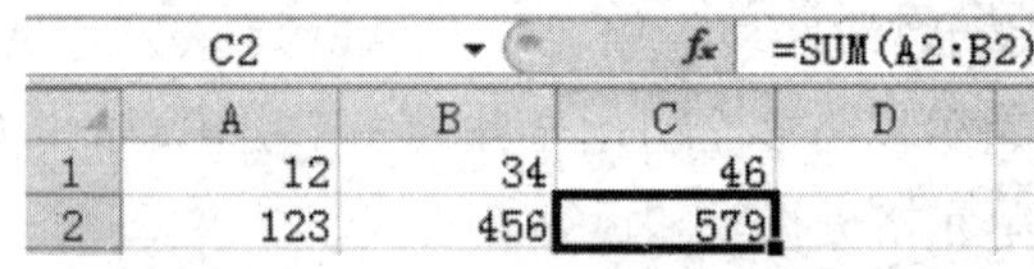

图 4－31　单元格显示结果

图 4－32　单元格显示公式

还可以使用公式计算日期和时间的间隔,日期和时间参与计算时必须用双引号括起来。例如,在单元格 A1 中求 2014 年 1 月 17 日到 2014 年 6 月 5 日之间的天数;在单元格 A2 中求 5:40 到 11:40 之间的间隔,可依照以下方法操作。

在 A1 单元格中输入“ ="2014/6/5" - "2014/1/17"”,结果为 139 天。

在 A2 单元格中输入“ ="11:40" - "5:40"”,结果为 0.25 天。

输入公式后,如果不能计算出正确的结果,系统将显示一个错误信息,常见的错误信息的含义如表 4 - 3 所示。

表 4 - 3 Excel 中常见错误信息及含义

错误信息	含义
####	输入的数据长度超过了单元格的列宽;对日期和时间使用减法后产生负值
#DIV/0!	公式中出现了除数 0
#N/A	引用了不存在的数值
#NAME?	引用了无法识别的文本
#NULL!	使用了不正确的区域运算符或不正确的单元格引用,或指定的两个区域不相交
#NUM!	数值有问题
#REF!	单元格引用无效
#VALUE!	使用了错误的参数或运算对象类型,或者公式自动更正功能无效

三、使用单元格引用

在 Excel 2010 中,公式和函数都可以进行复制和自动填充,这样可以减少不必要的重复操作。在复制或自动填充公式或函数时,如果公式中有单元格的引用,则自动填充的公式会根据单元格引用的情况产生不同的变化。Excel 之所以有如此功能,是因为单元格的相对引用地址和绝对引用地址。

下面用一个例子来说明单元格的相对引用地址和绝对引用地址这两个重要概念。例如,如图 4 - 33 所示,在单元格 E2 中利用公式“ = B2 + C2 + D2”计算出“贺不道”同学的总分,拖动该单元格右下角的填充柄向下进行填充,可以把这个公式自动填充到其他学生的总分单元格中。单击单元格 E5,我们会发现自动填充后的公式会随着目标单元格位置的变化相应变化为“ = B5 + C5 + D5”,如图 4 - 34 所示。

E2 =B2+C2+D2

	A	B	C	D	E
1	姓名	C语言程序设计	网页制作	计算机数据库原理	总分
2	贺不道	78	91	86	255
3	杨巍	69	80	88	
4	唐雄涛	84	76	76	
5	杨立玲	51	73	81	
6	沈嘉鹏	50	68	73	

图 4 - 33 计算某个学生的总分

E5	=B5+C5+D5			
	A	B	C	D	E

	A	B	C	D	E
1	姓名	C语言程序设计	网页制作	计算机数据库原理	总分
2	贺不道	78	91	86	255
3	杨巍	69	80	88	237
4	唐雄涛	84	76	76	236
5	杨立玲	51	73	81	205
6	沈嘉鹏	50	68	73	191

图 4－34　使用填充功能计算所有学生总分

由上面的例子可以看出，在公式中可以通过对单元格的引用来使用其中存放的数据。一般而言，引用分为相对引用、绝对引用和混合引用三类。另外，公式还可以引用其他工作表中的数据。

1. 相对引用

相对引用是指在复制或移动公式时，引用单元格的行号、列号会根据目标单元格所在的行号、列号的变化自动进行调整。例如，在上面的例子中，单元格 E2 中的公式“＝B2＋C2＋D2”填充到 E6 时，公式随着目标位置自动变化为“＝B6＋C6＋D6”，其 E3，E4，E5 的填充效果类似。

2. 绝对引用

在复制和移动公式时，不论目标单元格在什么位置，公式中引用单元格的行号和列号始终保持不变，称为绝对引用。绝对引用地址的表示方法是在行号和列号前加上一个符号“$”，例如 $E$3。如果把单元格 E2 中的公式改为“＝$B$2＋$C$2＋$D$2”，然后再执行自动填充操作，则结果如图 4－35 所示。

E6　=$B$2+$C$2+$D$2

	A	B	C	D	E
1	姓名	C语言程序设计	网页制作	计算机数据库原理	总分
2	贺不道	78	91	86	255
3	杨巍	69	80	88	255
4	唐雄涛	84	76	76	255
5	杨立玲	51	73	81	255
6	沈嘉鹏	50	68	73	255

图 4－35　绝对引用地址

3. 混合引用

如果单元格引用地址的一部分是绝对引用地址，另一部分是相对引用地址，例如 $B2 或者 B$2，则把这类地址称为混合引用地址。如果符号“$”在行号前，表示该行号是“绝对不变”的，而列号会随着目标位置的变化而变化。反之，如果符号“$”在列号前，表示该列号是“绝对不变”的，而行号会随着目标位置的变化而变化。

4. 引用工作表外的单元格

（1）如果在不同工作表之间引用单元格，为了加入区分，通常在单元格地址前加工作表

名称,格式为:

工作表名!单元格地址(或单元格区域)的引用地址

例如,Sheet2!D3 表示 Sheet2 工作表的 D3 单元格。

(2)如果在不同工作簿之间引用单元格,则在单元格地址前加相应的工作簿和工作表名称,格式为:

[工作簿名]工作表名!单元格地址(或单元格区域)的引用地址

例如,[Book2]Sheet1!B1 表示 Book2 工作簿 Sheet1 工作表中的 B1 单元格。

如果需要引用的工作簿没有打开,还应在工作簿名称前加上路径,并且用单引号把路径、文件名和工作表名括起来,如"='d:\[Book2]Sheet1'!B1"。

四、使用函数

函数是按照特定语法进行计算的一种表达式。Excel 提供了数学、财务、统计等丰富的函数,用于完成复杂、烦琐的计算或处理工作。

函数的一般形式为"函数名([参数1],[参数2],…)"。其中,函数名是系统保留的名称,参数可以是数字、文本、逻辑值、数组、单元格引用、公式或其他函数。当函数有多个参数时,它们之间用逗号隔开,当函数没有参数时,其圆括号也不能省略。例如,函数 SUM(A1:C3)中有一个参数,表示计算单元格区域 A1:C3 中的数据之和。

1. 手动输入函数

如果用户对函数名及其参数比较熟悉,可以直接输入函数。下面以获取一组数字中的最小值为例进行说明,操作步骤如下:

(1)选定要输入函数的单元格,输入等号"=",然后输入函数名的第一个字母,Excel 会自动列出以该字母开头的所有函数名,如图 4-36 所示。

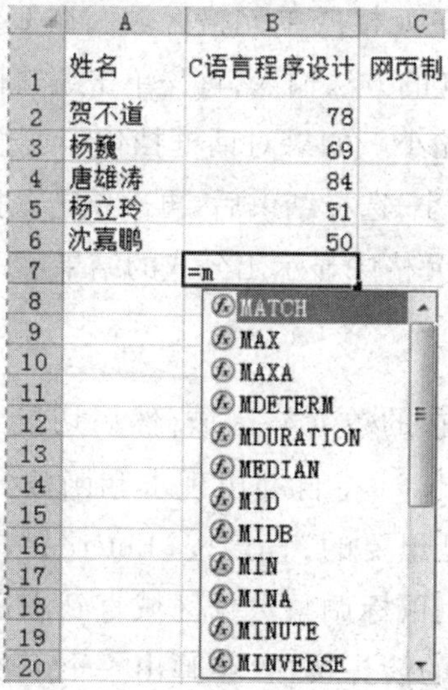

	A	B	C
1	姓名	C语言程序设计	网页制
2	贺不道	78	
3	杨巍	69	
4	唐雄涛	84	
5	杨立玲	51	
6	沈嘉鹏	50	
7		=m	

MATCH
MAX
MAXA
MDETERM
MDURATION
MEDIAN
MID
MIDB
MIN
MINA
MINUTE
MINVERSE

图 4-36 函数自动匹配功能

(2)多次按"↓"键定位到 MIN 函数,并按"Tab"键进行选择,单元格内侧函数名的右侧会自动输入一个"(",此时,Excel 会出现一个带有语法和参数的工具提示。

(3)选定要引用的单元格或单元格区域,输入右括号,然后按"Enter"键,函数所在的单元格中显示出公式的结果。

Excel 中的函数可以嵌套,即某一函数或公式可以作为另一个函数的参数使用。

2. 使用函数向导输入函数

当用户记不清函数的名称和参数时,可以使用粘贴函数的方法,即启动函数向导引导建立函数运算公式,操作步骤如下:

(1)选定需要应用函数的单元格,然后使用下列方法打开"插入函数"对话框。

①切换到"公式"选项卡,在"函数库"选项组中单击某个函数分类,从下拉菜单中选择所需的函数,如图 4-37 所示。

图 4-37 "函数库"选项组

②在"函数库"选项组中单击"插入函数"按钮。

③按"Shift+F3"组合键。

(2)"插入函数"对话框会显示函数类别的下拉列表。在"或选择类别"下拉列表框中选择要插入的函数类别,从"选择函数"列表框中选择要使用的函数,然后单击"确定"按钮,打开"函数参数"对话框。

(3)在参数框中输入数值、单元格或单元格区域。在 Excel 中,所有要求用户输入单元格引用的编辑框都可以使用这样的方法输入,首先单击编辑框,然后使用鼠标选定要引用的单元格区域,此时,对话框自动缩小。如果对话框挡住了要选定的单元格,可以单击编辑框右侧的缩小按钮将对话框缩小,选择结束后,再次单击该按钮恢复对话框。

(4)单击"确定"按钮,在单元格中显示出公式的结果。

3. 使用自动求和

选定要参与求和的数值所在的单元格区域,然后切换到"开始"选项卡,在"编辑"选项组中单击"自动求和"按钮,Excel 将自动出现求和函数 SUM 以及求和数据区域。如果 Excel 推荐的数据区域正是自己想要的,直接按"Enter"键即可;如果 Excel 推荐的数据区域不符合自己的要求,可以使用鼠标调整数据区域直到满足自己的要求,再按"Enter"键。

单击"自动求和"按钮右侧的箭头按钮,会弹出一个下拉菜单,其中包含了其他常用函数,供用户在计算时快速调用。

4. 常用函数

Excel 2010 提供了 12 大类、300 多个函数，表 4－4 列出了一些常用函数的名称、参数及功能。

表 4－4　常用函数的名称、参数及功能

分类	名称	说明
数学函数	SUM	格式为 SUM(计算区域)，功能是计算各参数的和，参数可以是数值，也可以是对含有数值的单元格区域的引用
	SUMIF	格式为 SUMIF(条件判断区域，条件，求和区域)，用于根据指定条件对若干单元格求和。其中，条件可以用数字、表达式、单元格引用或文本形式定义
	AVERAGE	格式为 AVERAGE(计算区域)，功能是计算各参数的平均值
	AVERAGEIF	格式为 AVERAGEIF(条件判断区域，条件，求平均值区域)，用于根据指定条件对若干单元格计算平均值
	MAX	格式为 MAX(计算区域)，功能是返回一组数值中的最大值
	MIN	格式为 MIN(计算区域)，功能是返回一组数值中的最小值
	RANK	格式为 RANK(查找值，参照区域，排序方式)，用于返回某数字在一组数字中相对于其他数值的大小排名
	COUNT	格式为 COUNT(计算区域)，用于统计区域内符合指定条件的单元格的个数
	COUNTIF	格式为 COUNTIF(计算区域，条件)，用于统计区域内符合指定条件的单元格数目
逻辑函数	IF	格式为 IF(Exp，T，F)，其中，第一个参数 Exp 是可以产生逻辑值的表达式，如果值为真，则函数的值为表达式 T 的值，否则函数的值为表达式 F 的值
	AND	格式为 AND(A1，A2，…)，用于判断多个条件是否同时具备
	OR	格式为 OR(A1，A2，…)，用于判断多个条件是否具备其中之一
文本函数	LEN	格式为 LEN(文本串)，用于统计字符串的字符个数
	LEFT	格式为 LEFT(文本串，截取长度)，用于从文本的开始返回指定长度的子串
	MID	格式为 MID(文本串，起始位置，截取长度)，用于从文本的指定位置返回指定长度的子串
	RIGHT	格式为 RIGHT(文本串，截取长度)，用于从文本的尾部返回指定长度的子串

5. 在公式中引用函数

在 Excel 公式中，可以只有一个函数，也可以有多个函数或函数嵌套。

(1) 函数嵌套。例如，用 IF 函数判断成绩等级，如果 3 门课的总分在 270 分以上为“优秀”，否则为“一般”。如图 4－38 所示，在编辑框中输入的公式中 IF 函数嵌套了 SUM 函数。

F2　=IF(SUM(B2:D2)>=270,"优秀","一般")

	A	B	C	D	E	F
1	姓名	C语言程序设计	网页制作	计算机数据库原理	总分	等级
2	贺不道	95	91	86	272	优秀
3	杨巍	69	80	88	237	一般
4	唐雄涛	84	76	76	236	一般
5	杨立玲	92	88	96	276	优秀
6	沈嘉鹏	50	68	73	191	一般

图 4－38　函数嵌套

(2)引用多个函数。公式中可以有多个函数,例如,利用 COUNTIF 函数统计各科成绩为 80～90 的人数,如图 4－39 所示。

B7　=COUNTIF(B2:B6,">=80")-COUNTIF(B2:B6,">=90")

	A	B	C	D	E	F	G
1	姓名	C语言程序设计	网页制作	计算机数据库原理	总分	等级	
2	贺不道	95	91	86	272	优秀	
3	杨巍	69	80	88	237	一般	
4	唐雄涛	84	76	76	236	一般	
5	杨立玲	92	88	96	276	优秀	
6	沈嘉鹏	50	68	73	191	一般	
7	80~90的人数	1	2	2			

图 4－39　公式中使用多个函数

第四节　数据管理与分析

Excel 具有强大的数据处理功能,可以方便地组织、管理和分析数据信息。在 Excel 中,可以将工作表中符合一定条件的连续数据区域视为一张数据库表,从而进行整理、排序、筛选、汇总及统计等操作。

一、建立和编辑数据清单

1. 数据清单的概念

Excel 是用数据清单来实现数据管理的。数据清单是包含一组相关数据并带有标题的连续工作表数据区域。用户可以把"数据清单"看成是简单的"数据库表",其中行作为数据库中的记录,列作为字段,列标题作为数据库表中字段的名称。借助数据清单,用户可以实现数据库中的数据管理功能。

要正确创建数据清单,应遵循以下原则。

(1)清单中的每一列是一个字段,存放类型相同的数据。列标题为字段名,字段名唯一。

(2)在数据清单的第一行里创建字段名,Excel 2010 将使用这些字段名创建报告,并查找和组织数据。

(3)每一行是一条记录,存放一组相关数据。第一条记录紧接在字段名的下方,第一条记录与字段名之间不能有空行。

(4)数据清单中不能有空白行或空白列。

(5)应避免在一个工作表上建立多个数据清单。因为数据清单的某些处理功能(如筛选等)一次只能在同一个工作表的一个数据清单中使用。如果必须在一个工作表中建立多个数据清单,那么在工作表的数据清单之间至少留出一个空白列和空白行。在执行排序、筛选或插入自动汇总等操作时,有利于 Excel 2010 检测和选定数据单。

(6)单元格中数据的对齐方式可以用"单元格格式"命令来设置,不能用输入空格的方法调整。

2. 建立数据清单

建立数据清单的方法有两种。

(1)直接在工作表中输入数据。

(2)使用"记录单"命令。"记录单"命令在本章第二节已有叙述,这里不再赘述。

二、数据排序

排序是指按指定的字段值重新调整记录的顺序,这个指定的字段称为排序关键字。通常,升序排序包括数字由小到大的排序、文本按照拼音字母顺序的排序、日期从最早的日期到最晚的日期的排序,反之称为降序。另外,如果要排序的字段中含有空白单元格,则该行数据总是排在最后。

1. 按列简单排序

按列简单排序是指对选定的数据按照所选定数据的第一列数据作为排序关键字进行排序的方法,即单击待排序字段列包含数据的任意单元格,然后切换到"数据"选项卡,在"排序和筛选"选项组中单击"升序"或"降序"按钮。

2. 按行简单排序

按行简单排序是指对选定的数据按照其中一行作为排序关键字进行排序的方法,操作步骤如下:

(1)打开要进行排序的工作表,单击数据区域中的任意单元格,切换到"数据"选项卡,然后在"排序和筛选"选项组中单击"排序"按钮,打开"排序"对话框,如图 4-40 所示。

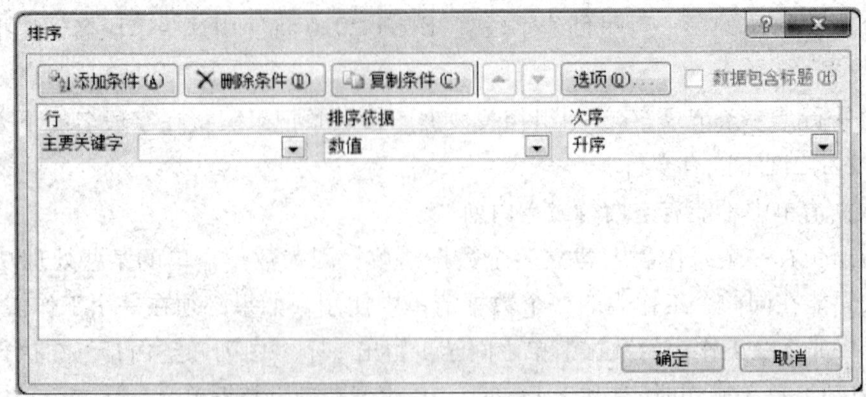

图 4－40 “排序”对话框

(2)单击“选项”按钮,打开“排序选项”对话框,在“方向”选项组中选中“按行排序”单选按钮,如图 4－41 所示,单击“确定”按钮,返回“排序”对话框。

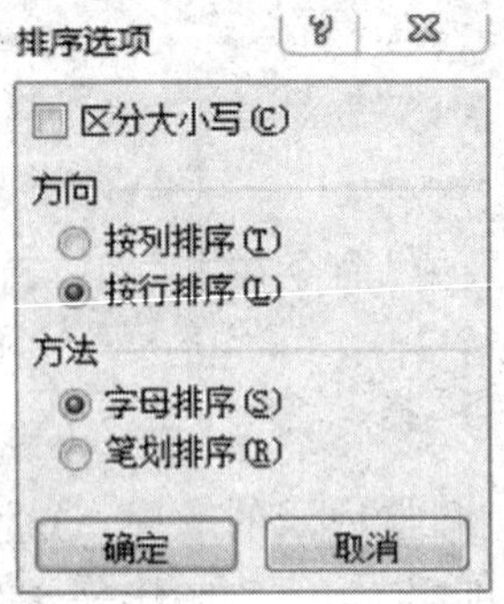

图 4－41 “排序选项”对话框

(3)单击“主要关键字”下拉列表框右侧的箭头按钮,从弹出的列表中选择“行 9”作为排序关键字的选项,在“次序”下拉列表框中选择“降序”,然后单击“确定”按钮,结果如图 4－42所示。

	A	B	C	D	E	F
7						
8	姓名	杨立玲	贺不道	杨巍	唐雄涛	沈嘉鹏
9	总分	276	272	237	236	191

图 4－42 按行排序的结果

3. 多关键字复杂排序

多关键字复杂排序是指对选定的数据区域,按照两个以上的排序关键字按行或按列进行排序的方法。下面以工作表“职工工资表”的“工资”降序排列,工资相同的按“年龄”降序排列为例,介绍多关键字排序的操作步骤。

(1)单击数据区域的任意单元格,切换到“数据”选项卡,在“排序和筛选”选项组中单击“排序”按钮,打开“排序”对话框。

(2)在“主要关键字”下拉列表框中选择排序的首要条件“工资”,并将“排序依据”下拉

列表框设置为“数值”，将“次序”下拉列表框设置为“降序”。

(3)单击“添加条件”按钮，在打开的对话框中添加次要条件，将“次要关键字”下拉列表框设置为“年龄”，并将“排序依据”下拉列表框设置为“数值”，将“次序”下拉列表框设置为“降序”。

(4)设置完毕后，单击“确定”按钮，即可看到排序结果。

4. 自定义排序

自定义排序是指对选定数据区域按用户定义的顺序进行排序。例如，在“职工工资表”中按指定的序列“中文系、数学系、外语系、法政系、计科系、艺术系、体育系、经管系”对员工的个人信息进行排序，这就需要使用“自定义排序”功能，操作步骤如下：

(1)单击数据区域的任意单元格，切换到“数据”选项卡，在“排序和筛选”选项组中单击“排序”按钮，打开“排序”对话框。在“主要关键字”下拉列表框中选择“部门”，在“次序”下拉列表框中选择“自定义序列”选项，打开“自定义序列”对话框。

(2)在“自定义序列”选项卡的“输入序列”列表框中依次输入排序序列，每输入一行，按一次“Enter”键，输入结束后，单击“添加”按钮，序列就被添加到“自定义序列”列表框中。

(3)单击“确定”按钮，返回“排序”对话框，然后单击“确定”按钮，数据区域按上述指定的序列排序完成，结果如图 4－43 所示。

31	01025	岳小艾	女	42	大学	中文系	4,334
32	01001	刘欣	男	31	大学	中文系	5,375
33	01021	莫建方	男	28	大学	中文系	4,188
34	01002	文静斋	男	27	大学	中文系	3,654
35	07019	马爱平	女	46	硕士研究生	数学系	4,627
36	07026	石艳超	女	32	硕士研究生	数学系	5,705
37	07012	郭彩莲	女	38	硕士研究生	数学系	3,427
38	07009	申玉红	女	26	硕士研究生	数学系	3,251
39	07020	杨会松	女	29	硕士研究生	数学系	4,718

图 4－43 自定义排序的结果(部分)

另外，如果需要按姓氏笔画对数据进行排序，在“排序”对话框中单击“选项”按钮，在打开的“排序选项”对话框中选中“笔画顺序”单选按钮即可。

三、数据筛选

数据筛选功能可以只显示满足条件的数据而隐藏其他数据(只是暂时隐藏，并未真正删除)。使用 Excel 提供的自动筛选和高级筛选功能，能够快速、方便地从大量数据中查询出需要的信息。

1. 自动筛选

自动筛选是指按单一条件进行数据筛选，从而显示符合条件的数据行。例如，在“职工工资表”工作表中筛选出学历为“硕士研究生”的人员信息，操作步骤如下：

(1)单击数据区域的任意单元格，切换到“数据”选项卡，在“排序和筛选”选项组中单击

“筛选”按钮，表格的每个标题右侧将显示自动筛选箭头按钮。

(2)单击“学历”字段名右侧的自动筛选箭头按钮，从下拉菜单中取消选中“(全选)”复选框，并选中“硕士研究生”复选框，如图4－44所示。则参与筛选列的自动筛选箭头按钮的颜色将发生变化，以标记是对哪一列进行了筛选。

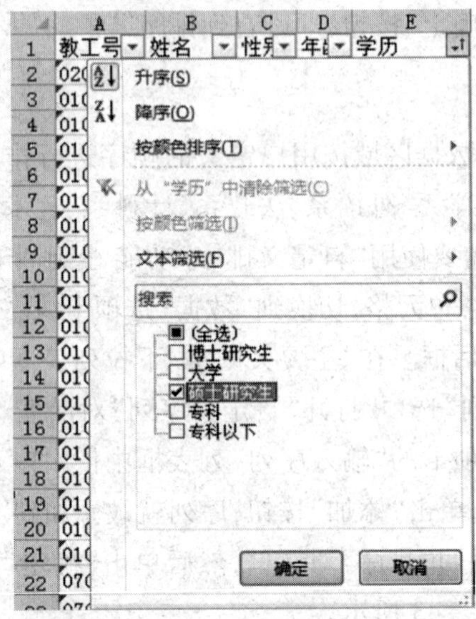

图4－44　自动筛选

(3)单击“确定”按钮，即可显示符合条件的数据，如图4－45所示。

	A	B	C	D	E	F	G
1	教工号	姓名	性别	年龄	学历	所属系部	工资
171	01033	王丽娟	女	44	硕士研究生	中文系	3,893
172	01020	杨开浪	男	33	硕士研究生	中文系	4,770
173	01041	黄文丽	女	36	硕士研究生	中文系	4,716
174	01014	林明彦	男	33	硕士研究生	中文系	5,111
175	01019	田甜	女	32	硕士研究生	中文系	4,463
176	01012	沙振坤	女	36	硕士研究生	中文系	4,211
177	01015	板永明	男	33	硕士研究生	中文系	3,824
178	01040	孙晓川	男	40	硕士研究生	中文系	5,519
179	01008	祝峰	女	49	硕士研究生	中文系	4,643
180	01016	范明慧	女	42	硕士研究生	中文系	4,114
181	01034	刘芳	男	31	硕士研究生	中文系	3,857
182	01017	陈敏祥	男	29	硕士研究生	中文系	3,176
183	01018	李洪良	男	37	硕士研究生	中文系	3,195
184	07019	马爱平	女	34	硕士研究生	数学系	4,151
185	07026	石艳超	女	36	硕士研究生	数学系	5,860
186	07012	郭彩莲	女	39	硕士研究生	数学系	3,814
187	07009	申玉红	女	45	硕士研究生	数学系	5,680
188	07020	杨合松	女	45	硕士研究生	数学系	5,618
189	07011	宋加友	男	36	硕士研究生	数学系	5,519
190	07010	张进	男	39	硕士研究生	数学系	4,611
191	07008	方又超	男	29	硕士研究生	数学系	3,469
192	08028	张德敬	男	25	硕士研究生	外语系	3,170
193	08017	李继云	女	30	硕士研究生	外语系	5,271
194	08020	刘爱华	女	27	硕士研究生	外语系	4,438
195	08006	龚茂莉	女	26	硕士研究生	外语系	4,498
196	08034	陈德洲	男	44	硕士研究生	外语系	3,956

图4－45　自动筛选的结果(部分)

(4)如果要使用基于另一列中数据的附加“与”条件，在另一列重复步骤(2)和(3)即可。

当需要取消对某一列进行的筛选时，单击该列旁边的自动筛选箭头按钮，从下拉菜单中

选中“(全选)”复选框,然后单击“确定”按钮。再次单击“排序和筛选”选项组中的“筛选”按钮,可以退出自动筛选功能。

2. 自定义筛选

当基于某一列的多个条件筛选记录时,可以适用“自定义自动筛选”功能。例如,为了筛选出“职工工资表”中工资在4 000 ~5 000之间的人员名单,可以参照下述步骤进行操作:

(1)对数据区域执行“自动筛选”命令(参见自动筛选操作)。

(2)单击“工资”列的自动筛选箭头按钮,从下拉菜单中选择“数据筛选”→“介于”命令,打开“自定义自动筛选方式”对话框。

(3)在“大于或等于”右侧的下拉列表框中输入“4000”,并选中“与”单选按钮,然后在“小于或等于”右侧的下拉列表框中输入“5000”,如图4 -46所示。

图4 -46 “自定义自动筛选方式”对话框

(4)单击“确定”按钮,即可显示符合条件的记录,如图4 -47所示。

1	教工号	姓名	性别	年龄	学历	所属系部	工资
3	01013	孙磊	男	37	大学	中文系	4,212
6	01007	杨丽宏	女	26	大学	中文系	4,409
8	01011	刘认真	女	45	大学	中文系	4,204
16	01023	闫敬芳	女	47	大学	中文系	4,942
18	01025	岳小艾	女	44	大学	中文系	4,753
20	01021	莫建方	男	38	大学	中文系	4,156
21	01002	文静斋	男	30	大学	中文系	4,509
22	07006	彭杰	女	42	大学	数学系	4,599
26	07016	李润琪	男	40	大学	数学系	4,775
28	07001	赵建萍	女	28	大学	数学系	4,709
29	07018	管能碧	女	25	大学	数学系	4,382

图4 -47 自定义筛选结果(部分)

3. 高级筛选

自动筛选只能对某列数据进行两个条件的筛选,并且在不同列之间同时筛选时,只能是“与”关系。对于其他筛选条件,如在“职工工资表”中筛选出年龄在40岁以上或工资在4 000元以上的职工信息,需要用到高级筛选功能,操作步骤如下:

(1)复制数据的列标题,在工作表中建立条件区域,以指定筛选结果必须满足的条件,如图4 -48所示。

I	J	K	L	M	N	O
教工号	姓名	性别	年龄	学历	所属系部	工资
			>40			
						>4000

图 4－48　指定高级筛选条件

建立的条件区域必须满足以下要求。

①条件区域和数据区域要有空行或者空列进行分隔。

②条件区域中使用的列标题必须与数据区域中的列标题完全相同。

③条件区域不必包含数据区域中的所有列标题,只需包含需要进行筛选的列标题即可。

④如果需要含有相似的记录,使用通配符“＊”和“?”。

⑤对于复合条件,遵循的原则是“在同一行表示条件之间的‘与’关系,在不同行表示‘或’关系”。

(2)单击数据区域中的任意单元格,然后切换到“数据集”选项卡,在“排序和筛选”选项组中单击“高级”按钮,打开“高级筛选”对话框。

(3)在“方式”栏中选中“将筛选结果复制到其他区域”单选按钮(如选中“在原有区域显示筛选结果”单选按钮,则不用指定“复制到”区域)。

(4)在“列表区域”框中指定要进行高级筛选的数据区域 $A$1:$G$244。

(5)将光标移至“条件区域”框,拖动鼠标指定包含列标题在内的条件区域 $I$1:$O$3。

(6)将光标移至“复制到”框中,单击筛选结果复制到的起始单元格 $I$5。

(7)若要从结果中排除相同的行,选中对话框中的“选择不重复的记录”复选框。

(8)单击“确定”按钮,高级筛选完成,结果如图 4－49 所示。

	I	J	K	L	M	N	O
5	教工号	姓名	性别	年龄	学历	所属系部	工资
6	02016	谷宏大	男	47	博士研究生	法政系	3,110
7	01013	孙磊	男	27	大学	中文系	4,212
8	01009	彭新有	男	40	大学	中文系	5,116
9	01010	杨芍	女	32	大学	中文系	5,867
10	01007	杨丽宏	女	44	大学	中文系	4,409
11	01011	刘认真	女	27	大学	中文系	4,204
12	01030	李莲	女	48	大学	中文系	3,255
13	01024	张蕾梅	女	46	大学	中文系	5,227
14	01027	李正承	男	38	大学	中文系	5,914
15	01028	王富红	女	45	大学	中文系	3,144
16	01023	闫敬芳	女	28	大学	中文系	4,942

图 4－49　高级筛选结果(部分)

四、数据分类汇总

分类汇总是指根据指定的类别将数据以指定的方式进行统计,从而快速地将大型表格中的数据汇总分析,获得所需的统计结果。

1. 创建分类汇总

在分类汇总之前需要将数据区域按关键字排序,从而使相同关键字的行排列在相邻行中。

下面以统计工作表“职工工资表”中各系部人员工资总和为例，介绍创建分类汇总的操作步骤。

(1)单击数据区域中“所属系部”列的任意单元格，切换到“数据”选项卡，在“排序和筛选”选项组中单击“升序”按钮，对该字段进行排序。

(2)在“分级显示”选项组中单击“分类汇总”按钮，打开“分类汇总”对话框。

(3)在“分类字段”下拉列表框中单击“所属系部”字段，在“汇总方式”下拉列表框中选择汇总计算方式“求和”，在“选定汇总项”列表框中选中“工资”复选框。

(4)单击“确定”按钮，即可得到分类汇总结果。

进行分类汇总后，在数据区域的行号左侧出现了一些层次按钮 ⊟，这是分级显示按钮，在其上方还有一排数字按钮 1 2 3，用于对分类汇总的数据区域分级显示数据，以便于用户看清其结构，如图 4－50 所示。

	A	B	C	D	E	F	G
30	01016	范明慧	女	44	硕士研究生	中文系	3,516
31	01034	刘芳	男	34	硕士研究生	中文系	4,330
32	01017	陈敏祥	男	47	硕士研究生	中文系	4,876
33	01018	李洪良	男	47	硕士研究生	中文系	5,350
34	01032	张颖	女	43	专科	中文系	4,987
35						**中文系 汇总**	140,543
36	07006	彭杰	女	30	大学	数学系	4,599
37	07007	班云	男	36	大学	数学系	5,929
38	07015	乐红	女	29	大学	数学系	5,280
39	07005	杨启祥	男	30	大学	数学系	3,441
50	07009	申玉红	女	35	硕士研究生	数学系	5,813
51	07020	杨合松	女	40	硕士研究生	数学系	3,988
52	07011	宋加友	男	41	硕士研究生	数学系	5,384
53	07010	张进	男	44	硕士研究生	数学系	5,058
54	07008	方又超	男	32	硕士研究生	数学系	5,107
55						**数学系 汇总**	89,024
56	08037	陈菲菲	女	29	大学	外语系	4,234
57	08038	高晓艳	女	25	大学	外语系	5,592
80	08020	刘爱华	女	46	硕士研究生	外语系	5,802
81	08006	龚茂莉	女	43	硕士研究生	外语系	5,819
82	08034	陈德洲	男	45	硕士研究生	外语系	5,998
83	08019	龙桃先	女	45	硕士研究生	外语系	3,538
84	08027	何明华	男	49	专科	外语系	5,547
85						**外语系 汇总**	134,893
86	02016	谷宏大	男	36	博士研究生	法政系	3,110
87	02007	孙末末	女	32	大学	法政系	5,120
88	02003	黄鹏	男	38	大学	法政系	5,673
89	02008	赵勇	男	27	大学	法政系	5,795
96	02011	桂芳玲	女	37	硕士研究生	法政系	4,737
97	02004	周芸芸	女	33	硕士研究生	法政系	5,430
98	02009	梁爱文	男	32	硕士研究生	法政系	3,094
99	02005	刘先长	男	36	硕士研究生	法政系	5,017
100						**法政系 汇总**	65,830
101	05013	虞泉	男	27	大学	计科系	5,770
102	05010	郭美佐	女	44	大学	计科系	5,573

图 4－50 分类汇总结果(部分)

2. 嵌套分类汇总

当需要在一项指标汇总的基础上按另一项指标进行汇总时，使用分类汇总的嵌套功能。下面以工作表“职工工资表”按“所属系部”和“学历”进行汇总为例，介绍创建嵌套分类汇总的操作步骤。

(1)对数据区域以“所属系部”为主要关键字，“学历”为次要关键字进行排序。

(2)将光标置于数据区域中,切换到“数据”选项卡,然后使用上面介绍的方法,按“所属系部”对数据区域进行分类汇总。

(3)再次打开“分类汇总”对话框,在“分类字段”下拉列表框中选择“学历”,将“汇总方式”下拉列表框、“选中汇总项”列表框保持与“所属系部”相同的设置,并取消选中“替换当前分类汇总”复选框。

(4)单击“确定”按钮,操作完成。

3. 删除分类汇总

对于已经设置分类汇总的数据区域,再次打开“分类汇总”对话框,单击“全部删除”按钮,即可删除当前的所有分类汇总。

五、数据透视表

数据透视表是一种可以对大量数据快速汇总和建立交叉列表的交互式数据表格,它可以通过对行或列的不同组合来查看数据的汇总,也可以通过显示不同的页来筛选数据,还可以根据需要显示区域中的明细数据。

1. 创建数据透视表

下面以工作表“职工工资表”中的数据为基础,介绍使用数据透视表统计各部门中不同学历员工的平均工资的方法。

(1)单击数据区域中的任意单元格,然后切换到“插入”选项卡,在“表格”选项组中单击“数据透视表”按钮,打开“创建数据透视表”对话框。

(2)Excel 会自动选中“选择一个表或区域”单选按钮,并在“表/区域”文本框中自动填入数据区域。在“选择放置数据透视表的位置”选项组中选中“新工作表”单选按钮,如图4－51所示。

(3)单击“确定”按钮,进入数据透视表设计环境。从“选择要添加到报表的字段”列表框中将“所属系部”字段拖到“行标签”框中,将“学历”字段拖到“列标签”框中,将“工资”字段拖到“数值”框中。

(4)在工作表中单击文本“求和项:工资”所在的单元格,切换到“选项”选项卡,在“活动字段”选项组中单击“字段设置”按钮,打开“值字段设置”对话框。

(5)选中“汇总方式”列表框中的“平均值”选项,然后单击“数字格式”按钮,打开“单元格格式”对话框,在“分类”列表框中选择“数值”选项。接着单击“确定”按钮,返回“值字段设置”对话框,如图4－52 所示。

(6)单击“确定”按钮,数据透视表创建完毕。

用户可以在数据透视表中单击“行标签”右侧的箭头按钮,选择要查看的部门名称。

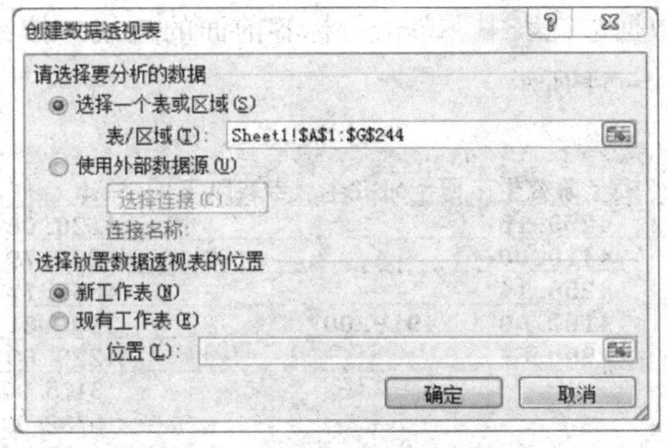

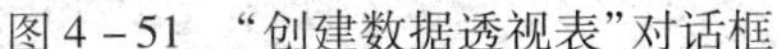

图 4－51 “创建数据透视表”对话框

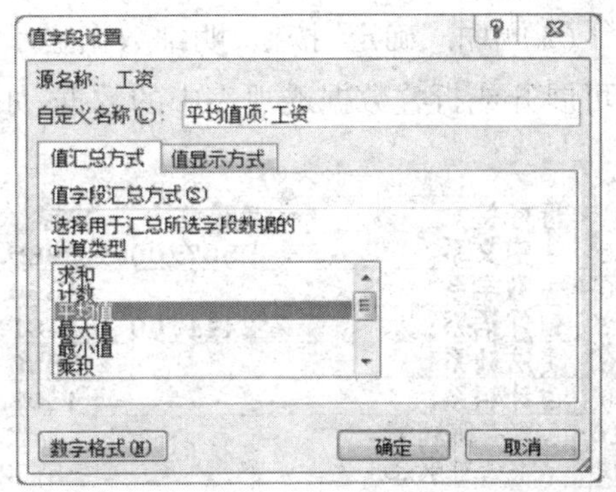

图 4－52 “值字段设置”对话框

2. 更新数据透视表

对于建立了数据透视表的数据区域,修改其数据并不影响数据透视表。因此,当数据源发生变化后,右击数据透视表的任意单元格,从快捷菜单中选择“刷新”命令,以便于及时更新数据透视表中的数据。

3. 添加和删除数据透视表字段

数据透视表创建完成后,用户可能会发现其中的布局不符合要求,这时可以根据需要在数据透视表中添加或删除字段。

例如,要在上述数据透视表中统计出不同部门、不同学历的男、女职工的平均工资,可按照以下方法进行:单击数据透视表中的任意单元格,从“选择要添加到报表的字段”列表框中将“性别”字段拖到“列标签”框中。

如果要删除某个数据透视表字段,在“数据透视表字段列表”中取消选中“选择要添加到报表的字段”列表框中相应的复选框。

4. 查看数据透视表中的明细数据

在 Excel 中,用户可以显示或隐藏数据透视表中字段的明细数据,操作步骤如下:

(1)右击要查看明细的字段,从快捷菜单中选择“展开/折叠”→“展开”命令,打开“显示明细数据”对话框,如图 4－53 所示。

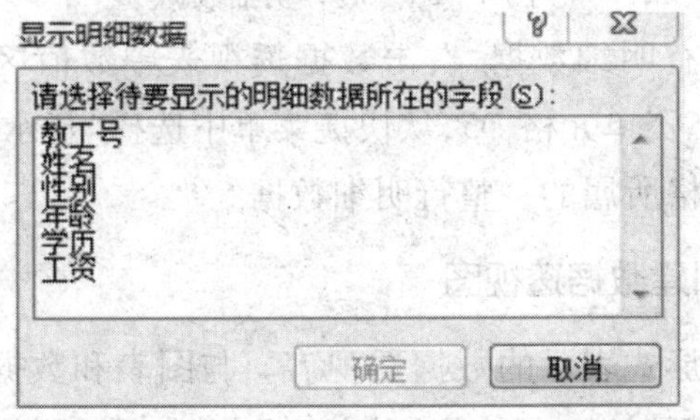

图 4－53 “显示明细数据”对话框

(2)在列表框中选择要查看的字段名称,例如“姓名”。

(3)单击“确定”按钮,明细数据显示在数据透视表中。单击行标签前面的⊞或⊟按钮,即可展开或折叠数据透视表中的数据,如图 4－54 所示。

	A	B	C	D	E	F	G
4	行标签	专科	大学	硕士研究生	博士研究生	专科以下	总计
5	⊞中文系	5507.00	3965.79	4259.15			4128.06
6	⊞数学系		4390.64	4410.00			4398.79
7	⊞外语系	2441.00	4481.32	4256.14			4360.77
8	⊞法政系		3586.14	4152.00	4919.00		3906.31
9	⊟计科系		4403.04	2900.67			4229.69
10	陈润荣		3475.00				3475.00
11	寸永泽		5732.00				5732.00
12	方明英		2172.00				2172.00
13	郭美佐		4629.00				4629.00
14	黄鑫		3291.00				3291.00
15	黎新仁		2717.00				2717.00
16	龙贵江		4874.00				4874.00
17	马永才			2641.00			2641.00
18	欧阳昭相		4331.00				4331.00
19	彭英		5248.00				5248.00
20	濮永仙		3914.00				3914.00
21	苏军国		5509.00				5509.00
22	汤韬			4011.00			4011.00
23	王顺元		4979.00				4979.00
24	王瑜		5429.00				5429.00
25	肖坤峨		3972.00				3972.00
26	徐安令		5066.00				5066.00
27	杨群林		5017.00				5017.00
28	杨树涛		5389.00				5389.00
29	杨玉新		5811.00				5811.00
30	尹明福		2922.00				2922.00
31	于珊珊		5763.00				5763.00
32	余翠兰			2050.00			2050.00
33	虞泉		3529.00				3529.00
34	张玲燕		5355.00				5355.00
35	张向军		2146.00				2146.00
36	⊞艺术系	2613.00	4202.67	2997.57		2252.00	3586.05
37	⊞体育系	3234.00	3826.00	3195.00			3631.25
38	⊞职业技术教育系		3645.70	4131.00			3715.03
39	⊞经济管理系		3865.58	4896.00			4071.67
40	⊞社会科学部		4214.65	4685.09			4381.58
41	总计	3281.60	4078.91	4099.18	4919.00	2252.00	4063.76

图 4－54　展开明细数据

若要显示字段中的所有明细数据,右击数据透视表中数值区域的单元格,如右击中文系、硕士研究生职工平均工资单元格 D5,从快捷菜单中选择“显示详细信息”命令,将在新的工作表中单独显示该单元格所属的一整行明细数据。

5. 利用数据透视表创建数据透视图

数据透视图是以图形形式表示的数据透视表。与图表和数据区域之间的关系相同,各数据透视表之间的字段相互对应。下面以上文建立的数据透视表为基础,介绍创建数据透视图的操作步骤:

(1)单击数据透视表的任意单元格,然后切换到“选项”选项卡,在“工具”选项组中单击“数据透视图”按钮,打开“插入图表”对话框,从左侧列表框中选择“柱形图”图表类型,从右侧列表框中选择“簇状圆柱图”子类型。

(2)单击“确定”按钮,即可在工作表中插入数据透视图,如图 4 - 55 所示。

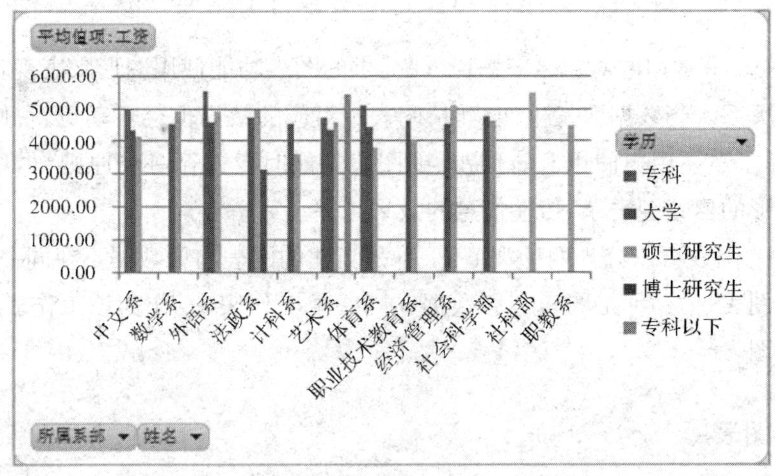

图 4 - 55 创建数据透视图

(3)如果不想显示数学系和艺术系的职工工资数据,在“数据透视图筛选”窗格中取消选中“所属系部”下拉列表框的“数学系”和“艺术系”复选框,然后单击“确定”按钮,即可看到筛选后的数据,如图 4 - 56 所示。

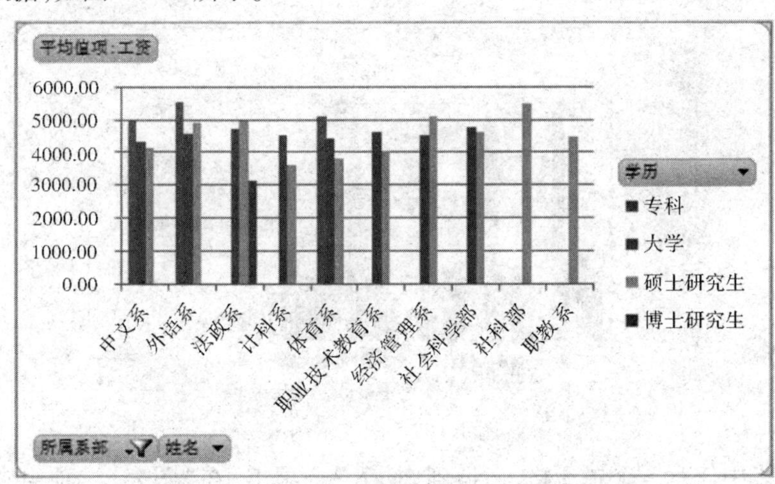

图 4 - 56 筛选后的数据

(4)切换到“数据透视图工具 | 设计”选项卡,可以利用其中的相关命令,更改图标类型、图标布局和图标样式。

(5)在“数据透视图工具 | 布局”选项卡中,可以对数据透视图的标题、图例和坐标轴等进行设置。

(6)在“数据透视图工具 | 格式”选项卡中,可以对数据透视图进行外观上的设计。

第五节　数据图表

图表是 Excel 最常用的对象之一。Excel 提供的图表功能使用图形来表现工作表中数据与数据之间的关系。当数据源发生变化时,图表中对应的数据也会自动更新,使得数据显示更加直观、一目了然。用户使用 Excel 提供的图表功能时要遵循一个原则:尽量用最简单的图表。因为图形的形式越复杂,传递信息的效果越差。

在 Excel 中,图表可以分为两种类型:一种是新建的图表与原数据不在同一个工作表中,称其为工作表图表;另一种是图表与原数据在同一个工作表中,作为该工作表的一个对象,称其为嵌入式图表。

一、创建图表

下面根据图 4－57 所示的数据表创建图中的图表,具体步骤如下:

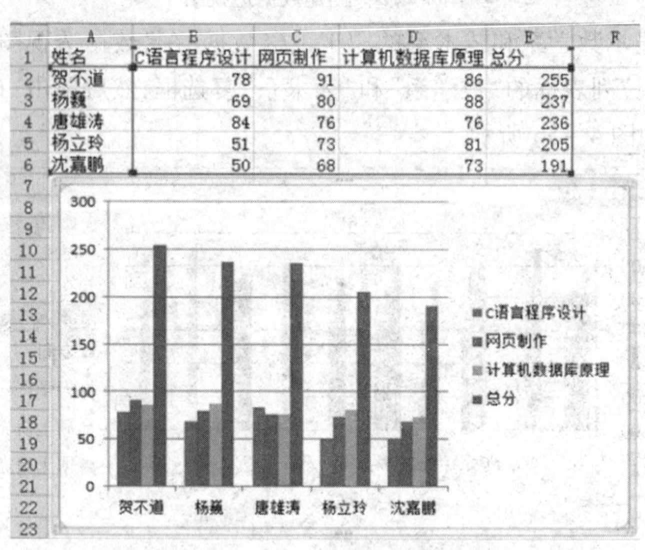

姓名	C语言程序设计	网页制作	计算机数据库原理	总分
贺不道	78	91	86	255
杨巍	69	80	88	237
唐雄涛	84	76	76	236
杨立玲	51	73	81	205
沈嘉鹏	50	68	73	191

图 4－57　图表示例

选中工作表中任意一个单元格,切换到"插入"选项卡,在"图表"选项组中选择要创建的图表类型,如图 4－58 所示。

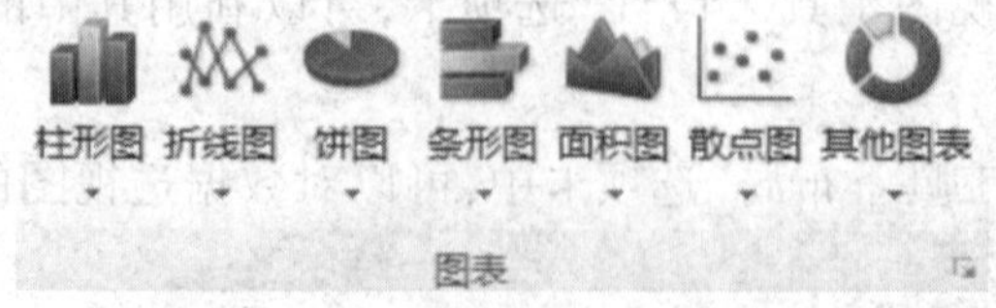

图 4－58　"图表"选项组

或者在“插入”选项卡中单击“图表”选项组的“对话框启动器”按钮，打开“插入图表”对话框，在“插入图表”对话框中选择要创建的图表类型，本例中选择的是“柱形图”大类中的“簇状柱形图”，如图 4－59 所示。最后单击“确定”按钮即可。

选中创建的图表，功能区中多出“图表工具｜设计”“图表工具｜布局”和“图表工具｜格式”3 个选项卡，通过其中的命令，可以对图表进行编辑处理。

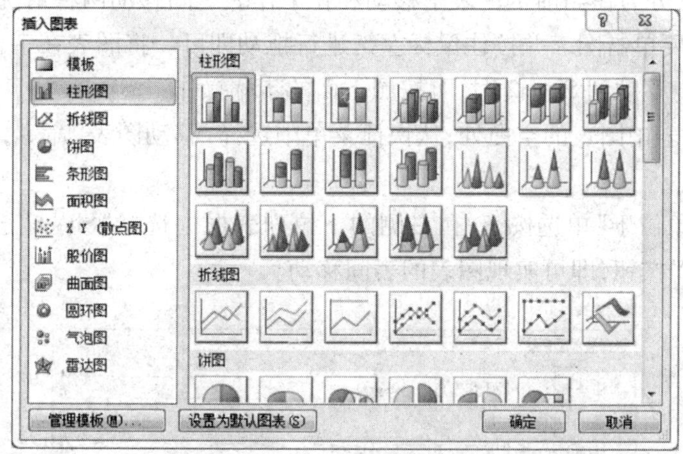

图 4－59　“插入图表”对话框

二、编辑图表

1. 选定图表项

在对图表进行修饰之前，应当单击图表项将其选定，有些成组显示的图表项可以细分为单独的元素。例如，为了在数据系列中选定一个单独的数据标记，可以先单击数据系列，再单击其中的数据标记。

另外一种选择图表项的方法是：单击图表的任意位置将其激活，然后切换到“格式”选项卡，在“当前所选内容”选项组中单击“图表元素”下拉列表框右侧的箭头按钮，从下拉列表框中选择要处理的图表项，如图 4－60 所示。

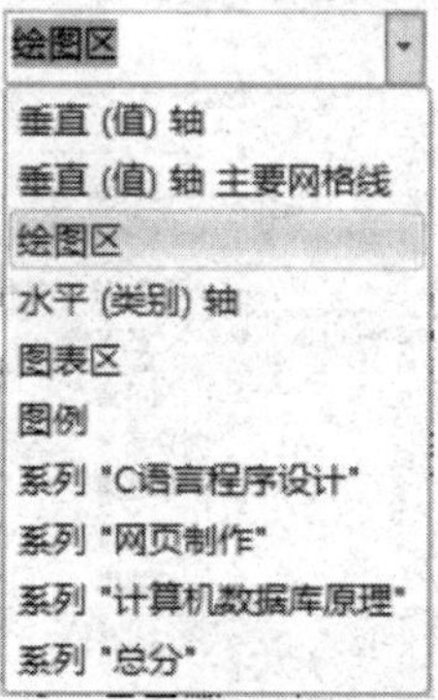

图 4－60　“图表元素”下拉列表框

2. 调整图表的大小和位置

如果要调整图表的大小，将鼠标移至图表浅蓝色边框的控制点上，当箭头形状变成双向箭头时拖动即可。用户也可以切换到“格式”选项卡，在“大小”选项组中精确地设置图表的高度和宽度。

移动图表位置分为在当前工作表中移动和在工作表之间移动两种情况。在当前工作表中移动图表时，只要单击图表并按住鼠标左键进行拖动即可。将图表在工作表之间移动，例如将图表由 Sheet1 移动到 Sheet2 时，可按照下面的步骤操作：

(1)右击工作表中图表的空白处，从快捷菜单中选择“移动图表”命令，打开“移动图表”对话框。

(2)选中“对象位于”单选按钮，在右侧的下拉列表框中选择“Sheet2”选项，如图 4 - 61 所示。单击“确定”按钮，即可实现图表的表间移动。

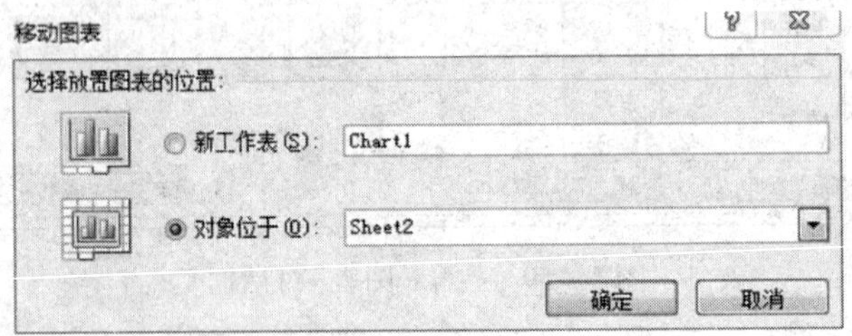

图 4 - 61　将图表移动到另一个工作表中

3. 更改图表源数据

图表创建完成后，用户可以在后续操作中根据需要向其中添加新数据，或者删除已有的数据。

(1)重新添加所有数据。重新添加所有数据时，右击图表中的图表区，从快捷菜单中选择“选择数据”命令，打开“选择数据源”对话框，如图 4 - 62 所示。然后单击“图表数据区域”右侧的折叠按钮，在工作表中重新选择数据源区域。选取完成后单击“确定”按钮，返回对话框，Excel 将自动输入新的数据区域，并添加相应的图例和水平轴标签。确认无误后，单击“确定”按钮，即可在图表中添加新的数据。

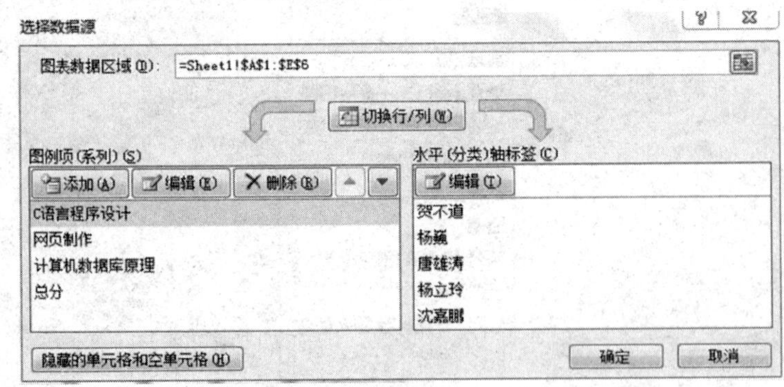

图 4 - 62　“选择数据源”对话框

(2)添加部分数据。用户还可以根据需要添加某一列数据到图表中,方法为:在"选择数据源"对话框中单击"添加"按钮,打开"添加数据系列"对话框。通过单击折叠按钮分别选择"系列名称"和"系列值",然后单击"确定"按钮。返回"选择数据源"对话框,可以看到添加的图例项。单击"确定"按钮,图表中出现了选择的数据区域。

4. 交换图表的行和列

打开"选择数据源"对话框,单击"切换行/列"按钮,然后单击"确定"按钮。

5. 删除图表中的数据

打开"选择数据源"对话框,然后在"图例项"列表框中选择要删除的数据系列,接着单击"确定"按钮。

用户也可以直接单击图表中的数据系列,然后按"Delete"键将其删除。此外,当工作表中的某项数据被删除后,图表内相应的数据也会自动消失。

6. 添加并修改图表标题

(1)单击图表,切换到"布局"选项卡,在"标签"选项组中单击"图表标题"按钮,从下拉菜单中选择一种放置标题的方式,如图 4－63 所示。

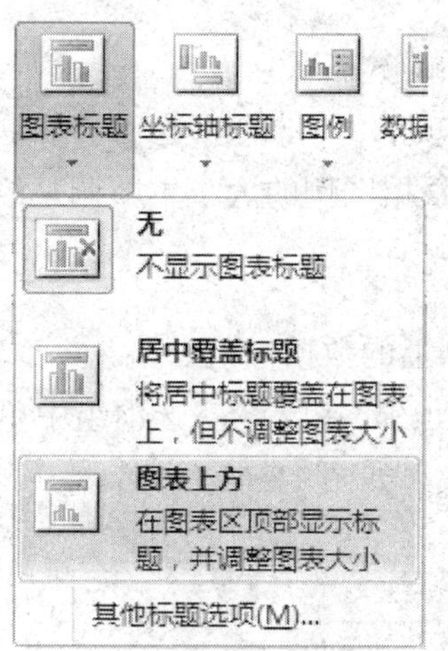

图 4－63　"图表标题"下拉菜单

(2)在文本框中输入标题内容。

(3)右击标题文本,从快捷菜单中选择"设置图表标题格式"命令,打开"设置图表标题格式"对话框,可以为标题设置填充效果、边框颜色及样式、阴影、三维格式以及对齐方式等。

7. 设置坐标轴及标题

用户可以决定是否在图表中显示坐标轴以及显示方式,还可以为坐标轴添加标题。

(1)设置坐标轴。选中图表,切换到"布局"选项卡,在"坐标轴"选项组中单击"坐标轴"按钮,选择要设置"主要横坐标轴"还是"主要纵坐标轴",再从子菜单中选择设置项。

(2)设置坐标轴标题。切换到“布局”选项卡,在“标签”选项组中单击“坐标轴标题”按钮,然后选择要设置“主要横坐标轴标题”还是“主要纵坐标轴标题”,再从子菜单中选择设置项,如图4－64所示。

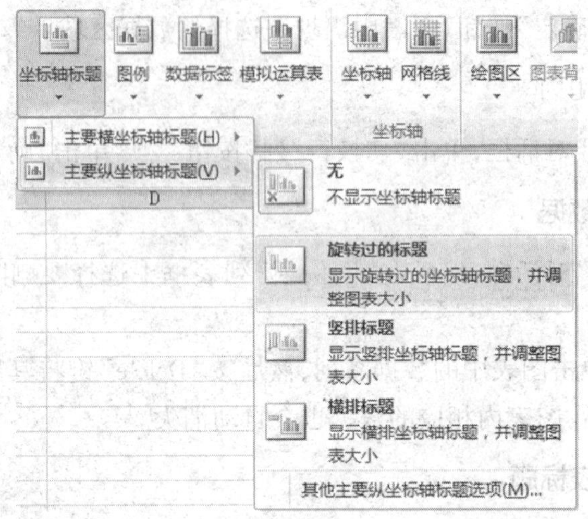

图4－64 “坐标轴标题”下拉菜单

8. 添加图例

图例中的图标表示每个不同的数据系列。

选中图表,切换到“布局”选项卡,在“标签”选项组中单击“图例”按钮,从下拉菜单中选择一种放置图例的方式,程序会根据图例的大小重新调整绘图区的大小。

9. 添加数据标签

数据标签是显示在数据系列上的数据标记。

单击图表,切换到“布局”选项卡,在“标签”选项组中单击“数据标签”按钮,从下拉菜单中选择添加数据标签的位置。效果如图4－65所示。

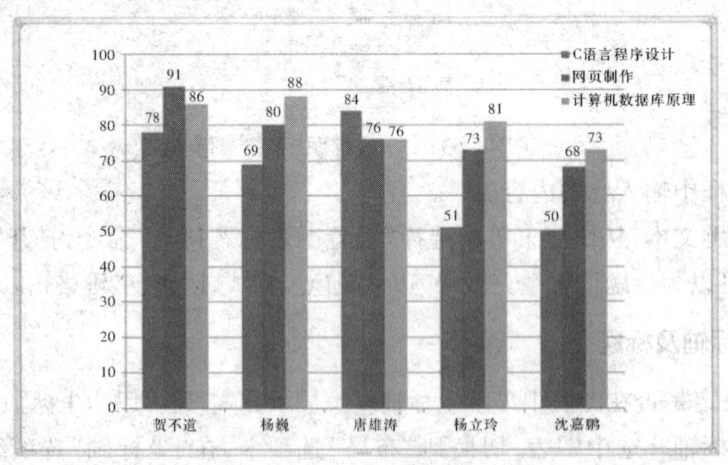

图4－65 为图表添加数据标签

10. 显示模拟运算表

模拟运算表是显示在表格下方的网格，其中有每个数据系列的值。

单击图表，切换到“布局”选项卡，在“标签”选项组中单击“模拟运算表”按钮，从下拉菜单中选择一种放置模拟运算表的方式。效果如图 4 - 66 所示。

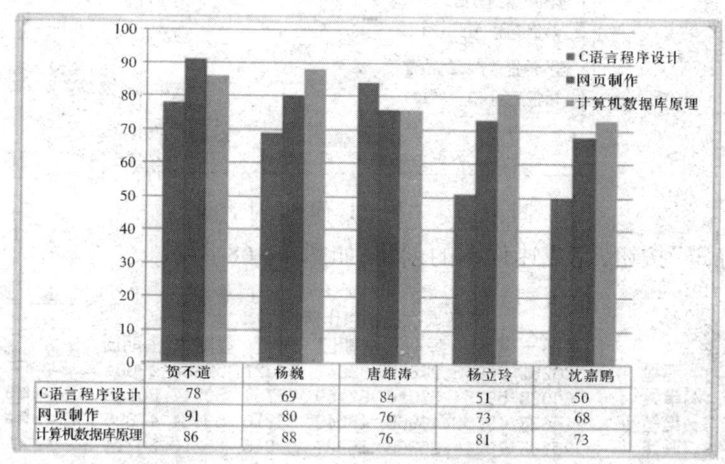

图 4 - 66 为图表添加模拟运算表

11. 更改图表类型

更改图表类型的步骤如下：

(1) 如果是一个嵌入式图表，单击将其选中；如果是图表工作表，单击相应的工作表标签将其选中。

(2) 切换到“设计”选项卡，在“类型”选项组中单击“更改图表类型”按钮，打开“更改图表类型”对话框。

(3) 在“更改图表类型”对话框中选择所需的图表类型，单击“确定”按钮即可。

12. 设置图表样式

Excel 提供的布局和样式可以快速设置图表外观。

单击图表，切换到“设计”选项卡，在“图表布局”选项组中选择图表的布局类型，然后在“图表样式”选项组中选择图表的颜色搭配方案。

三、使用迷你图

迷你图是 Excel 2010 新增的功能，它是工作表单元格中的一个微型图表。

1. 插入迷你图

迷你图为用户提供了以图形表示显示相邻数据的方法。下面为某商城一周的手机销售情况插入迷你图，以比较每个产品的销售走势，操作步骤如下：

(1) 切换到“插入”选项卡，单击“迷你图”选项组中的一种类型，例如选择“折线图”，打开“创建迷你图”对话框。

(2)在“选择所需的数据”文本框中设定要创建迷你图的数据范围,在“选择放置迷你图的位置”文本框中设定放置迷你图的单元格,如图 4－67 所示。

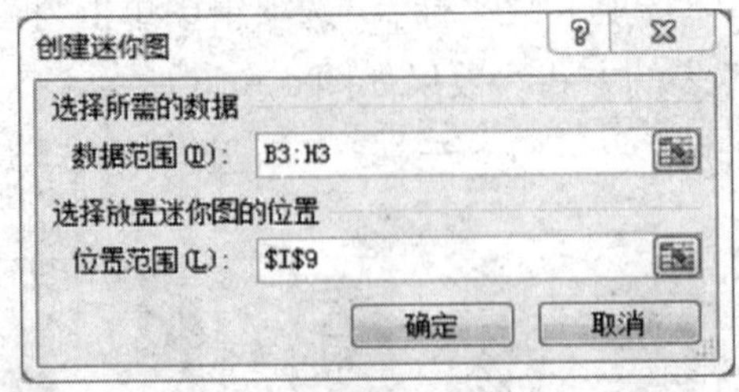

图 4－67　“创建迷你图”对话框

(3)单击“确定”按钮,完成迷你图的创建,如图 4－68 所示。

	A	B	C	D	E	F	G	H	I
1	某商城手机销售走势								
2		星期一	星期二	星期三	星期四	星期五	星期六	星期日	
3	三星	30251	26945	27855	36847	33321	52658	49684	
4	苹果	60025	59754	62510	67459	77754	89547	80145	
5	诺基亚	45623	49658	40965	48542	53210	59684	47895	
6	联想	25968	10244	25896	35687	29845	35210	30214	

图 4－68　迷你图创建完毕

2. 更改迷你图类型

选择要更改类型的迷你图所在的单元格,然后切换到“设计”选项卡,单击“类型”选项组中的“柱形图”按钮,此时单元格中的迷你图由折线图变成了柱形图。

3. 显示迷你图中不同的点

在迷你图中显示数据的高点、低点、首点、尾点、负点和标记等,可以让用户更容易观察迷你图中的一些重要的点。若要在迷你图中显示数据点,先选择相应的迷你图单元格,然后切换到“设计”选项卡,在“显示”选项组中选择要显示的点,即可显示迷你图中不同的点。

4. 删除迷你图

选中要删除迷你图的单元格,切换到“设计”选项卡,单击“清除”按钮右侧的箭头按钮,从下拉菜单中选择“清除所选迷你图”命令。

第六节　表格的页面设置与打印

一、页面设置

当创建一张工作表,并对其进行相应的修饰后,就可以通过打印机打印输出了。在工作

表打印前，还需要做一些必要的设置，如设置页面、设置页边距、添加页面和页脚、设置打印区域等。

1. 设置纸张大小

（1）切换到“页面布局”选项卡，在“页面设置”选项组中单击“纸张大小”按钮，从下拉菜单中选择所需的纸张。

（2）如果要自定义纸张大小，选择“其他纸张大小”命令，打开“页面设置”对话框，切换到“页面”选项卡进行设置。

（3）打印时一般采用100%的比例打印，也可以缩放打印。选中“缩放比例”单选按钮，可以在后面的微调框中输入打印百分比；选中“调整为”单选按钮时，可以在“页宽”和“页高”微调框中输入具体值。

（4）在“纸张大小”下拉列表框中指定打印纸张的类型；在“打印质量”下拉列表框中指定当前文件的打印质量；在“起始页码”文本框中设置开始打印的页码。

（5）设置完毕后，单击“确定”按钮。

2. 设置纸张方向

切换到“页面布局”选项卡，然后在“页面设置”选项组中单击“纸张方向”按钮，从下拉菜单中选择一种纸张方向。

3. 设置页边距

（1）切换到“页面布局”选项卡，在“页面设置”选项组中单击“页边距”按钮，从下拉菜单中选择一种页边距方案。

（2）如果要自定义页边距，选择“自定义页边距”命令，打开“页面设置”对话框，然后切换到“页边距”选项卡，在“上”“下”“左”“右”微调框中调整页边距。

（3）在“页眉”和“页脚”微调框中输入数值来设置页眉和页脚距离纸张上下边缘的距离。

（4）在“居中方式”组中选择“水平”复选框，将在左、右页边距之间水平居中显示数据；选择“垂直”复选框，将在上、下页边距之间垂直居中显示数据。

（5）单击“确定”按钮，页边距设置完毕。

4. 设置打印区域

默认情况下，Excel 打印工作表时会将整个工作表全部打印。如果要打印部分区域，首先选定要打印的区域，切换到“页面布局”选项卡，在“页面设置”选项组中单击“打印区域”按钮，从下拉菜单中选择“设置打印区域”命令。

5. 设置页眉和页脚

（1）切换到“插入”选项卡，在“文本”选项组中单击“页眉和页脚”命令，切换到页面布局视图,并显示“设计”选项卡。

(2)在顶部页眉区输入页眉内容。

(3)单击“页眉和页脚”选项组中的“页眉”或“页脚”按钮,从下拉菜单中选择适当的命令,可以插入系统预设的信息。

(4)单击“页眉和页脚元素”选项组中的按钮,可以在页眉中插入页码、页数、当前日期、当前时间等信息。

(5)在“导航”选项组中单击“转至页脚”,输入页脚内容。

(6)“选项”选项组中“奇偶页不同”复选框可以使工作表的奇偶页的页眉、页脚不同。

(7)设置完毕后,单击工作表的任意单元格,退出页眉和页脚的编辑状态,再单击状态栏中的“普通”按钮,返回普通视图即可。

二、打印工作表

1. 打印预览

(1)切换到“文件”选项卡,选择“打印”命令,可以在“打印”选项面板右侧预览打印的效果。

(2)单击预览页面下方的“缩放到页面”按钮可以调整预览比例。

(3)单击“上一页”和“下一页”按钮,预览其他页面。

2. 打印工作表

对预览效果满意后,可以打印工作表。

(1)在“份数”微调框中输入要打印的份数。

(2)如果打印当前工作表的所有页,单击“设置”下方的“打印范围”按钮,从下拉菜单中选择“打印活动工作表”命令;如果是打印部分页,在“页数”和“至”微调框中设置起始页码和终止页码即可。

(3)单击“打印”按钮,工作表开始打印。

第五章 PowerPoint 2010

学习目标

- 熟练应用 PowerPoint 2010。
- 掌握幻灯片的编辑、演示文稿中超链接的应用、演示文稿的放映等操作。

第一节 演示文稿的创建

PowerPoint 2010 提供了三种创建演示文稿的方法:新建空白演示文稿、根据模板新建演示文稿、根据现有演示文稿新建演示文稿。

一、新建空白演示文稿

(1)切换到“文件”选项卡,单击“新建”命令,选中中间窗格的“空白演示文稿”选项,如图 5-1 所示。

图 5-1 新建空白演示文稿

(2)单击“创建”按钮,即可创建一个空白演示文稿。然后向幻灯片中输入文本,插入各种对象。

二、根据模板新建演示文稿

PowerPoint 2010 提供了强大的模板功能,为用户增加了比以往更加丰富的内置模板,可以此创建新的演示文稿。

(1)切换到“文件”选项卡,选择“新建”命令,单击中间窗格的“样本模板”选项,在出现的窗口中将显示已安装的模板。

(2)选择要使用的模板,然后单击“创建”按钮,即可根据当前选定的模板创建演示文稿,如图 5-2 所示。

图 5-2 根据模板创建演示文稿

(3)如果程序中已安装的模板不能满足制作的要求,可以在“新建”窗口的“Office. com 模板”区域中选择准备使用的模板样式,然后单击“下载”按钮下载使用。

三、根据现有演示文稿新建演示文稿

(1)切换到“文件”选项卡,选择“新建”命令,在中间窗格中单击“根据现有内容新建”选项,打开“根据现有演示文稿新建”对话框。

(2)在“根据现有演示文稿新建”对话框中找到并选定作为目标的演示文稿,然后单击“确定”按钮。

第二节 编辑幻灯片

编辑幻灯片包括选择、插入、复制、删除、调整幻灯片顺序等幻灯片操作;输入文本、编辑文本、设置段落格式、设置项目符号和编号等文本编辑方法;插入图片、艺术字、形状、SmartArt 图形、声音、视频等多媒体对象的操作。

一、幻灯片的基本操作

1. 选择幻灯片

在对幻灯片进行操作前要先选定幻灯片。根据所使用视图的不同,选中幻灯片的方法也会有所不同。

(1)在普通视图的“大纲”选项卡中,单击幻灯片标题前面的图标,即可选中该幻灯片。如果要连续选择一组幻灯片,先单击第一张幻灯片的图标,然后按住“Shift”键单击最后一张幻灯片的图标;如果要选择不连续的一组幻灯片,先单击第一张幻灯片的图标,然后按住“Ctrl”键,分别点击要选中的幻灯片;如果要选择所有幻灯片,按“Ctrl + A”组合键即可。

(2)用户也可以在幻灯片浏览视图中选择幻灯片,其操作方法与上面介绍的相同,这里不再赘述。

2. 插入幻灯片

如果要在一组幻灯片中插入一张幻灯片,可以参照以下步骤进行操作:

(1)切换到“视图”选项卡,在“演示文稿视图”选项组中单击“普通视图”按钮,切换到普通视图,右击某张幻灯片,在弹出的快捷菜单中选择“新建幻灯片”命令,即可在选中的幻灯片后插入一张新幻灯片。

(2)也可以切换到“视图”选项卡,在“演示文稿视图”选项组中单击“幻灯片浏览”按钮,切换到幻灯片浏览视图。单击要插入新幻灯片的位置,切换到“开始”选项卡,在“幻灯片”选项组中单击“新建幻灯片”的箭头按钮,从下拉菜单中选择一种版式,即可插入一张新幻灯片。

3. 复制幻灯片

如果要在演示文稿中复制幻灯片,可以参照以下步骤进行操作:

(1)在幻灯片浏览视图或普通视图的“大纲”选项卡中,选定要复制的幻灯片。

(2)按住“Ctrl”键,然后按住鼠标左键拖动选定的幻灯片,在拖动过程中,会出现一个线条表示选定幻灯片的新位置。

(3)拖动到目标位置后释放鼠标,再松开“Ctrl”键,选定的幻灯片将被复制到目标位置。

4. 移动幻灯片

在幻灯片浏览视图或普通视图的“大纲”选项卡中,选定要复制的幻灯片,然后按住鼠标左键并拖动,到达目标位置后松开鼠标按键即可。

5. 删除幻灯片

选中要删除的幻灯片,然后按“Delete”键即可删除。

6. 更改幻灯片的版式

选定要设置的幻灯片,切换到“开始”选项卡,在“幻灯片”选项组中单击“版式”命令,从下拉菜单中选择一种版式,即可快速更改当前幻灯片的版式。

二、幻灯片中文本的编辑与格式化

1. 输入文本

在幻灯片中输入文本有两种方法:使用占位符和使用文本框。

(1)在占位符中输入文本。PowerPoint 的绝大部分幻灯片版式中都有可以输入文本的文本占位符,单击文本占位符框中的提示文字,提示文字消失,出现文本输入提示符,此时可以输入或粘贴文本。当文本内容的宽度超出占位符的宽度时,程序会自动加行或逐渐缩小文本的字号和行距以使文本的大小合适。

(2)使用文本框输入文本。文本框是一种可以移动、可调节大小的图形容器,用于在占位符之外的其他位置输入文本。要使用文本框输入文本,切换到“插入”选项卡,在“文本”选项组中单击“文本框”按钮,从下拉菜单中选择一种文本框命令,然后单击要添加文本框的位置,即可开始输入文本。

2. 选择占位符和文本框

在占位符或文本框中输入文本后,单击占位符或文本框内的任意位置,其边框变为短虚线,如图 5-3 所示,此时可以选择其内的任意文本进行复制、移动、删除、格式化等操作;在占位符或文本框的边框上单击时,边框变成实线,如图 5-4 所示,此时其内的全部内容被选定,可以对占位符或文本框进行复制、移动、删除、格式化等操作。

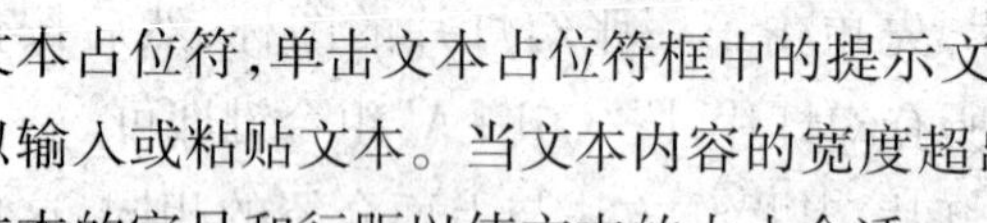

文本的编辑

图 5-3 选择文本

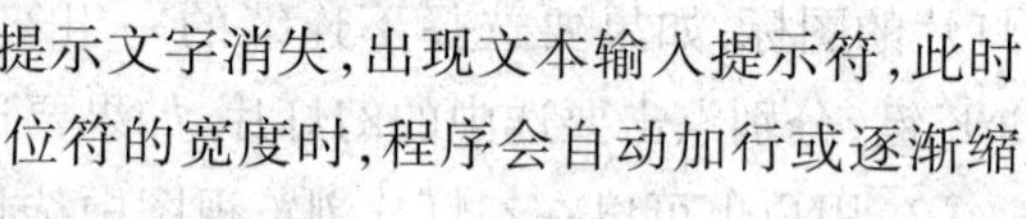

文本的编辑

图 5-4 选择占位符和文本框

3. 编辑文本和段落

在 PowerPoint 中进行文本和段落的编辑,可以选定文本或整个占位符、文本框,切换到

“开始”选项卡，在“字体”选项组、“段落”选项组中进行操作。其方法和 Word 中的操作相同，这里不再赘述。

三、在幻灯片中插入各种对象

在幻灯片中插入各种媒体对象的工具按钮，都位于“插入”选项卡中，如图 5－5 所示。

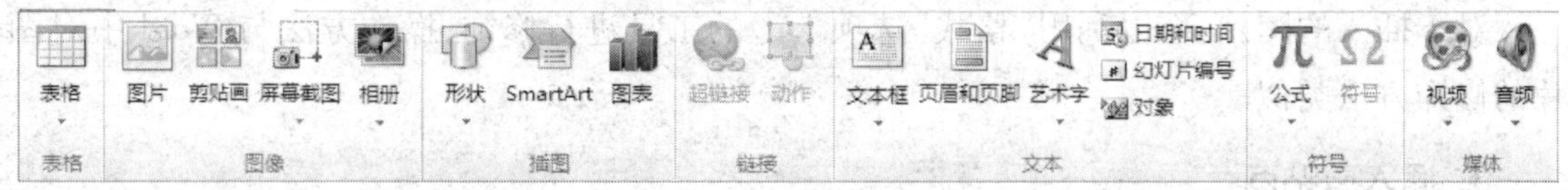

图 5－5 “插入”选项卡

1. 插入表格

(1)向幻灯片中插入表格。单击内容版式中的“插入表格”按钮，打开“插入表格”对话框，调整“列数”和“行数”微调框中的数值，然后单击“确定”按钮，即可将表格插入幻灯片中。

如果输入的文本较长，则会在当前单元格的宽度范围内自动换行，增加该行的高度以适应当前的内容。

(2)选定表格中的项目。在对表格进行操作之前，首先要选定表格中的项目。在选定一行时，单击该行中的任意单元格，切换到“布局”选项卡，在“表”选项组中单击“选择”按钮，从下拉菜单中选择“选择行”命令即可。

选定一列或整个表格的方法与之类似。当需要选定一个或多个单元格时，拖动鼠标经过这些单元格即可。

(3)修改表格结构。对于已经创建的表格，用户可以修改表格的行、列结构。如果要插入新行，将插入点置于表格中希望插入新行的位置，切换到“布局”选项卡，在“行和列”选项组中单击“在上方插入”或“在下方插入”按钮。插入新列的操作方法与之类似。

将多个单元格合并为一个单元格时，首先选定这些单元格，切换到“布局”选项卡，在“合并”选项组中单击“合并单元格”按钮即可。单击“合并”选项组中的“拆分单元格”按钮，可以将一个大的单元格拆分为多个小的单元格。

(4)设置表格格式。选定要设置格式的表格，切换到“设计”选项卡，在“表格样式”选项组的“表样式”列表框中选择一种样式，即可快速设置表格样式。

通过单击“表格样式”选项组中的“底纹”“边框”和“效果”按钮，从对应的下拉菜单中选择合适的命令，可以对表格的填充颜色、边框和外观效果进行设置。

2. 插入图片

(1)在普通视图中显示要插入图片的幻灯片，切换到“插入”选项卡，在“插图”选项组中单击“图片”按钮，打开“插入图片”对话框。

(2)选定包含图片文件的驱动器和文件夹，然后在文件名列表中单击图片缩略图。

(3)单击“打开”按钮，将图片插入到幻灯片中。

在含有内容占位符的幻灯片中，单击内容占位符上的“插入来自文件的图片”图标，也可以在幻灯片中插入图片。

对于插入的图片，可以利用“格式”选项卡上的工具进行修饰，操作方法与 Word 中对图片的修饰方法类似。

3. 插入剪贴画

(1)在普通视图中显示要插入图片的幻灯片，切换到“插入”选项卡，在“插图”选项组中单击“剪贴画”按钮，打开“剪贴画”任务窗格。

(2)在“搜索文字”文本框中输入要插入的剪贴画的说明文字，然后单击“搜索”按钮，在搜索结果中单击要插入的剪贴画，将其插入幻灯片中。

对于插入的剪贴画，用户可以利用“格式”选项卡中的工具进行修饰。

4. 插入 SmartArt 图形

(1)在普通视图中显示要插入 SmartArt 图形的幻灯片，切换到“插入”选项卡，在“插图”选项组中单击“SmartArt”按钮，打开“选择 SmartArt 图形”对话框。

(2)在左侧的列表框中选择一种类型，再从右侧的列表框中选择子类型，然后单击“确定”按钮，即可创建一个 SmartArt 图形。

(3)输入图形中所需的文字，并利用“SmartArt 工具 | 设计”与“SmartArt 工具 | 格式”选项卡设置图形的格式。

单击包含要转换的文本占位符，切换到“开始”选项卡，在“段落”选项组中单击“转换为 SmartArt 图形”按钮，在库中单击所需的 SmartArt 图形布局，即可将幻灯片文本转换为 SmartArt 图形。

5. 插入图表

用图表来表示数据，可以使数据更容易理解。默认情况下，在创建好图表后，需要在关联的 Excel 数据表中输入图表所需的数据。当前，如果用户事先准备好了 Excel 数据表，也可以打开相应的工作簿并选择所需的数据区域，然后将其添加到 PowerPoint 图表中。

(1)单击内容占位符上的“插入图表”按钮，或者单击“插入”选项卡中的“图表”按钮，打开“插入图表”对话框。

(2)在对话框的左、右列表框中分别选择图表的类型、子类型，然后单击“确定”按钮。此时用户会自动启动 Excel，让用户在工作表的单元格中直接输入数据，PowerPoint 中的图表会自动更新。

(3)数据输入结束,单击 Excel 窗口的“关闭”按钮。

接下来,用户可以利用“设计”选项卡中的“图表布局”和“图表样式”工具快速设置图表格式。

6. 插入音频文件

在演示文稿中适当添加声音,能够吸引观众的注意力。PowerPoint 2010 支持 MP3 文件(.mp3)、Windows 音频文件(.wav)、Windows Media Audio(.wma)以及其他类型的声音文件。

(1)显示需要插入声音的幻灯片,切换到“插入”选项卡,在“媒体”选项组中单击“声音”按钮下方的箭头按钮,从下拉菜单中选择一种插入音频的方式。例如,选择“文件中的音频”命令,如图 5-6 所示,打开“插入音频”对话框,如图 5-7 所示。

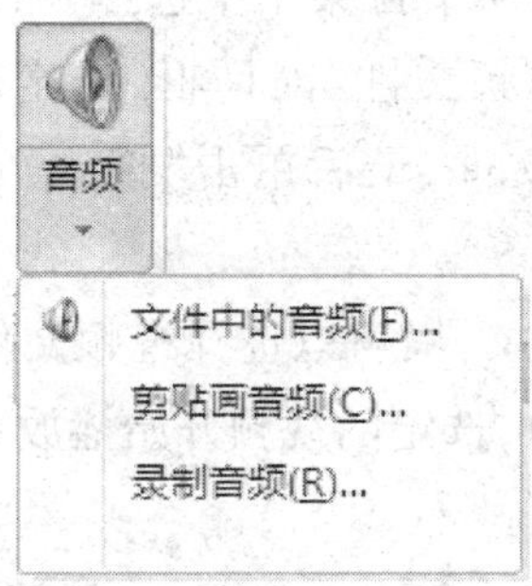

图 5-6 “音频”下拉菜单

图 5-7 “插入音频”对话框

(2)选定包含音频文件的驱动器和文件夹,然后在文件名列表中单击音频文件。

(3)单击“插入”按钮,完成音频的插入。

(4)选中声音图表(幻灯片上的小喇叭),切换到“播放”选项卡,在“音频选项”选项组中单击“开始”下拉列表框中的箭头按钮,从下拉菜单中选择一种播放方式。在“音频选项”选项组中单击“音量”按钮,从下拉列表框中选择一种音量。

7. 插入视频文件

PowerPoint 可以播放多种格式的视频文件。在演示文稿中插入视频可以在幻灯片放映时加强效果,增加吸引力。在幻灯片中插入视频的方法与插入声音的方法类似。

首先显示需要插入视频的幻灯片,然后切换到“插入”选项卡,在“媒体”选项组中单击“视频”按钮下方的箭头按钮,从下拉菜单中选择一种插入视频的方法。例如,选择“文件中的视频”命令,打开“插入视频文件”对话框,选定包含视频文件的驱动器和文件夹,然后在文件名列表中单击视频文件,最后单击“插入”按钮,幻灯片会显示视频画面的第一帧。

如果要在幻灯片中播放视频文件,可以选择视频文件,切换到“格式”选项卡,在“预览”选项组中单击“预览”按钮。此时,选定的视频开始播放。

8. 绘制图形

PowerPoint 中绘制图形的方法与 Word 中绘制图形的方法类似,这里不再赘述。

四、制作演示文稿的基本原则与技巧

1. 风格简明、观点突出

(1)幻灯片首要的布局原则是“简明”:尽量少的文字,尽量多的图表,尽量突出想要说明的核心问题;而最大的忌讳就是只能对着幻灯片照本宣科地读上面的文字。

(2)不要试图用幻灯片去阐述复杂概念,记住幻灯片只用于介绍清晰、简明的事物。如果非要用幻灯片来讲述复杂概念,那么受众手中要有详细的、带有备注的配套教材。幻灯片的实例效果如图 5-8、图 5-9 所示。

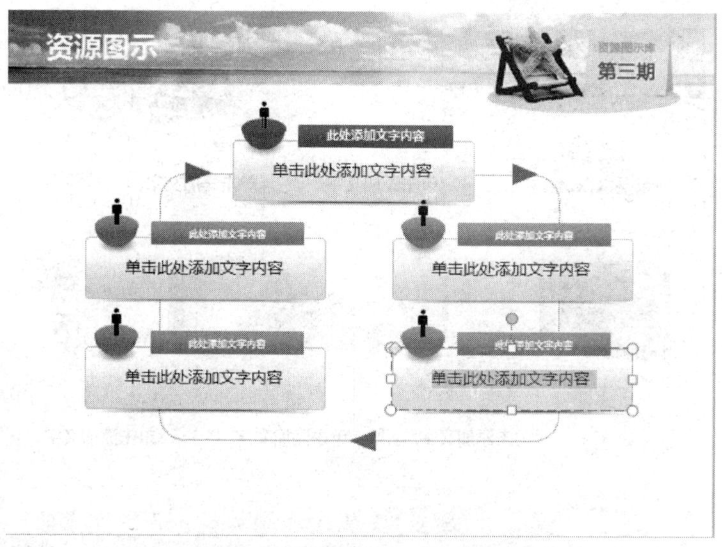

图 5-8 风格简明、观点突出实例 1

图 5-9 风格简明、观点突出实例 2

2. 逻辑清晰、条理分明

(1)幻灯片的内容要有清晰分明的逻辑顺序,所以一般推荐使用“并列”或“递进”两类逻辑关系。

(2)一定要通过不同层次的标题来表明整个幻灯片的逻辑关系,这样也便于逻辑顺序转换时的自然过渡,如图 5-10、图 5-11 所示。

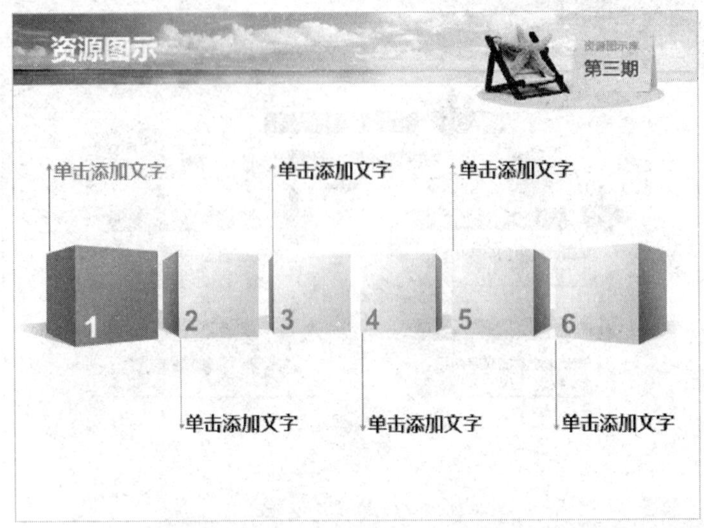

图 5－10　逻辑清晰、条理分明实例 1

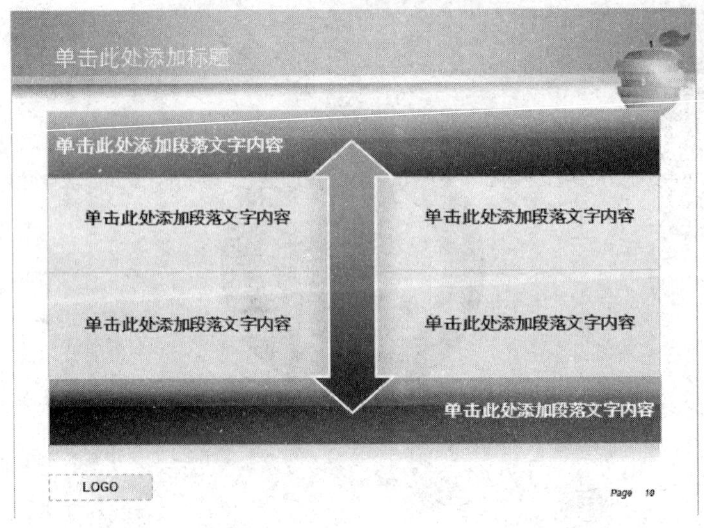

图 5－11　逻辑清晰、条理分明实例 2

3. 格式统一、搭配协调

(1)整部幻灯片应采用统一的文本格式，文字、图像的位置以及幻灯片内容的配色应保持协调。

(2)整部幻灯片的主要色彩一般不宜超过三种颜色，且建议多采用同一个色调的颜色，而且要因时因地而变，例如，夏季的色彩倾向于冷色调，冬季采用暖色调；但当为了突出某个想要引起关注的概念时，则采用强烈的对比色。

(3)留白。所有幻灯片母版切忌用占用篇幅较大或组合较多的图片，有足够的空白部分以突显出文字和图表，如图 5－12、图 5－13 所示。

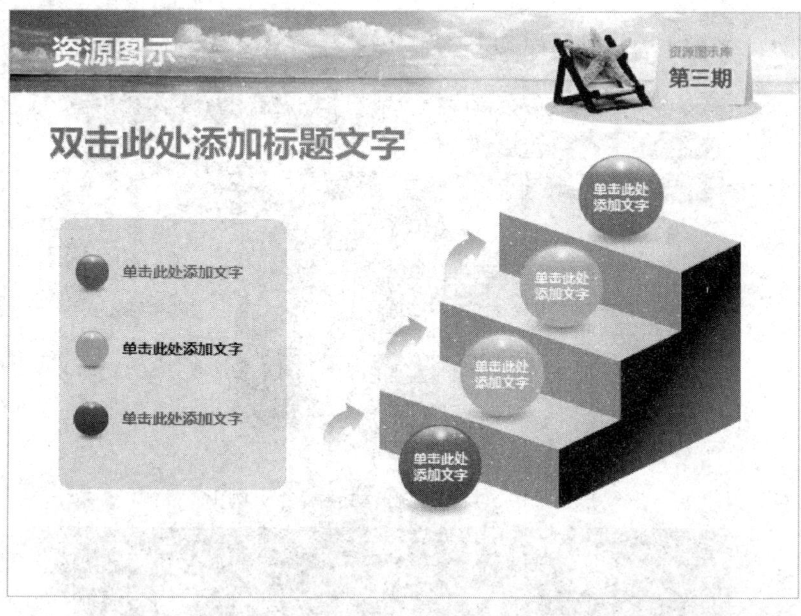

图 5－12　格式统一、搭配协调实例 1

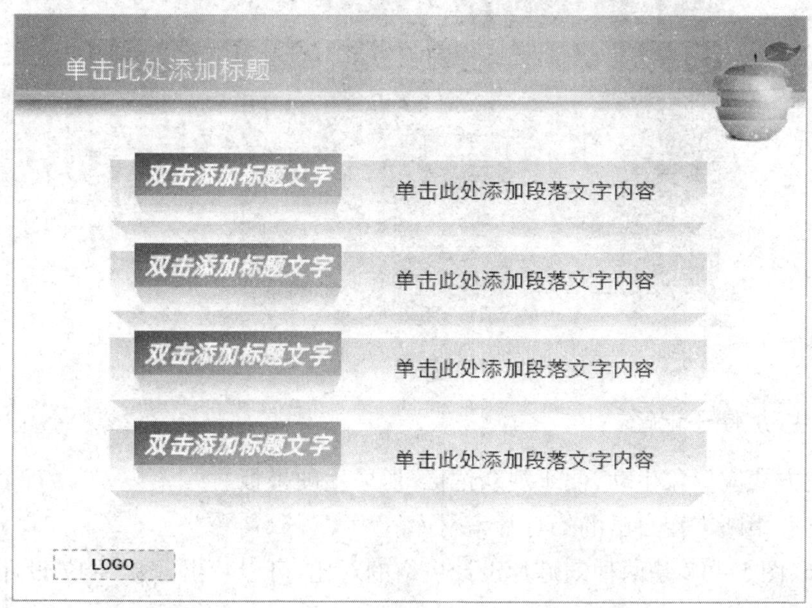

图 5－13　格式统一、搭配协调实例 2

4. 设计新颖、动静结合

（1）幻灯片制作应注重文本、图像、图表、多媒体等元素有机结合，但元素不能过于复杂，以免冲淡想要描述的核心主题。

（2）学会借鉴优秀幻灯片的风格、布局和颜色，“从报告中找报告”，如图 5－14、图 5－15 所示。

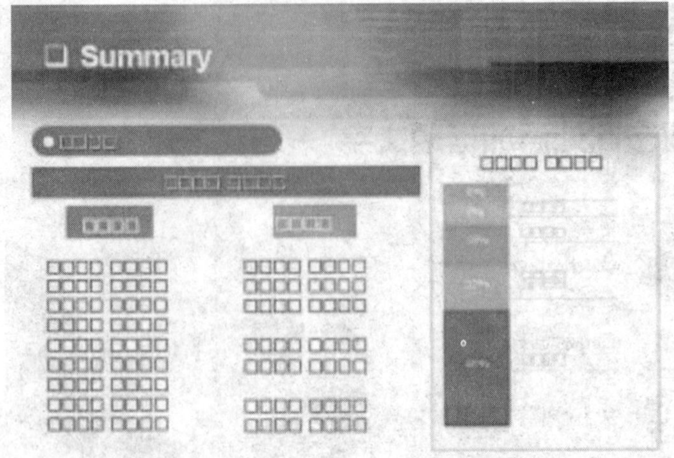

图 5－14 设计新颖、动静结合实例 1

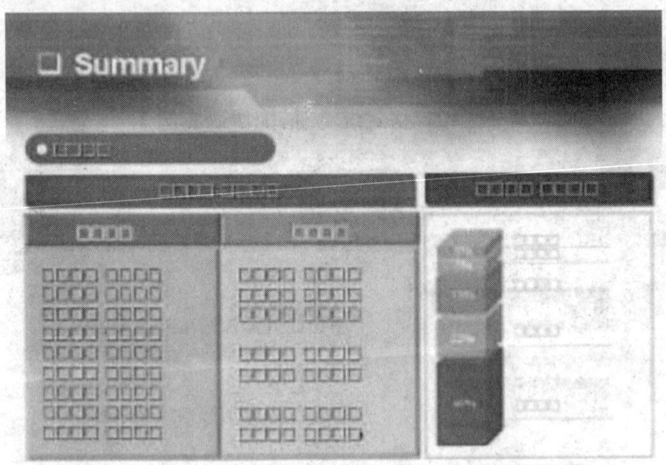

图 5－15 设计新颖、动静结合实例 2

5. 形象生动、便于记忆

(1)描述方式应形象生动,便于观众记忆,切忌生硬呆板。

(2)建立并不断丰富自己的幻灯片素材库。

图 5－16、图 5－17 是两种幻灯片设计风格的对比,可以看出,图 5－17 设计得更加形象生动、便于记忆。

打开任务管理器的方法

同时按住以下三个键，分别是：

空格旁边的“Alt”键（左边或右边）

空格旁边的“Ctrl”键（左边或右边）

Delete 删除键

操作方法：先按住 Alt 和 Ctrl ，再按Del

图 5－16　呆板的设计

图 5－17　生动的设计

第三节　设置幻灯片

一、设置幻灯片的外观

一个设计优秀的演示文稿应该具有一致的外观风格。主题、幻灯片背景以及母版等设置功能可以使用户更加方便地设置演示文稿的外观。

1. 设置幻灯片主题

主题包括一组主要颜色、一组主题字体和一组主题效果。通过应用主题，可以快速而轻松地设置整个文档的格式，赋予演示文稿专业而时尚的外观。

(1)应用默认的主题。在快速为所有幻灯片应用同一种主题时，先打开要应用主题的演示文稿，然后切换到“设计”选项卡，在“主题”选项组的“主题”列表框中单击要应用的文档主题，或单击右侧的“其他”按钮，查看所有可用的主题，如图 5－18 所示。

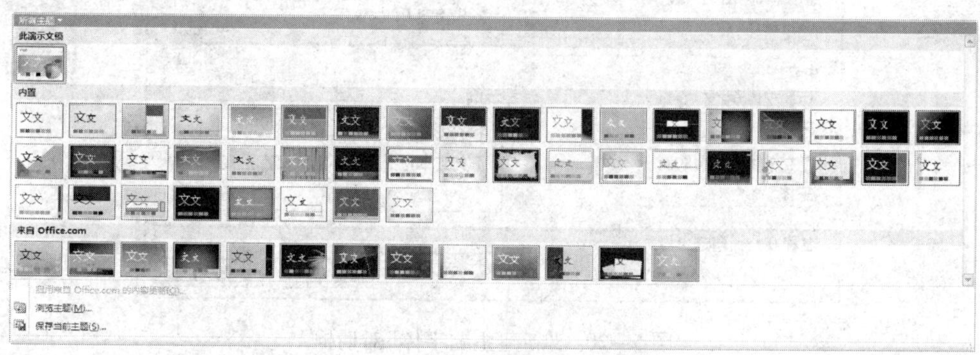

图 5－18　应用主题

如果希望只对选择的幻灯片设置主题，右击“主题”列表框中的主题，从快捷菜单中选择

"应用于所选幻灯片"命令。

(2)自定义主题。如果默认的主题不符合要求,用户还可以自定义主题。

首先切换到"设计"选项卡,在"主题"选项组中单击"主题颜色"按钮,从下拉菜单中选择"新建主题颜色"命令,打开"新建主题颜色"对话框。然后在"主题颜色"下依次单击要更改的主题颜色元素对应的按钮,选择所需的颜色,在"名称"文本框中为新的主题颜色输入一个适当的名称,单击"保存"按钮,如图5－19所示。

图5－19 "新建主题颜色"对话框

在"主题"选项组中单击"主题字体"按钮,从下拉菜单中选择"新建主题字体"命令,打开"新建主题字体"对话框。在各个字体下拉列表框中选择所需的字体名称,在"名称"文本框中为新的字体输入名称,单击"保存"按钮,如图5－20所示。

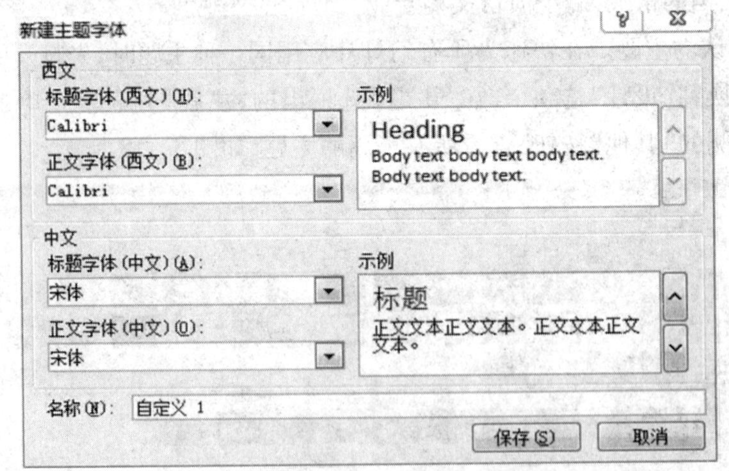

图5－20 "新建主题字体"对话框

接着,在"主题"选项组中单击"主题效果"按钮,从下拉菜单中选择要使用的效果,其作用于线条和填充颜色,如图5－21所示。

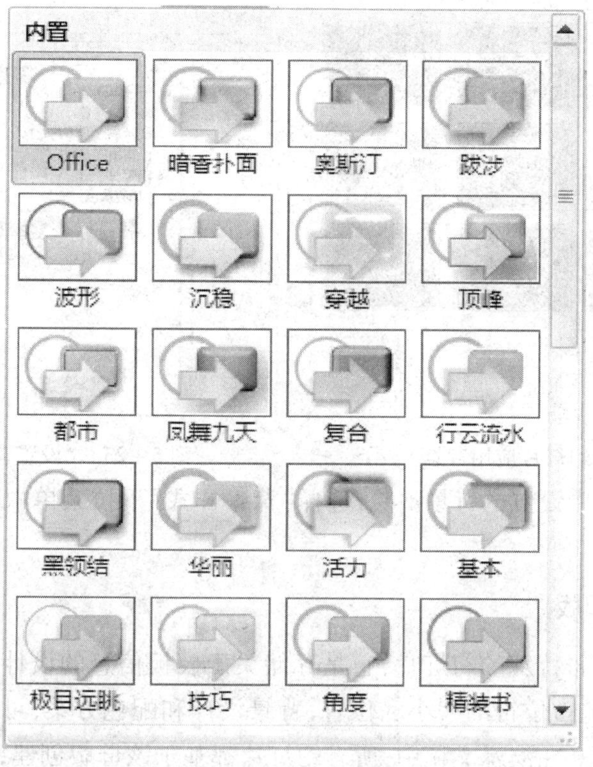

图 5－21 主题效果

设置完毕后，单击“主题”列表框中的“其他”按钮，从下拉菜单中选择“保存当前主题”命令，在打开的“保存当前主题”对话框中输入文件名并单击“保存”按钮。保存自定义主题后，用户可以在“主题”列表框中看到创建的主题。

2. 设置幻灯片背景

在更改文档主题后，背景样式会随之更改以反映新的主题颜色和背景。如果用户希望只更改演示文稿的背景，可以选择其他背景样式。

在向演示文稿中添加背景样式时，单击要添加背景样式的幻灯片，切换到“设计”选项卡，在“背景”选项组中单击“背景样式”按钮右侧的箭头按钮，弹出“背景样式”下拉菜单，然后右击所需的背景样式，从快捷菜单中执行适当的命令，如图 5－22 所示。

如果内置的背景样式不符合需求，用户可以进行自定义操作，方法为：单击要添加背景样式的幻灯片，在“背景”选项组中单击“背景样式”按钮右侧的箭头按钮，从下拉菜单中选择“设置背景格式”命令，在打开的“设置背景格式”对话框中进行相关的设置，如图 5－23 所示，然后单击“确定”按钮。

图 5－22　为幻灯片应用背景

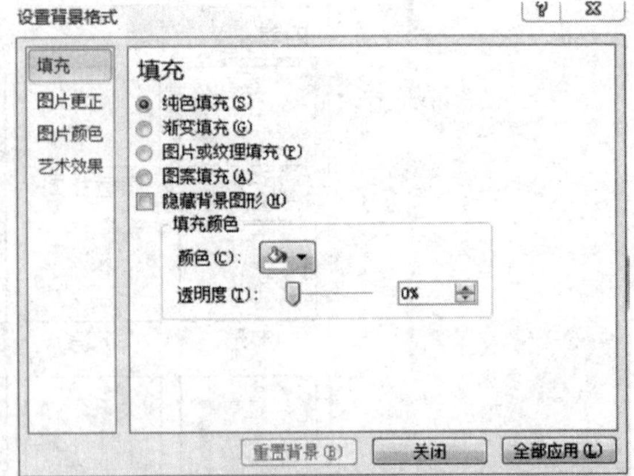

图 5－23　"设置背景格式"对话框

如果要将幻灯片中设置的背景清除，选择"背景样式"下拉菜单中的"重置幻灯片背景"命令即可。

3. 设置幻灯片母版

幻灯片母版是一张特殊的幻灯片，它是存储关于模板信息的设计模板的一个元素。这些模板信息包括字形、占位符的大小和位置、背景设计和配色方案，可以将母版视为一个用于构建幻灯片的框架。在演示文稿中，所有幻灯片都基于该母版创建，如果更改了幻灯片母版，则会影响所有基于母版创建的演示文稿幻灯片。

如果要进入母版视图，切换到"视图"选项卡，在"演示文稿视图"选项组中单击"幻灯片母版"按钮。在幻灯片母版视图中包括几个虚线框标注的区域，分别是标题区、对象区、日期区、页脚区和数字区等占位符。用户可以编辑这些占位符，例如设置文本的格式，以便在幻灯片中输入文字时采用默认的格式。

(1)添加幻灯片母版和版式。在 PowerPoint 中，每个幻灯片都包含一个或多个标准或自定义的版式集。当用户创建空白演示文稿时，将显示名为"标题幻灯片"的默认版式，还有其他标准版式可以使用。

如果用户找不到合适的标准母版和版式，可以添加或自定义新的母版和版式。首先切换到母版视图中，如果要添加母版，单击"编辑母版"选项组中的"插入幻灯片母版"按钮，将在当前母版最后一个版式的下方插入新的版式，如图 5－24 所示。

在包含幻灯片母版和版式的左侧窗格中，单击幻灯片母版下方要添加新版式的位置，然后切换到"幻灯片母版"选项卡，在"编辑母版"选项组中单击"插入版式"按钮即可。

如果要删除母版中不需要的默认占位符，单击该占位符的边框，然后按"Delete"键；如果要添加占位符，单击"幻灯片母版"选项组中的"插入占位符"按钮，从下拉菜单中选择一个占位符，然后拖动鼠标绘制占位符，如图 5－25 所示。

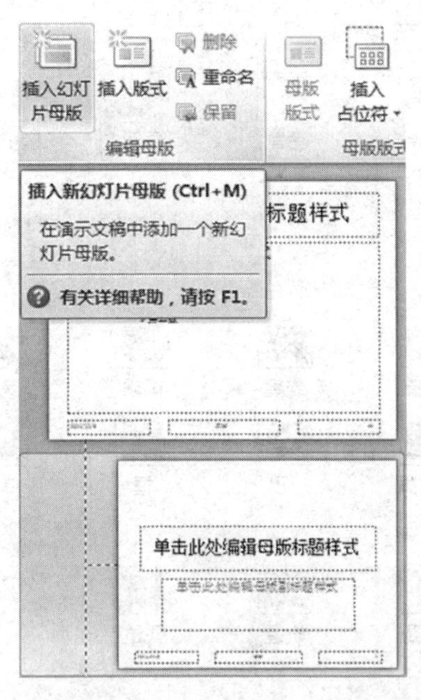

图 5－24 插入幻灯片母版

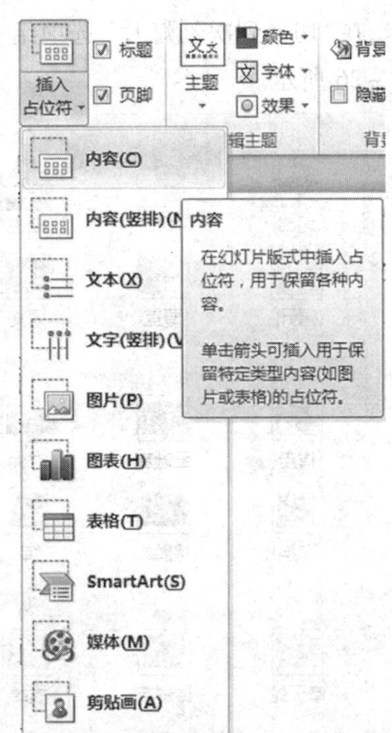

图 5－25 插入占位符

(2)删除母版或版式。切换到“视图”选项卡,单击“幻灯片母版”按钮,进入“幻灯片母版”选项卡,在左侧的母版和版式列表中右击要删除的母版或版式,从快捷菜单中选择“删除母版”或“删除版式”命令。

(3)设计母版内容。进入幻灯片母版视图,在标题区中单击“单击此处编辑母版标题样式”字样,激活标题区,选定其中的文字,并且改变其格式,可以一次性更改所有的标题格式。单击“幻灯片母版”选项卡上的“关闭母版视图”按钮,返回普通视图中,可见每张幻灯片的标题均发生了变化。

用户可以在母版中加入任何对象,使每张幻灯片都自动出现该对象。例如,为全部幻灯片贴上专有 Logo 标志的方法为:在幻灯片母版视图中切换到“插入”选项卡,在“插图”选项组中单击“图片”按钮,打开“插入图片”对话框。然后选择所需的图片,单击“插入”按钮,并对图片的大小和位置进行调整。单击“幻灯片母版”选项卡上的“关闭母版视图”按钮,返回普通视图后每张幻灯片中都出现了插入的 Logo 图片。

二、设置动画效果和切换方式

对幻灯片设置动画效果,可以使静止的演示文稿更加生动。

1. 设置幻灯片的切换效果

幻灯片的切换效果是指两张相邻的幻灯片之间的过渡效果。

(1)在普通视图下的“幻灯片”选项卡中单击某个幻灯片缩略图将其选中,然后单击“切换”选项卡，在“切换到次幻灯片”选项组中的“切换方案”列表框中选择一种幻灯片切换效果，如图 5－26 所示。

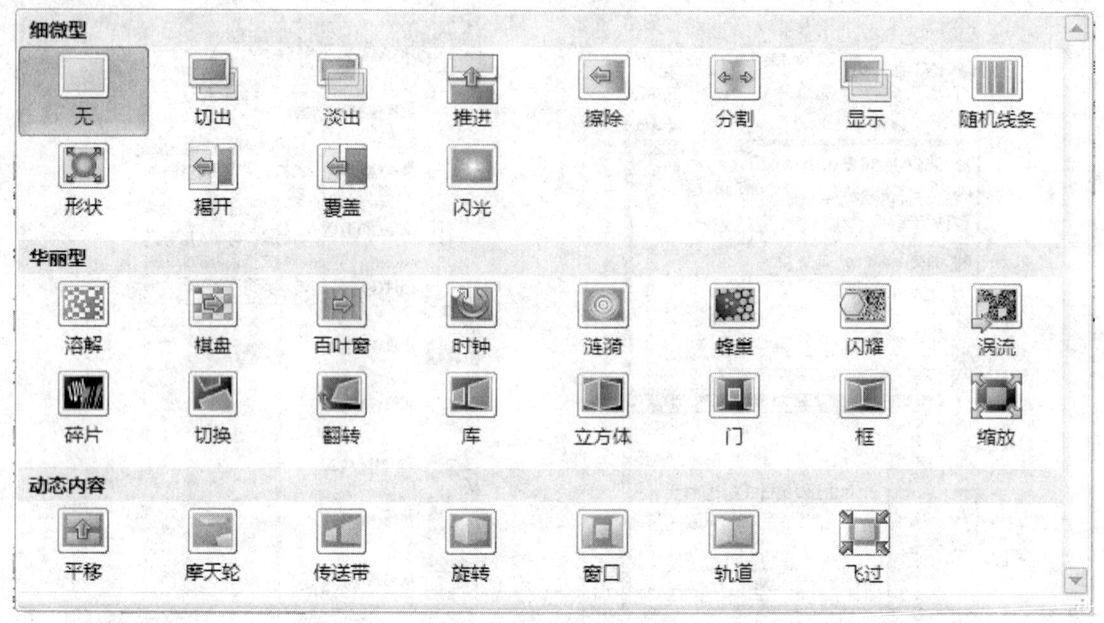

图 5－26　幻灯片的切换效果

（2）如果要设置幻灯片切换效果的速度，在“计时”选项组的“持续时间”微调框中输入幻灯片切换的速度值。

（3）如有必要，在“声音”下拉列表框中选择幻灯片切换时的声音。

（4）如果单击“全部应用”按钮，则会将切换效果应用于整个演示文稿。

2. 设置动画

（1）创建基本动画。在普通视图中，单击要设置动画的文本或多媒体对象，然后切换到“动画”选项卡，从“动画”选项组的“动画样式”列表框中选择一种动画方案，如图 5－27 所示，即可快速为文本或多媒体对象创建动画。

图 5－27　“动画样式”列表框

（2）自定义动画。如果用户对程序提供的标准动画方案不满意，在普通视图中单击要设置动画的文本或多媒体对象，然后切换到“动画”选项卡，在“高级动画”选项组中单击“添加动画”按钮，从下拉菜单中选择所需的动画效果，如图 5－28 所示。如果选项组中的动画还是不能满足用户的要求，选择“更多进入效果”命令，打开“添加进入效果”对话框，如图 5－29所示，在对话框中进行选择，然后单击“确定”按钮，设置完毕。

图 5－28 "添加动画"下拉菜单

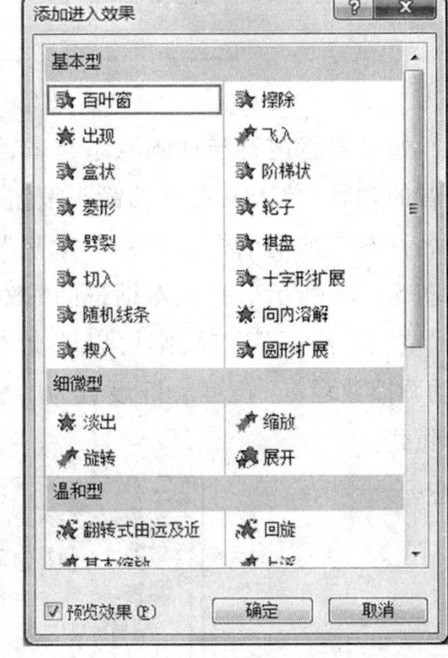

图 5－29 "添加进入效果"对话框

(3)删除动画效果。选定要删除动画效果的对象,切换到"动画"选项卡,通过下列两种方法来操作:

①在"动画"选项组中的"动画样式"列表框中选择"无"选项。

②在"高级动画"选项组中单击"动画窗格"按钮,打开"动画窗格",然后在列表区域中右击要删除的动画,从快捷菜单中选择"删除"命令。

(4)设置动画选项。用户在一张幻灯片中添加了多个动画效果后,可以对动画效果的播放顺序进行重新排列。方法为:选择要调整播放顺序的幻灯片,切换到"动画"选项卡,在"高级动画"选项组中单击"动画窗格"按钮,在打开的动画窗格中选定要调整顺序的动画,然后用鼠标将其拖动到指定位置。单击列表框下方的 ⬆ 和 ⬇ 按钮也可以改变动画顺序。

动画的开始方式一般有三种,分别是单击开始、从上一项开始、从上一项之后开始。动画的默认开始方式为单击开始。在为动画设置开始方式时,要在动画窗格的列表框中单击动画右侧的箭头按钮,从下拉菜单中选择上述三种方式之一。

动画设置完毕后可以单击"动画"选项卡中的"预览"按钮,预览当前幻灯片中设置动画的效果。如果对动画的播放速度不满意,在动画窗格中选定要调整播放速度的动画效果,在"计时"选项组的"持续时间"微调框中输入动画的播放时间,如图 5－30 所示。

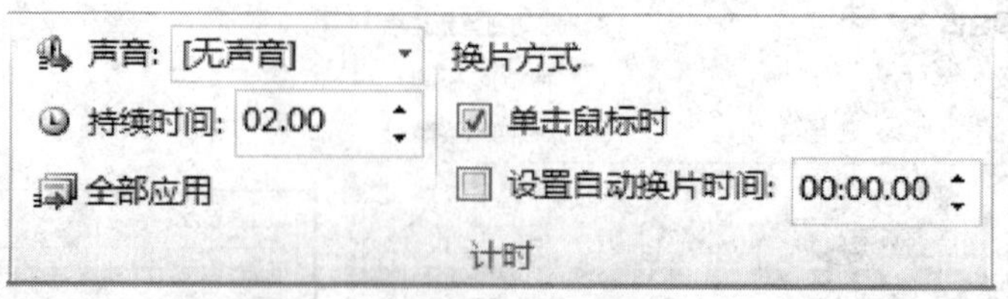

图 5-30 调整动画的播放时间

如果要将声音与动画联系起来,可以采取下面的操作步骤:在动画窗格中选定要添加声音的动画,单击其右侧的箭头按钮,从下拉菜单中选择"效果选项"命令,打开选定的动画名称对应的对话框,切换到"效果"选项卡,在"声音"下拉列表框中选择要设置的声音,如图 5-31 所示。在该对话框的"效果"选项卡中将"动画文本"下拉列表框设置为"按字母"或"按字/词"选项,则可以使文本按照字母或字词进行播放。在"效果"选项卡中将"动画播放后"下拉列表框设置为"播放动画后隐藏"选项,则可以将播放动画后的对象自动隐藏。

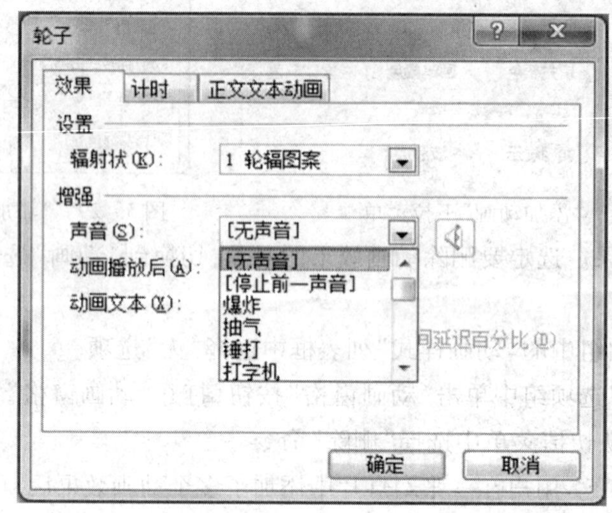

图 5-31 为动画添加声音

在使用动画计时功能时,在动画窗格中单击要设置动画右侧的箭头按钮,从下拉菜单中选择"效果选项"命令,在出现的对话框中切换到"计时"选项卡,在"延迟"微调框中输入该动画与上一动画之间的延迟;在"期间"下拉列表框中选择动画的速度;在"重复"下拉列表框中设置动画的重复次数。设置完毕,单击"确定"按钮。

3. 设置动作按钮

使用绘图工具在幻灯片中绘制图形按钮,然后为其设置动作,能够在幻灯片中起到控制播放的作用。

(1)在幻灯片中插入动作按钮。在普通视图中创建动作按钮时,切换到"插入"选项卡,然后在"插图"选项组中单击"形状"按钮,从下拉列表框中选择"动画按钮"组中的一个按

钮。如果要插入一个预定义大小的动作按钮,单击幻灯片;如果要插入一个自定义大小的动作按钮,按住鼠标左键在幻灯片中拖动。将动作按钮插入到幻灯片后,会打开“动作设置”对话框,如图 5-32 所示,在其中选择该动作按钮要执行的动作,然后单击“确定”按钮。

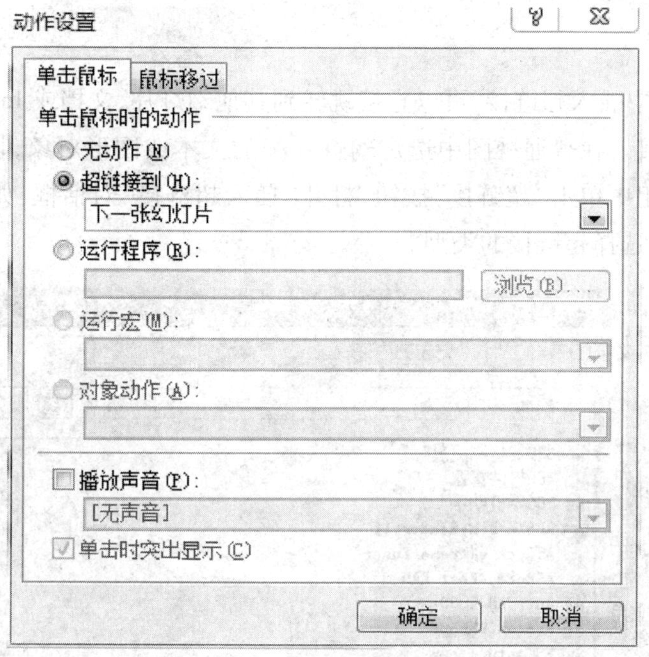

图 5-32 “动作设置”对话框

(2)在“动作设置”对话框选中“超链接到”单选按钮,然后在下面的下拉列表框中选择要链接的目标选项。如果选择“幻灯片”选项,会打开“超链接到幻灯片”对话框,如图 5-33所示,在其中选定要链接的幻灯片后单击“确定”按钮;如果选择“URL”选项,将打开“超链接到 URL”对话框,在“URL”文本框中输入要链接到的 URL 地址后单击“确定”按钮。

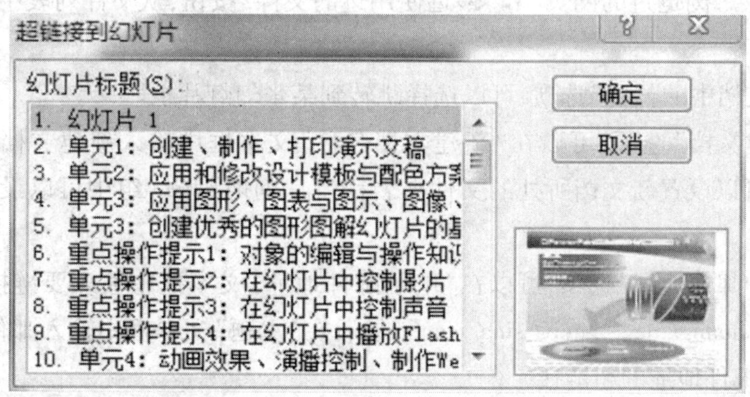

图 5-33 “超链接到幻灯片”对话框

(3)如果在“动作设置”对话框中选中“运行程序”单选按钮,再单击“浏览”按钮,在打开的“选择一个要运行的程序”对话框中选择一个程序后,单击“确定”按钮,将建立运行外部程序的动作按钮。

（4）在“动作设置”对话框中选中“播放声音”复选框，并在下方的下拉列表框中选择一种声音效果，可以在单击动作按钮时添加声音。

4. 设置超链接

通过在幻灯片中插入超链接，可以直接跳转到其他幻灯片、文档或 Internet 网页。

（1）创建超链接。在普通视图中选定幻灯片中的文本或图形对象，切换到“插入”选项卡，在“链接”选项组中单击“超链接”按钮，打开“插入超链接”对话框，如图 5 – 34 所示，在“链接到”列表框中选择超链接的类型。

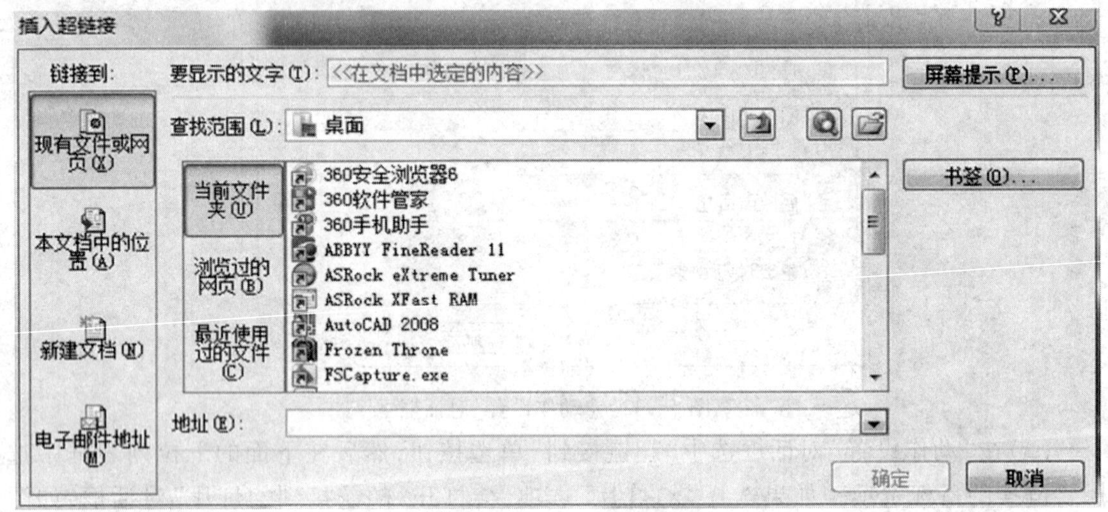

图 5 – 34 “插入超链接”对话框

选择“现有文件或网页”选项，在右侧选择要链接到的文件或 Web 页面的地址，可以通过“当前文件夹”“浏览过的网页”和“最近使用过的文件”按钮，从文件列表中选择所需链接的文件名。

选择“本文档中的位置”选项，可以选择跳转到某张幻灯片上。

选择“新建文档”选项，可以在“新建文档名称”文本框中输入新建文档的名称。单击“更改”按钮，可以设置新文档所处的文件夹名称，在“何时编辑”组中可以设置是否立即开始编辑新文档。

选择“电子邮件地址”选项，可以在“电子邮件地址”文本框中输入要链接的邮件地址，如输入“mailto：huangxing _guei@ sina. com”，然后在“主题”文本框中输入邮件的主题，即可创建一个电子邮件地址的超链接。

单击“屏幕提示”按钮，打开“设置超链接屏幕提示”对话框，设置当鼠标指针位于超链接上时出现的提示信息。最后单击“确定”按钮，超链接创建完毕。

（2）编辑超链接。在更改超链接目标时，先选定包含超链接的文本或图形对象，然后切

换到“插入”选项卡,单击“链接”选项组中的“超链接”按钮,在打开的“编辑超链接”对话框中输入新的目的地址或者重新指定跳转位置即可。

(3)删除超链接。用鼠标右键单击超链接对象,从快捷菜单中选择“删除超链接”命令。

第四节 演示文稿的放映

演示文稿设计和制作完成后,在放映幻灯片前,还应该对其放映方式和播放过程进行设置。也可对演示文稿设置放映方式、隐藏幻灯片、排练计时、录制旁白、使用绘图笔等。

一、幻灯片的放映设置

考虑到演示文稿中可能包含不适合播放的半成品幻灯片,但将其删除又会影响到以后的修改。此时,需要切换到普通视图,在幻灯片窗格中用鼠标右键单击不进行演示的幻灯片,从快捷菜单中选择“隐藏幻灯片”命令,被隐藏的幻灯片将不会参与放映,接下来就可以播放幻灯片。

1. 幻灯片的放映

在 PowerPoint 2010 中,按“F5”键或者单击“幻灯片放映”选项卡中的“从头开始”按钮,即可开始放映幻灯片。如果不是从头开始放映,单击工作界面右下角的“幻灯片放映”按钮,或者按“Shift + F5”组合键,即可从选定的幻灯片开始放映。

在幻灯片放映过程中,按“Ctrl + H”和“Ctrl + A”组合键能够分别实现隐藏、显示鼠标功能。当演示者在特定场合需要使用黑屏效果时,按“B”键或“. ”(句号)键即可;而需要白屏效果则按“W”键或“,”(逗号)键即可。

另外,切换到“文件”选项卡,选择“另存为”命令,在“另存为”对话框的“保存类型”下拉列表框中选择“PowerPoint 放映”选项,在“文件名”文本框中输入演示文稿的名称,然后单击“确定”按钮,将其保存为扩展名为 . ppsx 的文件,之后从“计算机”窗口中打开该文件,即可自动播放幻灯片。

2. 设置放映方式

默认情况下,演示者需要手动放映演示文稿,用户也可以创建自动播放演示文稿在展台中播放。设置幻灯片放映方式的方法是:切换到“幻灯片放映”选项卡,在“设置”选项组中单击“设置幻灯片放映”按钮,打开“设置放映方式”对话框,如图 5 – 35 所示。在“设置放映方式”对话框中,可以选择相应的放映类型。

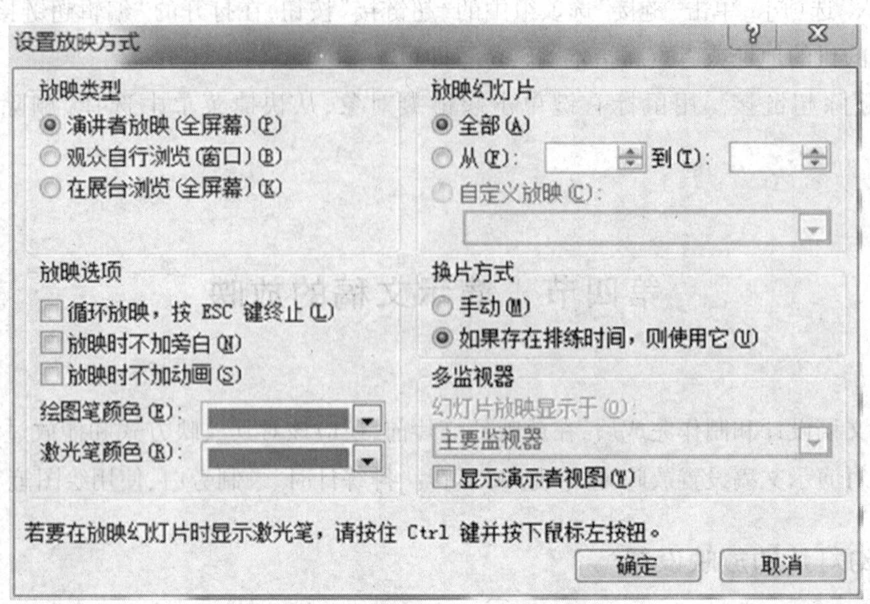

图 5－35 “设置放映方式”对话框

“演讲者放映(全屏幕)”可运行全屏显示的演示文稿，这是最常用的幻灯片播放方式，也是系统默认的选项。演讲者具有完整的控制权，可以将演示文稿暂停，添加说明细节，还可以在播放中录制旁白。

“观众自行浏览(窗口)”适用于小规模演示，该方式在放映时屏幕上方有操作菜单，观众在浏览演示文稿时可以移动、编辑、复制和打印演示文稿。

“在展台浏览(全屏幕)”适用于展览会场或会议，观众可以更换幻灯片或者单击超链接对象，但不能更改演示文稿。

在“放映幻灯片”选项组中的两个选项决定了幻灯片的放映范围，“全部”命令用于放映演示文稿中的所有幻灯片；“从……到……”命令用于设置开始放映和结束放映的幻灯片编号，确定放映范围。

另外，用户还可以在此对话框中设置放映时是否循环放映、是否播放旁白、是否播放动画、绘图笔的颜色、换片方式等。

3. 设置自定义放映

一个演示文稿可以根据用户的需要，通过设置自定义放映只播放文稿中的某些特定部分。

切换到“幻灯片放映”选项卡，在“开始放映幻灯片”选项组中单击“自定义幻灯片放映”按钮，从下拉菜单中选择“自定义放映”命令，打开“自定义放映”对话框，如图 5－36 所示。单击“新建”按钮，打开“定义自定义放映”对话框，输入幻灯片放映名称(如“基础知识”)，选中要播放的幻灯片添加到“在自定义放映中的幻灯片”列表框中，如图 5－37 所示。单击“确定”按钮，返回“自定义放映”对话框，新建的自定义放映会出现在“自定义放映”列表框中,如图 5-38 所示。

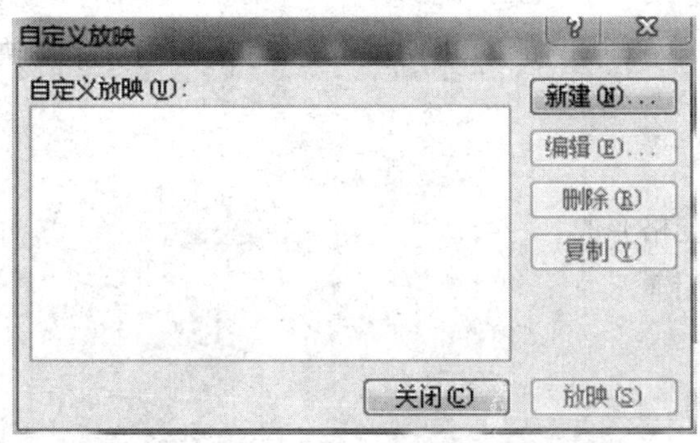

图 5-36 “自定义放映”对话框

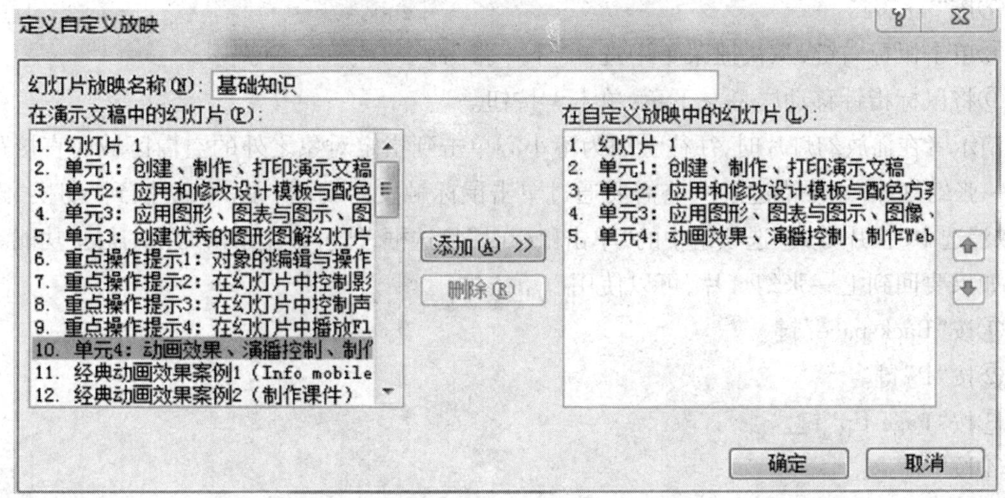

图 5-37 “定义自定义放映”对话框

在幻灯片放映过程中单击鼠标右键,从快捷菜单中选择“自定义放映”命令,选择要播放的自定义放映名,如图 5-39 所示。

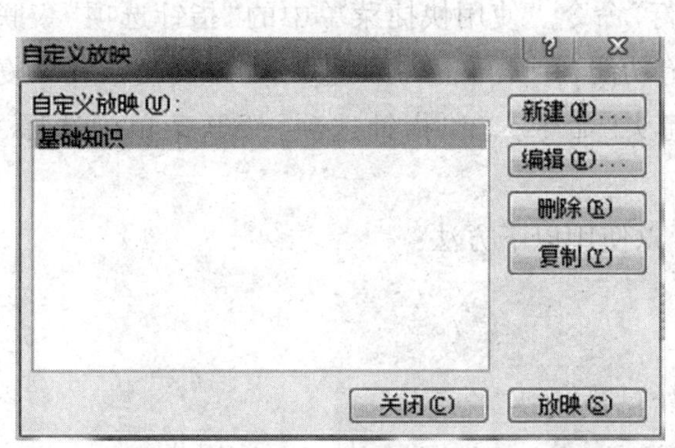

图 5-38 创建自定义放映后的对话框

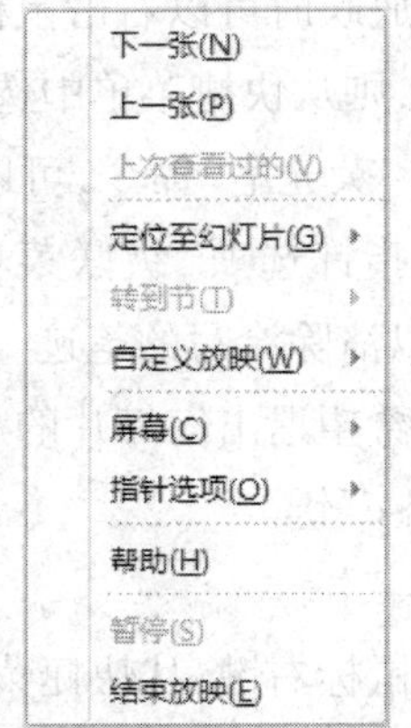

图 5-39 选择“自定义放映”命令

4. 幻灯片放映时的控制

播放演示文稿最简单的方式是不断切换到下一张幻灯片，放映时切换幻灯片的方法如下：

①单击鼠标左键。

②按“Space Bar”（空格）键。

③按“Enter”（回车）键。

④按“N”键。

⑤按“Page Down”键。

⑥按“↓”键。

⑦按“→”键。

⑧单击鼠标右键，从快捷菜单中选择“下一张”命令。

⑨将鼠标指针移动屏幕左下角，单击 ➡ 按钮。

演示者在播放幻灯片时，往往会因为不小心单击到指定对象之外的空白区域而直接跳转到下一张幻灯片，导致错过了一些需要通过单击鼠标触发的动画。此时，切换到“切换”选项卡，取消选中“换片方式”选项组中的“单击鼠标时”复选框，即可禁止单击切换幻灯片功能。

如果要回到上一张幻灯片，可以使用以下方法：

①按“Backspace”键。

②按“P”键。

③按“Page Up”键。

④按“↑”键。

⑤按“←”键。

⑥单击鼠标右键，从快捷菜单中选择“上一张”命令。

⑦将鼠标指针移动屏幕左下角，单击 ⬅ 按钮。

幻灯片放映时可以右击鼠标，从快捷菜单中选择“暂停”命令来暂停幻灯片的放映；如果要继续放映，则从快捷菜单中选“继续执行”命令。使用快捷菜单中的“指针选项”级联菜单中的“笔”或“荧光笔”命令，可以实现画笔功能，在屏幕上勾画重点；如果要使指针恢复箭头形状，选择“指针选项”级联菜单中的“箭头”命令。在“指针选项”级联菜单中选择“橡皮擦”命令可以清除涂写的笔迹。

当用户希望退出幻灯片的放映时，可以使用以下方法：

①按“Esc”键。

②按“-”键。

③单击鼠标右键，从快捷菜单中选择“结束放映”命令。

④单击屏幕左下角的 ▤ 按钮，从弹出的菜单中选择“结束放映”命令。

二、设置放映时间

用户可以通过两种方法设置幻灯片在屏幕上显示时间的长短：第一种方法是人工为每张幻灯片设置播放时间；另一种方法是使用排练计时功能，在排练时自动记录时间。

1. 人工设置放映时间

切换到幻灯片浏览视图中，选定要设置放映时间的幻灯片，单击“切换”选项卡，在“计时”选项组中选中“设置自动换片时间”复选框，然后在右侧的微调框中输入希望幻灯片在屏幕上显示的秒数。

单击“全部应用”按钮，所有幻灯片的换片时间间隔将相同；否则，设置的是选定幻灯片切换到下一张幻灯片的时间。接着，设置其他幻灯片的换片时间。此时，在幻灯片浏览视图中，会在幻灯片缩略图的左下角显示每张幻灯片的放映时间，如图 5－40 所示。

图 5－40 人工设置幻灯片的放映时间

2. 使用排练计时

使用排练计时可以为每张幻灯片设置放映时间，使幻灯片能够按照设置的排练计时时间自动放映，操作步骤如下：

首先，切换到“幻灯片放映”选项卡，在“设置”选项组中单击“排练计时”按钮，如图 5－41所示，系统将切换到幻灯片放映视图。

图 5－41 “设置”选项组

在放映过程中，屏幕上会出现“录制”工具栏，如图 5－42 所示。单击该工具栏中的“下一项”按钮，即可播放下一张幻灯片，并在“幻灯片放映时间”文本框中记录新幻灯片的时间。排练结束放映后，在出现的对话框中单击“是”按钮，即可接受排练的时间；单击“否”按钮，则取消本次排练。

图 5－42 “录制”工具栏

若不再需要幻灯片的排练计时，可切换到“幻灯片放映”选项卡，取消选中“设置”选项组中的“使用计时”复选框。

三、使用演示者视图

连接投影仪后，演示者的计算机拥有两个屏幕，Windows 系统默认二者处于复制状态，即显示相同的内容。当演示者播放幻灯片时，需要查看自己屏幕中的备注信息、使用控制演示的各种按钮，也就是将两个屏幕显示为不同的内容，即使用演示者视图功能。

在使用演示者视图时，按“Win + P”组合键，显示投影仪及屏幕的设置画面，单击其中的“扩展”按钮，将当前屏幕扩展至投影仪。然后切换到“幻灯片放映”选项卡，选择“监视器”选项组中的“使用演示者视图”复选框，如图 5－43 所示。

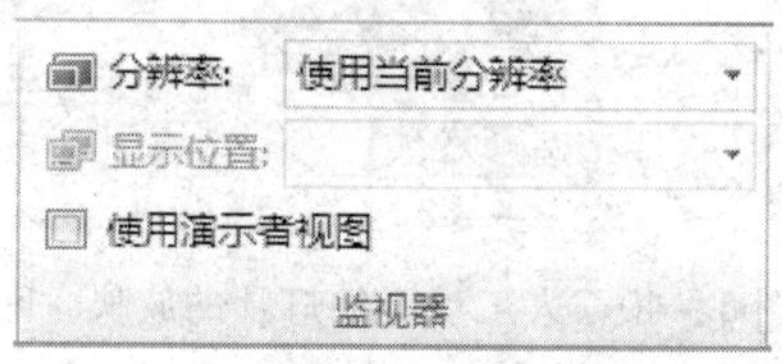

图 5－43 “监视器”选项组

第六章 网络技术基础知识

学习目标

- 掌握计算机网络的基本知识。
- 掌握计算机网络的功能、分类和网络硬件的组成。
- 掌握 IP 地址和域名系统的基本概念。

第一节　计算机网络基础

一、计算机网络的概念

什么是计算机网络？在不同时期计算机网络的定义也有所差异，现在一般认为，计算机网络是利用通信线路把地理上分散的多台自主计算机系统，通过通信设备连接起来，在相应软件（网络操作系统、网络协议、网络通信、管理和应用软件等）支持下实现的数据通信和资源（资源包括硬件、软件等）共享的系统 。自主计算机是指具有独立处理能力的计算机，它包括各种类型、档次的计算机。计算机网络是计算机技术与通信技术相结合的产物。

二、计算机网络的分类

由于计算机网络自身的特点，对其划分也有多种形式，其中，按网络的作用范围、网络的传输技术方式、网络的适用范围及通信介质等方式分类较为流行。此外，还可以按信息交换方式和拓扑结构等进行分类。

1. 按网络的作用范围或地理跨度划分

（1）局域网（local area network，LAN）。

局域网又称本地网。它是在有限的地域范围内，把分散的计算机设备通过传输设备连接起来，进行高速数据通信的计算机网络。

(2)城域网(metropolitan area network，MAN)。

城域网，就是在城市范围内，以IP和ATM电信技术为基础，以光纤作为传输媒介，集数据、语音、视频服务于一体的高带宽、多功能、多业务接入的多媒体通信网络。

(3)广域网(wide area network，WAN)。

广域网也称远程网。它通常跨接很大的物理范围，所覆盖的范围从几十千米到几千千米，能连接多个城市或国家，或横跨几个洲并能提供远距离通信，形成国际性的远程网络。广域网覆盖的范围比局域网和城域网都广。广域网的通信子网主要使用分组交换技术。

2. 按传输介质划分类

按传输介质划分，计算机网络可分为有线网(双绞线、同轴电缆、光纤等)和无线网(电磁波、红外、蓝牙等)。

3. 按网络的传输技术划分

(1)广播式网络(broadcast network)。

在网络中只有一个单一的通信信道，由这个网络中所有的主机所共享，即多个计算机连接到一条通信线路上的不同分支点上，任意一个节点所发出的报文分组被其他所有节点接收。

(2)点到点网络(point－to－point network，P2P)。

与广播式网络相反，点到点网络由一对对机器之间的多条链接构成。为了能从源到达目的地，这种网络上的分组必须通过一台或多台中间机器，通常是多条路径，长度一般都不一样。因此，选择合理的路径十分重要。一般来说，小的、处于本地的网络采用广播方式，大的网络采用点到点方式。

4. 按交换功能划分

根据交换功能的不同，计算机网络可分为电路交换网、报文交换网、分组交换网和混合交换网。

三、计算机网络的拓扑结构

计算机网络的拓扑结构就是网络中通信线路和站点(计算机或设备)的几何排列形式。在计算机网络中，将主机和终端抽象为点，将通信介质抽象为线，形成点和线组成的图形。计算机网络的常见网络拓扑结构有总线形、环形、星形、树形、网状结构(分布式结构)型。

1. 总线形拓扑

总线形拓扑结构是一种共享通路的物理结构，普遍用于局域网的连接，如图6－1所示。

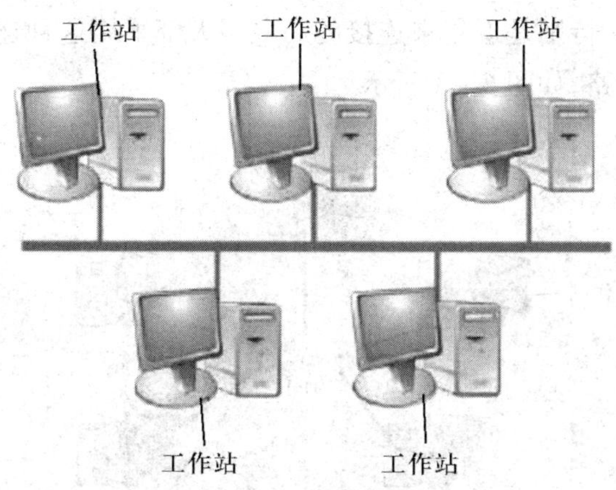

图 6-1 总线形拓扑结构

总线形拓扑结构的优点是安装容易，扩充或删除一个节点也很容易，无须停止网络的正常工作，节点的故障不会影响系统运行，由于各个节点共用一个总线作为数据通路，信道利用率高。缺点是由于信道共享，连接的节点不宜过多，负载过重可能导致系统的崩溃。如果某个节点发生故障，则需要更换整个故障段总线。

2. 环形拓扑

环形拓扑结构是将网络节点连接成闭合结构。信号顺着一个方向从一台设备传到另一台设备，每一台设备都配有一个收发器，信息在每台设备上的延时时间是固定的。这种结构特别适用于实时控制的局域网系统，如图 6-2 所示。

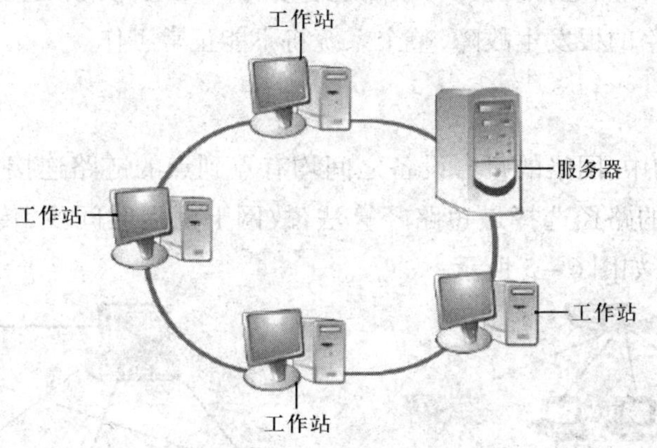

图 6-2 环形拓扑结构

环形拓扑结构的优点是安装容易，费用较低，电缆故障容易查找和排除。有些网络系统为了提高通信效率和可靠性，采用了双环结构，即在原有的单环上再套一个环，使每个节点都具有两个接收通道。缺点是当节点发生故障时，整个网络就不能正常工作了。

3. 星形拓扑

星形拓扑结构是一种以中央节点为中心，把若干外围节点连接起来的辐射式互连结构。

这种结构适用于局域网,特别是近年来连接的局域网大都采用这种连接方式,这种连接方式一般以双绞线做连接线路,如图 6-3 所示。

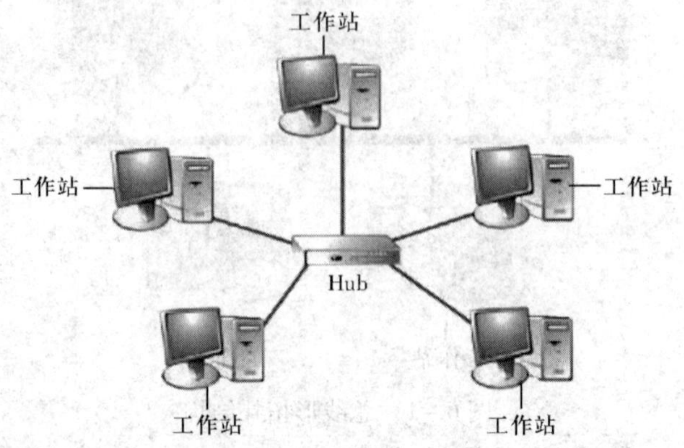

图 6-3　星形拓扑结构

星形拓扑结构的特点是安装容易,结构简单,费用低,通常以交换机(Switch 或 Hub)作为中央节点,便于维护和管理,中央节点的正常运行对网络系统来说是至关重要的。

4. 树形拓扑

树形拓扑结构就像一棵"根"朝上的树,与总线形拓扑结构相比,主要区别在于总线形拓扑结构中没有"根"。这种拓扑结构的网络是星形拓扑结构的扩展,应用较为流行,如图6-4所示。

树形拓扑结构的优点是容易扩展,故障也容易分离处理,缺点是整个网络对根或节点的依赖性很大,一旦网络的根发生故障,整个系统将不能正常工作。

5. 网状拓扑

在网状拓扑结构中,网络的每台设备之间均有点到点的链路连接,采用分散控制,具有很高的可靠性;网中的路径选择最短路径算法,故网上延迟时间少,传输速率高,但控制复杂,一般用于广域网,如图 6-5 所示。

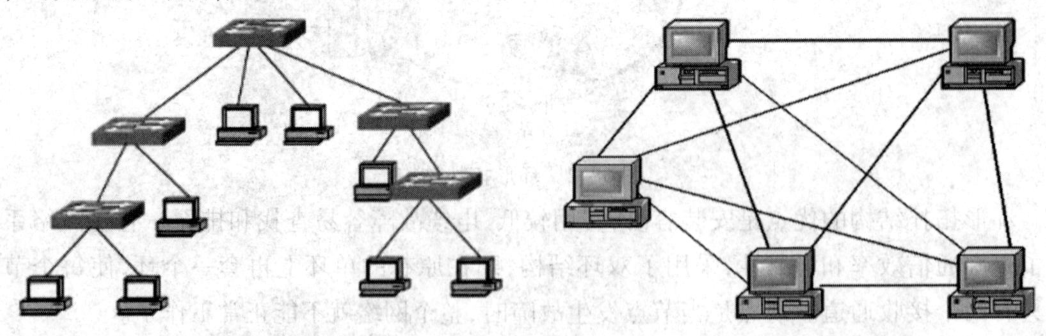

图 6-4　树形拓扑结构　　图 6-5　网状拓扑结构

四、计算机网络的体系结构

计算机网络是由多台计算机和终端通过通信设置和通信线路连接起来的系统。由于计算机类型和通信设备类型各异,加上线路类型、连接方式、同步机制、通信方式的不同,给网络中各节点间的通信带来很多不便。网络系统为实现彼此之间的通信,需要有支持计算机各节点通信的硬件和软件。通常,同种机的通信硬件易于标准化,但异种机通信硬件的研制工作就困难得多。为此,需要颁布一个国际或国家的标准,使各厂家都生产符合标准规定的产品。计算机网络标准化的关键是系统的互联,它不仅涉及基本的数据传输,同时也涉及网络的应用和有关的服务。在不同计算机之间,以协同方式进行通信的任务是复杂的,必须将这些任务分解成多个子任务,分别指定标准。

1. OSI 参考模型

OSI 是 open system interconnect 的缩写,意为开放式系统互联。一般都称作 OSI 参考模型,是 ISO(国际标准化组织)于 1985 年研究的网络互联模型。该体系结构标准定义了网络互联的七层框架(物理层、数据链路层、网络层、传输层、会话层、表示层和应用层),即 OSI 开放系统互联参考模型。在这一框架下进一步详细规定了每一层的功能,以实现开放系统环境中的互联性、互操作性和应用的可移植性,如图 6－6 所示。

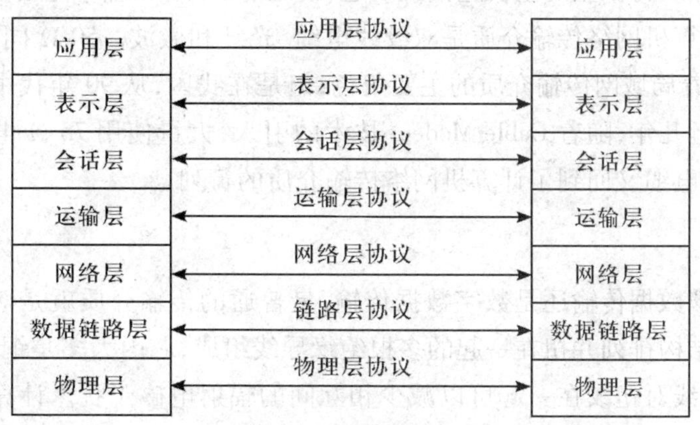

图 6－6　OSI 参考模型

2. TCP/IP 参考模型

TCP/IP 是一组用于实现网络互联的通信协议。Internet 网络体系结构以 TCP/IP 为核心。基于 TCP/IP 的参考模型将协议分成四个层次,它们分别是:网络访问层、网际互联层、传输层(主机到主机)和应用层。TCP/IP 参考模型与 OSI 参考模型的对比如图 6－7 所示。

OSI参考模型	TCP/IP参考模型
应用层 表示层 会话层	应用层
传输层	传输层
网络层	网络层
数据链路层 物理层	网络接口层

图 6-7　TCP/IP 参考模型与 OSI 参考模型的对比

第二节　网络互联设备

一、网络传输介质

网络用传输介质将孤立的主机连接到一起，使之能够互相通信，完成数据传输功能。目前，最为普及的计算机网络传输介质是双绞线电缆、光纤和微波。50 Ω 同轴电缆在 20 世纪 90 年代初期扮演着局域网传输介质的主要角色，但是在我国，从 90 年代中期开始被双绞线电缆所淘汰。最近几年，随着 Cable Modem 技术的引入，大量使用 75 Ω 电视同轴电缆实现互联网接入，同轴电缆又回到了计算机网络传输介质的行列。

1. 双绞线

无论是对模拟数据传输还是数字数据传输，最普通的传输介质就是双绞线电缆。它由按一定规则螺旋结构排列并扭在一起的多根绝缘导线组成，芯内大多是铜线，外部裹着塑料或橡胶绝缘外层，线对扭绞在一起可以减少相互间的辐射电磁干扰。计算机网络中常用的双绞线是由 4 对线（8 芯制，RJ-45 接头）按一定密度相互扭绞在一起的。

双绞线分为非屏蔽双绞线（图 6-8）与屏蔽双绞线（图 6-9）。屏蔽双绞线在双绞线与外层绝缘封套之间有一个金属屏蔽层。

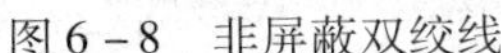
图 6－8　非屏蔽双绞线

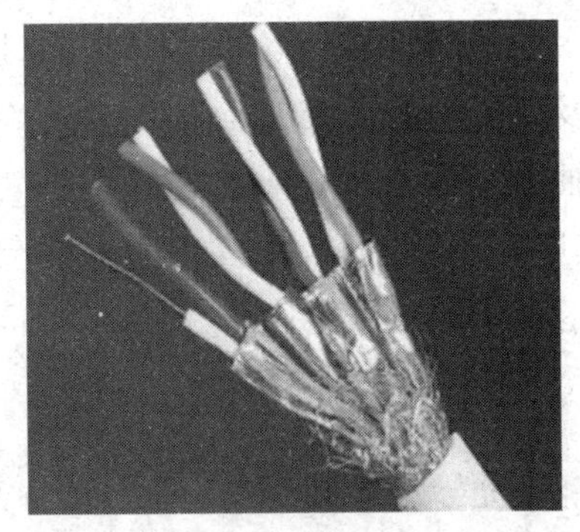
图 6－9　屏蔽双绞线

国际上常用的制作双绞线的标准包括 EIA/TIA 568A 和 EIA/TIA 568B 两种。

(1) EIA/TIA 568A 的线序定义依次为绿白、绿、橙白、蓝、蓝白、橙、棕白、棕，其标号如表 6－1所示。

表 6－1　EIA/TIA 568A 的线序

绿白	绿	橙白	蓝	蓝白	橙	棕白	棕
1	2	3	4	5	6	7	8

(2) EIA/TIA 568B 的线序定义依次为橙白、橙、绿白、蓝、蓝白、绿、棕白、棕，其标号如表 6－2所示。

表 6－2　EIA/TIA 568B 的线序

橙白	橙	绿白	蓝	蓝白	绿	棕白	棕
1	2	3	4	5	6	7	8

2. 同轴电缆

同轴电缆中央是铜制的芯线，其外包裹有一层绝缘层，绝缘层外包裹着一层网状编织的金属网作为外导体屏蔽层，屏蔽层把电线很好地包裹起来，最外层是塑料保护层，如图 6－10 所示。

图 6－10　同轴电缆

同轴电缆传导交流电而非直流电，也就是说，每秒钟会有好几次的电流方向发生逆转。如果使用一般电线传输高频率电流，这种电线就会相当于一根向外发射无线电的天线，这种效应损耗了信号的功率，使得接收到的信号强度减小。同轴电缆的设计正是为了解决这个问题。中心电线发射出来的无线电被网状导电层所隔离，网状导电层可以通过接地的方式来控制发射出来的无线电。

同轴电缆可分为两种基本类型，即基带同轴电缆和宽带同轴电缆。目前基带是常用的电缆，其屏蔽线是用铜做成的网状的，特征阻抗为 50 Ω（如 RG－8、RG－58 等）；宽带同轴电缆常用的电缆的屏蔽层通常是用铝冲压成的，特征阻抗为 75 Ω（如 RG－59 等）。

3. 光纤

光纤是光导纤维的简写，是一种由玻璃或塑料制成的纤维，可作为光传导工具，如图 6－11、图 6－12 所示。传输原理是光的全反射。

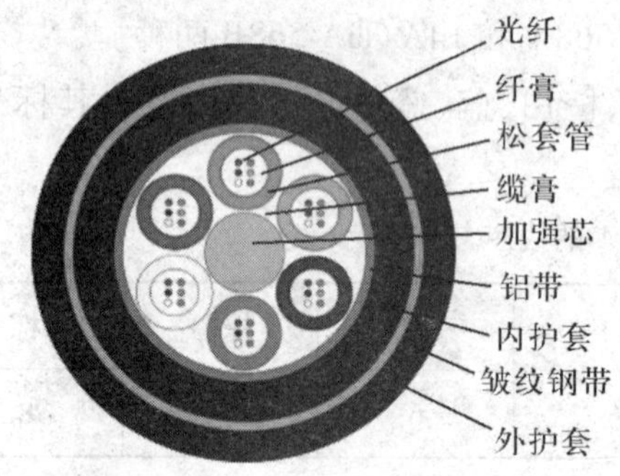

图 6－11 光纤剖面图

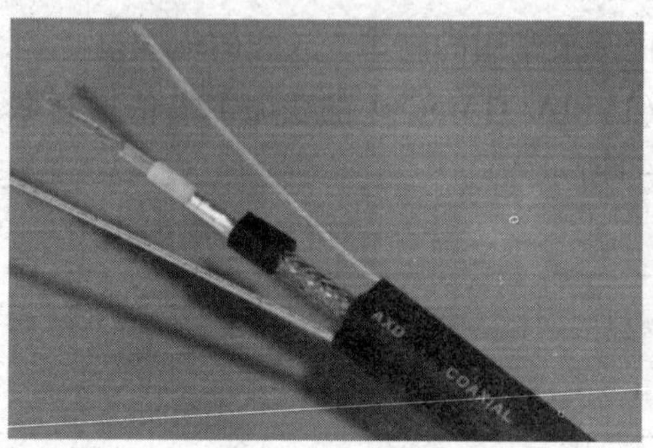

图 6－12 光纤产品

微细的光纤封装在塑料护套中，使得它能够弯曲而不至于断裂。通常，光纤一端的发射装置使用发光二极管（light emitting diode，LED）或一束激光将光脉冲传送至光纤；光纤另一端的接收装置使用光敏元件检测脉冲。在日常生活中，由于光在光导纤维的传导损耗比电在电线传导的损耗低得多，光纤被用作长距离的信息传递。

通常光纤与光缆两个名词会被混淆。多数光纤在使用前必须由几层保护结构包覆，包覆后的缆线即被称为光缆。光纤外层的保护层和绝缘层可防止周围环境对光纤的伤害，如水、火、电击等。光缆分为：光纤、缓冲层及披覆。光纤和同轴电缆相似，只是没有网状屏蔽层。中心是光传播的玻璃芯。

4. 微波

微波通信是在对流层视线距离范围内利用无线电波进行传输的一种通信方式，频率范围为 2～40 GHz。微波通信的工作频率很高，与通常的无线电波不一样，是沿直线传播的。

由于地球表面是曲面，微波在地面的传播距离有限，直接传播的距离与天线的高度有关，天线越高微波传播的距离越远，但超过一定距离后就要用中继站来接力，两微波站的通信距离一般为 30～50 km，长途通信时必须建立多个中继站。中继站的功能是放大信号，进行功率补偿，逐站将信息传送下去，如图 6－13 所示。

5. 激光通信

激光是一种方向性极好的单色相干光。利用激光来有效地传送信息，叫作激光通信，如

图 6-14 所示。激光通信系统组成设备包括发送和接收两个部分。发送部分主要有激光器、光调制器和光学发射天线。接收部分主要包括光学接收天线、光学滤波器、光探测器。要传送的信息送到与激光器相联的光调制器中，光调制器将信息调制在激光上，通过光学发射天线发送出去。在接收端，光学接收天线将激光信号接收下来，送至光探测器，光探测器将激光信号变为电信号，经放大、解调后变为原来的信息。

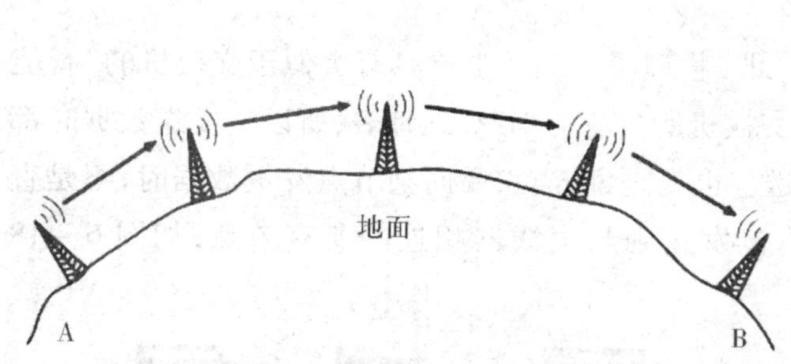

图 6-13　微波的中继通信

图 6-14　激光通信

6. 卫星通信

卫星通信简单地说就是地球上（包括地面和低层大气中）的无线电通信站间利用卫星作为中继而进行的通信。卫星通信系统由卫星和地球站两部分组成。卫星通信的特点是：通信范围大；只要在卫星发射的电波所覆盖的范围内，从任何两点之间都可进行通信；不易受陆地灾害的影响（可靠性高）；只要设置地球站电路即可开通（开通电路迅速）；同时可在多处接收，能经济地实现广播、多址通信（多址特点）；电路设置非常灵活，可随时分散过于集中的话务量；同一信道可用于不同方向或不同区间（多址连接）。

二、Internet 传输设备

1. 中继器（Repeater）

中继器是局域网环境下用来延长网络距离的最简单最廉价的网络互联设备，操作在 OSI 的物理层，如图 6-15、图 6-16 所示。中继器对在线路上的信号具有放大再生的功能，用于扩展局域网网段的长度（仅用于连接相同的局域网网段）。

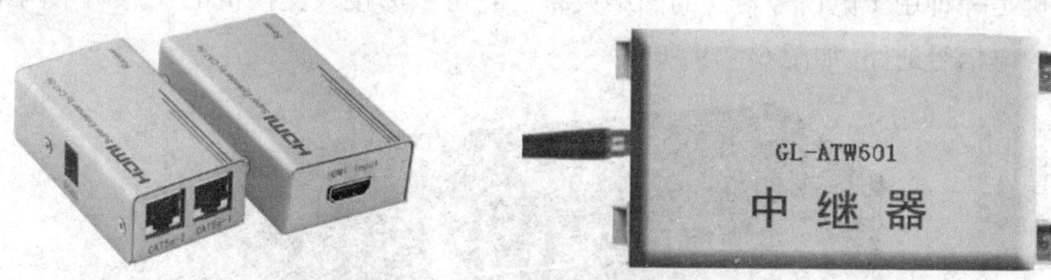

图 6-15　连接双绞线的中继器　　图 6-16　连接同轴电缆的中继器

由于传输线路噪声的影响，承载信息的数字信号或模拟信号只能传输有限的距离，中继器的功能是对接收信号进行再生和发送,从而增加信号传输的距离。它连接同一个网络的两个或多个网段。

2. 集线器(Hub)

集线器相当于一个多端口的中继器(图 6 - 17),它的主要功能也是对接收到的信号进行再生、整形、放大,以扩大网络的传输距离,同时把所有节点集中在以它为中心的节点上。

集线器工作于 OSI 参考模型第一层,即"物理层",基本上不具有类似于交换机的"智能记忆"能力和"学习"能力。它也不具备交换机所具有的 MAC 地址表,所以它发送数据时都是没有针对性的,而是采用广播方式发送。也就是说,当它要向某节点发送数据时,不是直接把数据发送到目的节点,而是把数据包发送到与集线器相连的所有节点,如图 6 - 18 所示。

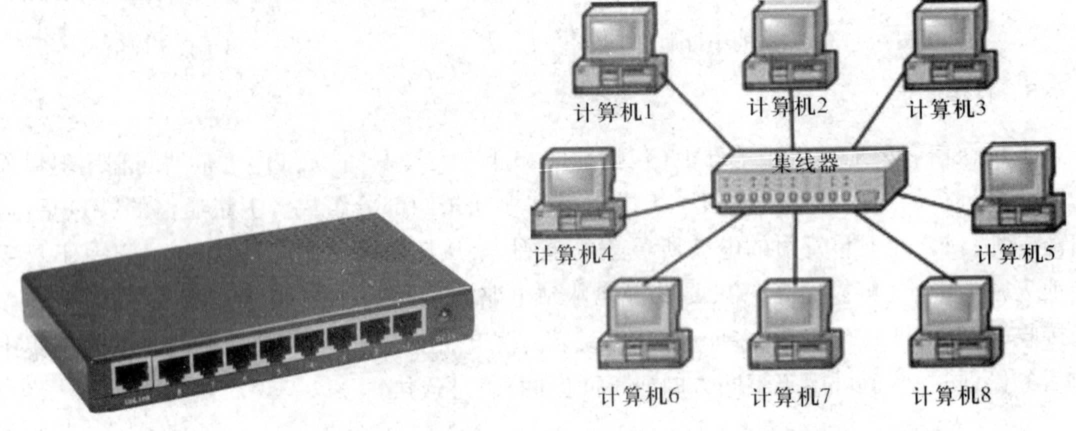

图 6 - 17　集线器　　图 6 - 18　集线器配置图

Hub 是一个多端口的转发器。当以 Hub 为中心设备时,网络中某条线路产生了故障,并不影响其他线路的工作。所以 Hub 在局域网中得到了广泛的应用。大多数的时候它用在星形与树形拓扑结构中,以 RJ-45 接口与各主机相连(也有 BNC 接口)。

3. 交换机(Switch)

交换机是一种用于电信号转发的网络设备。它可以为接入交换机的任意两个网络节点提供独享的电信号通路,如图 6 - 19 所示。

图 6 - 19　8 端口交换机

交换机工作在数据链路层，拥有一条很高带宽的背部总线和内部交换矩阵。交换机的所有的端口都挂接在这条背部总线上，控制电路收到数据包以后，处理端口会查找内存中的地址对照表以确定目的MAC（网卡的硬件地址）的NIC（网卡）挂接在哪个端口上，通过内部交换矩阵迅速将数据包传送到目的端口，目的MAC若不存在，广播到所有的端口，接收端口回应后交换机会“学习”新的MAC地址，并把它添加到内部MAC地址表中。使用交换机也可以把网络“分段”，通过对照IP地址表，交换机只允许必要的网络流量通过交换机。通过交换机的过滤和转发，可以有效地减少冲突域，但它不能划分网络层广播，即广播域。

交换机在同一时刻可进行多个端口之间的数据传输。每一端口都可视为独立的物理网段（非IP网段），连接在其上的网络设备独自享有全部的带宽，无须同其他设备竞争使用。当节点A向节点D发送数据时，节点B可同时向节点C发送数据，而且这两个传输都享有网络的全部带宽，都有着自己的虚拟连接。假使这里使用的是10 Mbps的以太网交换机，那么该交换机这时的总流通量就等于2×10 Mbps＝20 Mbps，而使用10 Mbps的共享式Hub时，一个Hub的总流通量也不会超出10 Mbps。总之，交换机是一种基于MAC地址识别，能完成封装转发数据帧功能的网络设备。交换机可以“学习”MAC地址，并把其存放在内部地址表中，通过在数据帧的始发者和目标接收者之间建立临时的交换路径，使数据帧直接由源地址到达目的地址。

4. 路由器（Router）

路由器（图6－20、图6－21）是连接因特网中各局域网、广域网的设备。它会根据信道的情况自动选择和设定路由，以最佳路径，按前后顺序发送信号。路由器是互联网络的枢纽、“交通警察”。目前，路由器已经广泛应用于各行各业，各种不同档次的产品已成为实现各种骨干网内部连接、骨干网间互联和骨干网与互联网互联互通业务的主力军。路由器和交换机之间的主要区别就是交换机工作在数据链路层，而路由器工作在网络层。这一区别决定了路由器和交换机在传送信息的过程中需使用不同的控制规则，所以两者实现各自功能的方式是不同的。

图6－20　大型路由器

图6－21　小型路由器

第三节 Internet 基础

一、Internet 的产生

1969 年,美国国防部研究计划管理局开始建立一个命名为 ARPAnet 的网络,建立这个网络的目的只是为了将美国的几个军事及研究用电脑主机连接起来,如今人们大多认为这就是 Internet 的雏形。

发展 Internet 时沿用了 ARPAnet 的技术和协议,而且在 Internet 正式形成之前,已经建立了以 ARPAnet 为主的国际网,这种网络之间的连接模式,也是随后 Internet 所用的模式。

1983 年,ARPAnet 分裂为两部分:ARPAnet 和纯军事用的 MILnet。1985 年美国国家科学基金会开始建立 NSFnet。NSF 规划建立了 15 个超级计算中心及国家教育科研网,用于支持科研和教育的全国性规模的计算机网络 NFSnet,并以此为基础,实现同其他网络的连接。NSFnet 成为 Internet 上主要用于科研和教育的主干部分,代替了 ARPAnet 的骨干地位。1989 年 MILnet 实现和 NSFnet 连接后,就开始采用 Internet 这个名称。自此以后,其他部门的计算机网相继并入 Internet,ARPAnet 宣告解散。

这种把不同网络连接在一起的技术的出现,使计算机网络的发展进入一个全新的时代,形成由网络实体相互连接而构成的超级计算机网络,这种网络形态称为 Internet(互联网络)。1990 年 6 月,NSFnet 彻底取代 ARPAnet 而成为 Internet 的主干网。NSFnet 对 Internet 的最大贡献是使 Internet 向全社会开放,而不同以前仅供计算机研究人员和政府机构使用。

1990 年 9 月,由 Merit、IBM 和 MCI 公司联合建立了一个非营利的组织——先进网络科学公司 ANS。ANS 的目的是建立一个全美范围的 T3 级主干网,它能以 45 Mbps 的速率传送数据。1991 年年底,NSFnet 的全部主干网都与 ANS 提供的 T3 级主干网相连通。1995 年,NSFnet停止运作,Internet 已彻底商业化。

二、Internet 在中国的发展

中国因特网虽然起步比较晚,但是发展十分迅速。Internet 在中国的发展,大致可分为以下三个阶段:

(1)第一阶段(1987—1994 年)。

这一阶段是电子邮件使用阶段。我国通过拨号与国外连通电子邮件,实现了与欧洲及北美地区的 E-mail 通信功能。1990 年我国开通 CHINAPAC 分组数据交换网。但这种低速率的网络,远远满足不了计算机通信及数据交换的需要。故于 1991 年 6 月中科院高能物理

研究所确定租用国际卫星信道建立了与美国 SLAC 国家实验室的 64 Kbps 专线。经过 18 个月的建设,于 1993 年 3 月 2 日正式开通了由北京高能所到美国斯坦福直线加速器中心的计算机通信专线,并且运行 DECnet 协议与各地连通。不久,高能所获得进口 Cisco 路由器权,转入运行 TCP/IP 协议连入因特网。

(2)第二阶段(1994—1995 年)。

这一阶段是教育科研网发展阶段。我国通过 TCP/IP 连接,实现了因特网的全部功能。到 1995 年初,高能所将卫星专线改为海底电缆,通过日本进入因特网。同时,由中科院及北京大学、清华大学的校园网组成的 NCFC 网(The National Computing and Networking Facility of China)以高速光缆和路由器实现与主干网的连接。于 1994 年 4 月正式开通了与国际因特网的 64 Kbps 专线连接,并设立了中国最高域名(CN)服务器。这时,我国才算真正加入了国际因特网的行列之中。继此之后,我国又建成了中国教育和科研计算机网(China Education and Research Network,CERNET),通过 128 Kbps 专线实现了与美国相连。北京化工大学也在前期开通了一条通过日本进入因特网的 64 Kbps 专线。百所联网和百校联网形成了我国学术界联网的高潮。到 1995 年 5 月,邮电部开通了中国公用因特网,即 CHINANET,作为公共商用网向公众提供因特网服务。

(3)第三阶段(1995 年至现在)。

这一阶段是商业应用的阶段。此时中国已经广泛地融入了因特网大家族。自进入商业阶段以来,因特网这一新生事物以其强大的生命力和无可匹敌的优势如一股狂风席卷中国大地。CHINANET 在北京、上海设立了两个枢纽节点与因特网相连,并在全国范围建造 CHINANET骨干网。目前,CHINANET 已在大部分重要城市开通业务。1996 年 9 月,电子部的中国金桥网(CHINAGBN)开通。各地的因特网接入商(ISP)如雨后春笋般地蓬勃兴起。据统计,到 1996 年年底,仅北京就有 30 多家 ISP 开始或准备营业,如国联、飞梭、世纪互联、讯业、东方网景等,它们的投资规模甚至超过了官方的相应机构。

三、Internet 的主要服务

目前 Internet 上提供的服务功能已达到上万种,随着 Internet 的不断发展,它所提供的服务将会进一步增加。由于 ISP 不同,Internet 向用户提供的服务种类也不完全相同,主要服务如下:

(一)WWW(World Wide Web)浏览

WWW 译为万维网,简称 3W 或 Web,它是目前 Internet 上最广泛的服务类型。WWW 是一个基于超文本(Hypertext)方式的信息检索服务工具,其服务采用客户/服务器工作模式,为用户提供一种友好的信息查询接口,即用户仅需提出查询要求,而到哪里查询及如何查询则由 WWW 自动完成。它采用超文本和多媒体技术,将不同文件通过关键字建立链接,提供一种交叉式查询方式。在一个超文本的文件中,一个关键字链接着另一个与该关键字有关的文件,该文件可以在同一台主机上,也可以在 Internet 的另一台主机上,同样该文件也可以是另一个超文本文件。

(二)电子邮件(E-mail)

电子邮件是 Internet 应用中最基本最广泛的服务之一。只要知道双方的电子邮件地址,通信双方就可利用网络的电子邮件系统收发邮件,这些电子邮件可以是文字、图像、声音等各种形式。其特点是:用户的电子邮箱不受地理位置的限制,高速、方便、经济。

(三)FTP 服务与 Telnet 服务

文件传输协议(file transfer protocol, FTP)与远程登录协议(TELecommunications NETwork, Telnet)是 Internet 上使用最广泛的基本服务,它们既是应用程序也是协议。

(1)FTP 服务。FTP 允许用户在计算机之间传送文件,并且文件的类型不限,可以是文本文件,也可以是二进制可执行文件、声音文件、图像文件、数据压缩文件等。它是一种实时的联机服务,在进行工作前必须首先登录到对方的计算机上,登录后才能进行文件的搜索和文件传送的有关操作。普通的 FTP 服务需要在登录时提供相应的用户名和口令,当用户不知道对方计算机的用户名和口令时就无法使用 FTP 服务。为此,一些信息服务机构为了方便 Internet 的用户通过网络使用它们公开发布的信息,提供了一种"匿名 FTP 服务"。

(2)Telnet 服务。Telnet 是提供远程连接服务的终端仿真协议,采用客户/服务器工作模式,使用 Telnet 时要在客户端运行一个名为 Telnet 的程序与指定的远程机建立连接。客户机和远程机一旦连接起来,用户输入的所有信息都会传输给远程机,远程机的响应信息全部在本地客户机上显示。当本地用户决定登录到远程系统上时,激活用户计算机上驻留的 Telnet 程序后,需要输入连接的远程计算机的域名或 IP 地址以及账号和口令。

(四)IP 电话

Internet 的一项增长很快的服务是 IP 电话(internet protocol phone)。IP 电话是按 IP 协议规定的网络技术开通的电话业务,中文翻译为"网络电话"或"互联网电话"。它是利用 Internet 为语音传输媒介,从而实现语音通信的一种全新的通信技术,因此这种 Internet 电话技术有时也称为 IP 语音(voice over internet protocol, VOIP)技术。IP 电话有三种方式:计算机到计算机、计算机到电话和电话到电话。

(五)即时通信(instant messenger, IM)

即时通信俗称网络寻呼机,是我国上网用户使用率最高的软件,目前有 ICQ、腾讯 QQ、MSN Messenger、雅虎通(Yahoo! Messenger)、网易泡泡(NetEase Popo)等。它们能让用户迅速地在网上找到其朋友或工作伙伴,实时交谈和互传信息,甚至有不少 IM 软件还集成了数据交换、语音聊天、网络会议、电子邮件等功能。

(六)网络音影

网络音影是指通过网络平台传播并欣赏音乐、视频等。网络音影将音乐作品、电视剧、

电影以及视频等通过互联网、移动通信网等各种有线和无线方式传播，其主要特点是形成了数字化的影音产品制作、传播和消费模式。

（七）电子商务（electronic commerce）

电子商务是指利用网络，以简单、快捷、低成本的电子通信方式，买卖双方不需谋面就可进行的各种商业和贸易活动。它以电子及电子技术为手段，以商务为核心，把原来传统的销售、购物渠道移到互联网上来，打破国家与地区有形无形的壁垒，使生产企业达到全球化、网络化、无形化、个性化、一体化。

（八）电子公告板（bulletin board system，BBS）

BBS 在国内称作网络论坛，通过计算机来传播或获得消息。BBS 主要是为用户提供一个交流意见的场所，能提供信件讨论、软件下载、在线游戏、在线聊天等多种服务，多数基于图形方式，方便用户的使用。

（九）其他

随着网络的普及，诞生了许多以网络平台谋生或抒发情感的“客”人，如闪客、博客、播客、换客、晒客等。

四、Internet 的接入方式

（一）常见的 Internet 接入方式

对于企业级用户是以局域网或广域网规模介入到 Internet，其接入方式多采用专线入网。目前各地电信部门和 ISP 为企业级用户提供了如下的入网方式：

通过分组网入网；通过帧中继入网；通过 DDN 专线入网；通过微波无线入网；通过光纤接入。

对于个人用户一般都采用调制解调器拨号上网，还可以使用 ISDN 线路、ADSL 技术、CABLE MODEM、掌上电脑以及手机上网。

（二）Internet 服务提供商（ISP）的选择

接入 Internet 的用户分为两种类型：一类作为最终用户，使用 Internet 提供的丰富的信息服务；另一类是出于商业目的而成为 Internet 服务提供商（internet server provider，ISP）。它们通过租用高速通信线路，建立必要的服务器、路由器等设备，向用户提供 Internet 连接服务，从中收取费用。

选择 ISP 通常应考虑如下因素：

（1）网络拓扑结构。在选择 ISP 时，网络拓扑结构是至关重要的一个因素，了解 ISP 的网络拓扑结构可以知道该 ISP 是否有自己的主干线路、网络负荷过重时的用户承载容量以及与其他网络的扩展连接能力、是否有多条出口线路，这样当某条线路处于瘫痪时，不致造成最终用户的连接失败。

(2)主干线传输速率。ISP 的主干线传输速率将直接影响用户的连接速度。

(3)网络技术力量。要看 ISP 是否采用先进的网络设备,如路由器、交换机、调制解调器以及其他先进的技术设备;是否拥有足够多的电话中继线路以满足众多用户同时拨入的需要。

(4)服务、价格。好的 ISP 不仅技术上具有先进性、价格上有优势,而且还应该能提供良好的连接服务。

(三)电话拨号接入

通过电话线上网是一种很普通的 ADSL 上网方式,通过电话线上网可以比较方便地接入互联网宽带,对用户家中的设施不会造成严重的破坏,是家庭用户广泛使用的一种接入方式,如图 6-22 所示。

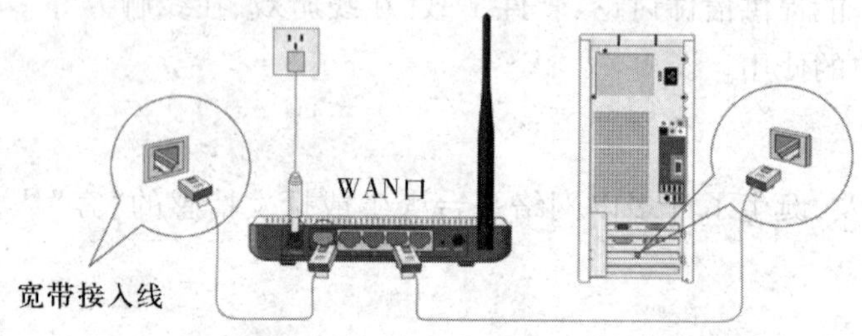

图 6-22 ADSL 拨号上网的硬件连接方式

(1)将硬件按照上图所示的方式连接,并且用户需要到当地的 ISP(如电信、移动)去申请一个上网的账号和密码。

(2)单击"开始"按钮,在打开的"开始"菜单中选择"控制面板"菜单项,打开"控制面板"窗口,如图 6-23 所示。

图 6-23 "控制面板"窗口

(3)在“控制面板”窗口中选择“网络和共享中心”图标,打开“网络和共享中心”窗口。在“网络和共享中心”窗口中选择“更改网络设置”栏中的“设置新的连接或网络”命令,如图6－24所示。

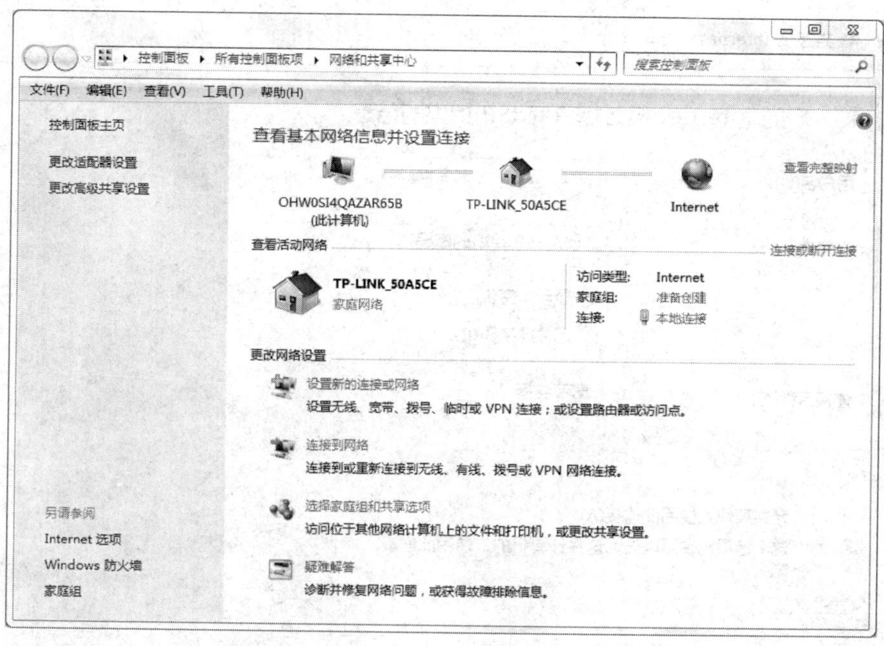

图6－24 “网络和共享中心”窗口

(4)选择“设置新的连接或网络”命令后,打开“设置连接或网络”对话框,在该对话框中选择“连接到 Internet”命令,如图6－25所示,单击“下一步”按钮。

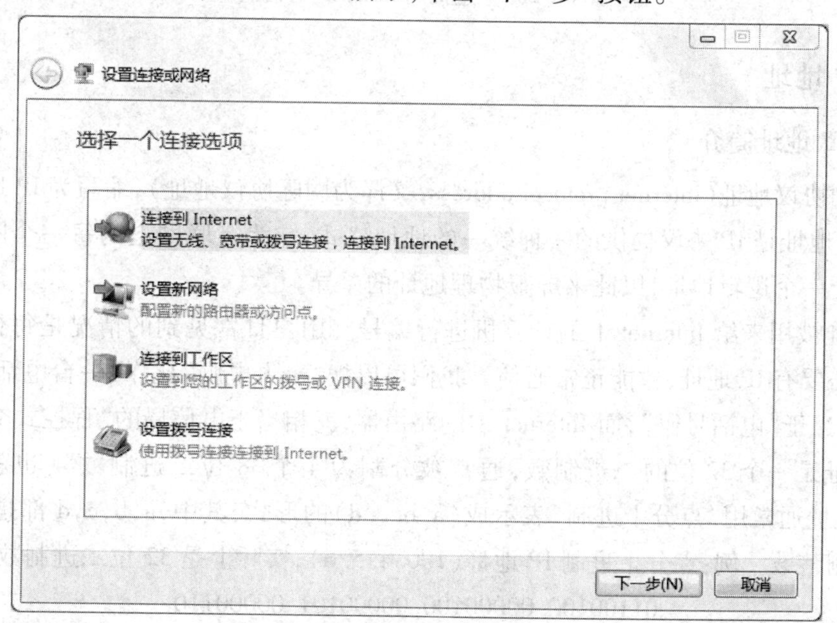

图6－25 “设置连接或网络”对话框

(5)在新的对话框中选择“宽带 PPPoE”命令,打开“连接到 Internet”对话框,如图 6-26 所示。在对话框中输入在 ISP 那里申请到的用户名和密码,然后单击“连接”按钮即可。

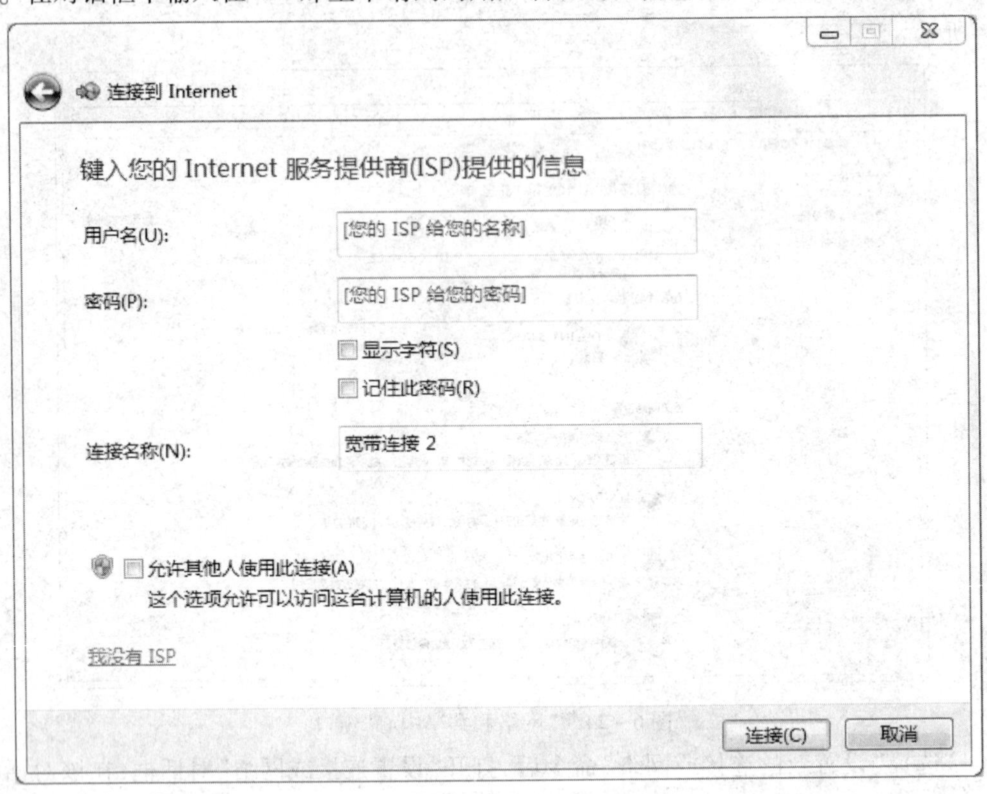

图 6-26 “连接到 Internet”对话框

五、IP 地址

(一)IP 地址简介

互联网协议地址(internet protocol address,又译为网际协议地址),缩写为 IP 地址(IP address)。IP 地址是 IP 协议提供的一种统一的地址格式,它为互联网上的每一个网络和每一台主机分配一个逻辑地址,以此来屏蔽物理地址的差异。

IP 地址被用来给 Internet 上的计算机进行编号。用户日常见到的情况是每台联网的计算机上都需要有 IP 地址,才能正常通信。我们可以把“个人电脑”比作“一台电话”,那么“IP 地址”就相当于“电话号码”,而 Internet 中的路由器,就相当于电信局的“程控式交换机”。

IP 地址是一个 32 位的二进制数,通常被分割为 4 个“8 位二进制数”(也就是 4 个字节)。IP 地址通常用“点分十进制”表示成(a. b. c. d)的形式,其中,a,b,c,d 都是 0~255 之间的十进制整数。例:点分十进制 IP 地址(100. 4. 5. 6),实际上是 32 位二进制数:

01100100. 00000100. 00000101. 00000110

（二）IP 地址的分类

最初设计互联网络时，为了便于寻址以及层次化构造网络，每个 IP 地址包括两个标识码（ID），即网络 ID 和主机 ID。同一个物理网络上的所有主机都使用同一个网络 ID，网络上的一个主机（包括网络上工作站、服务器和路由器等）有一个主机 ID 与其对应。Internet 委员会定义了 5 种 IP 地址类型以适合不同容量的网络，即 A 类 ~ E 类。其中 A，B，C 三类（如表 6 – 3 所示）由 Internet NIC 在全球范围内统一分配，D，E 类为特殊地址。

表 6 – 3　各类 IP 地址对应表

类别	网络数	IP 地址范围	主机数	私有 IP 地址范围
A	126	0. 0. 0. 0 ~ 127. 255. 255. 255	16777214	10. 0. 0. 0 ~ 10. 255. 255. 255
B	16384	128. 0. 0. 0 ~ 191. 255. 255. 255	65534	172. 16. 0. 0 ~ 172. 31. 255. 255
C	2097152	192. 0. 0. 0 ~ 223. 255. 255. 255	254	192. 168. 0. 0 ~ 192. 168. 255. 255

1. A 类 IP 地址

一个 A 类 IP 地址是指，在 IP 地址的四段号码中，第一段号码为网络号码，剩下的三段号码为本地计算机的号码。如果用二进制表示 IP 地址的话，A 类 IP 地址就由 1 字节的网络地址和 3 字节的主机地址组成，网络地址的最高位必须是“0”。A 类 IP 地址中网络的标识长度为 8 位，主机标识的长度为 24 位，A 类网络地址数量较少，可以用于主机数达 1600 多万台的大型网络。

A 类 IP 地址的地址范围：0. 0. 0. 0 ~ 127. 255. 255. 255（二进制表示为 00000001 00000000 00000000 00000000 ~ 01111110 11111111 11111111 11111111）。最后一个是广播地址。

A 类 IP 地址的子网掩码为 255. 0. 0. 0，每个网络支持的最大主机数为 $256^3 - 2 =$ 16777214 台。

2. B 类 IP 地址

一个 B 类 IP 地址是指，在 IP 地址的四段号码中，前两段号码为网络号码。如果用二进制表示 IP 地址的话，B 类 IP 地址就由 2 字节的网络地址和 2 字节的主机地址组成，网络地址的最高位必须是“10”。B 类 IP 地址中网络的标识长度为 16 位，主机标识的长度为 16 位，B 类网络地址适用于中等规模的网络，每个网络所能容纳的计算机数为 6 万多台。

B 类 IP 地址的地址范围：128. 0. 0. 0 ~ 191. 255. 255. 255（二进制表示为 10000000 00000000 00000000 00000000 ~ 10111111 11111111 11111111 11111111）。最后一个是广播地址。B 类 IP 地址的子网掩码为 255. 255. 0. 0，每个网络支持的最大主机数为 $256^2 - 2 =$ 65534 台。

3. C 类 IP 地址

一个 C 类 IP 地址是指，在 IP 地址的四段号码中，前三段号码为网络号码，剩下的一段号码为本地计算机的号码。如果用二进制表示 IP 地址的话,C 类 IP 地址就由 3 字节的网络地址和 1 字节的主机地址组成,网络地址的最高位必须是“110”。C 类 IP 地址中网络的标识长度为 24 位,主机标识的长度为 8 位,C 类网络地址数量较多,适用于小规模的局域网络,每个网络最多只能包含 254 台计算机。

C 类 IP 地址的地址范围:192.0.0.0 ~ 223.255.255.255(二进制表示为 11000000 00000000 00000000 00000000 ~ 11011111 11111111 11111111 11111111)。C 类 IP 地址的子网掩码为 255.255.255.0,每个网络支持的最大主机数为 256 - 2 = 254 台。

4. D 类 IP 地址

D 类 IP 地址在历史上被叫作多播地址(multicast address),即组播地址。在以太网中,多播地址命名了一组应该在这个网络中应用接收到一个分组的站点。多播地址的最高位必须是“1110”,范围为 224.0.0.0 ~ 239.255.255.255。

5. 特殊的网址

(1)每一个字节都为 0 的地址(“0.0.0.0”)对应于当前主机。

(2)IP 地址中的每一个字节都为 1 的 IP 地址(“255.255.255.255”)是当前子网的广播地址。

(3)IP 地址中凡是以“11110”开头的 E 类 IP 地址都保留用于实验或将来使用。

(4)IP 地址中不能以十进制“127”作为开头,该类地址中数字 127.0.0.1 到 127.255.255.255 用于回路测试,如 127.0.0.1 可以代表本机 IP 地址,用“http://127.0.0.1”就可以测试本机中配置的 Web 服务器。

(5)网络 ID 的第一个 8 位组也不能全置为“0”,全“0”表示本地网络。

(三)IPv4 和 IPv6

现有的互联网是在 IPv4 协议的基础上运行的。IPv6 是下一版本的互联网协议,也可以说是下一代互联网的协议,它的提出最初是因为随着互联网的迅速发展,IPv4 定义的有限地址空间将被耗尽,而地址空间的不足必将妨碍互联网的进一步发展。为了扩大地址空间,拟通过 IPv6 以重新定义地址空间。IPv4 采用 32 位地址长度,只有大约 43 亿个地址,而 IPv6 采用 128 位地址长度,几乎可以不受限制地提供地址。按保守方法估算,IPv6 实际可分配的地址,整个地球的每平方米面积上仍可分配 1 000 多个地址。在 IPv6 的设计过程中除解决了地址短缺问题以外,还考虑了在 IPv4 中解决不了的其他一些问题,主要有端到端 IP 连接、服务质量、安全性、多播、移动性、即插即用等。

(四)查看计算机的 IP 地址

查看计算机 IP 地址的方法如下:

(1)单击屏幕左下角的“开始”按钮会弹出“开始”菜单,在“开始”菜单中选择“所有程序”,然后在“所有程序”中找到“附件”菜单项,单击“附件”中的“命令提示符”命令,如图

6－27所示，打开“命令提示符”窗口，如图6－28所示。

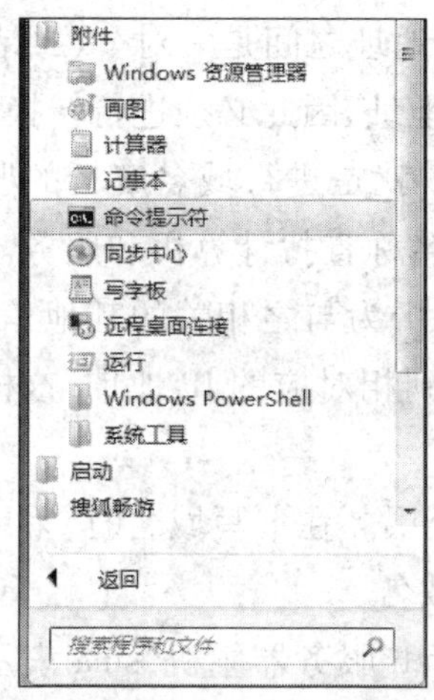

图6－27 “命令提示符”命令

图6－28 “命令提示符”窗口

（2）在“命令提示符”窗口中输入“ipconfig”命令，然后按“Enter”键，结果如图6－29所示。用户可以看到，“命令提示符”窗口中显示了本机的IP地址。

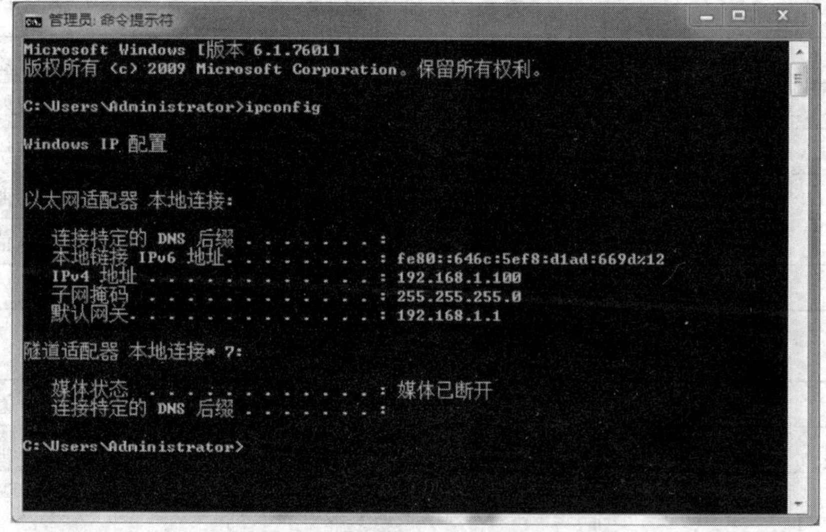

图6－29 “ipconfig”命令执行后的结果

六、域名系统

在Internet中，IP地址的表示虽然简单，但是在用户与Internet上的多个主机进行通信时，单纯数字表示的IP地址非常难以记忆，于是就产生了IP地址的转换方案——域名系统（domain name system，DNS）。

域名系统是由解析器和域名服务器组成的。域名服务器是指保存有该网络中所有主机的域名和对应IP地址，并具有将域名转换为IP地址功能的服务器。其中域名必须对应一个IP地址，而IP地址不一定有域名。域名系统采用类似目录树的等级结构。域名服务器为客户机/服务器模式中的服务器方,它主要有两种形式:主服务器和转发服务器。将域名映射为 IP 地址的过程就称为“域名解析”。在 Internet 上,域名与 IP 地址之间是一对一(或者多对一)的,域名虽然便于人们记忆,但机器之间只能互相认识 IP 地址,因此必须进行转换(域名解析)。域名解析需要由专门的域名解析服务器来完成,DNS 就是进行域名解析的服务器。DNS 命名用于 Internet 等 TCP/IP 网络中,通过用户友好的名称查找计算机和服务。当用户在应用程序中输入 DNS 名称时,DNS 服务可以将此名称解析为与之相关的其他信息,如 IP 地址。用户在上网时输入的网址,是通过域名解析系统找到相对应的 IP 地址,这样才能上网。其实,域名的最终指向是 IP。

域名系统采用树形层次结构,按地理区域或机构区域进行分层。在书写域名时,采用圆点“.”将各层隔开,其格式为:……三级域名.二级域名.顶级域名。

例如,www. sina. com. cn 是新浪网的域名,其中 www 表示 Web 服务器主机,sina 表示新浪公司名,com 表示商业域名,cn 为中国国家域名。

顶级域名有两大类:机构性域名和地理性域名。目前有 14 种机构性域名,参见表6-4。地理性域名指明了该域名代表的国家或地区,表 6-5 列出了部分地理性域名。

表 6-4 机构性域名

域名	意义	域名	意义	域名	意义
com	营利性商业实体	edu	教育机构	gov	政府机构
int	国际性机构	mil	军事机构	net	网络机构
org	非营利性组织	firm	商业公司	store	商场
arts	文化娱乐	ar	消遣性娱乐	info	信息
nom	个人	web	www 有关的实体		

表 6-5 部分地理性域名

域名	意义	域名	意义	域名	意义
cn	中国	au	澳大利亚	nl	荷兰
us	美国	br	巴西	gb	英国
jp	日本	de	德国	ca	加拿大
fr	法国				

在 Internet 中,每个域都有各自的域名服务器,由它们负责注册该域内的所有主机,即建立本域内主机与 IP 地址的对应表。当该服务器收到其他计算机发来的域名解析请求时,将域名解释为对应的 IP 地址;对于不属于本域管辖的域名,则转发给上级域名解析服务器处理;对于未知的域名,则回复其他计算机没有找到相应域名的消息。

附录 Windows 10 操作系统概述

Windows 10 是微软公司研发的新一代跨平台及设备应用的操作系统。它是微软发布的最后一个独立 Windows 版本,下一代 Windows 将以更新形式出现。目前,Windows 10 发布了 7 个发行版本,分别面向不同用户和设备。

版本	介绍
家庭版 Windows 10 Home	面向使用 PC、平板电脑和二合一设备的消费者。它将拥有 Windows 10 的主要功能:Cortana 语音助手(选定市场)、Edge 浏览器、面向触控屏设备的 Continuum 平板电脑模式、Windows Hello(脸部识别、虹膜、指纹登录)、串流 Xbox One 游戏的能力、微软开发的通用 Windows 应用(Photos, Maps, Mail, Calendar, Music 和 Video)
专业版 Windows 10 Professional	面向使用 PC、平板电脑和二合一设备的企业用户。除具有 Windows 10 家庭版的功能外,它还使用户能管理设备和应用,保护敏感的企业数据,支持远程和移动办公,使用云计算技术。另外,它还带有 Windows Update for Business,微软承诺该功能可以降低管理成本,控制更新部署,让用户更快地获得安全补丁软件
企业版 Windows 10 Enterprise	以专业版为基础,增添了大中型企业用来防范针对设备、身份、应用和敏感企业信息的现代安全威胁的先进功能,供微软的批量许可(volume licensing)客户使用,用户能选择部署新技术的节奏,其中包括使用 Windows Update for Business 的选项。作为部署选项,Windows 10 企业版将提供长期服务分支(long term servicing branch)
教育版 Windows 10 Education	以 Windows 10 企业版为基础,面向学校职员、管理人员、教师和学生。它将通过面向教育机构的批量许可计划提供给客户,学校将能够升级 Windows 10 家庭版和 Windows 10 专业版设备
移动版 Windows 10 Mobile	面向尺寸较小、配置触控屏的移动设备,例如智能手机和小尺寸平板电脑,集成有与 Windows 10 家庭版相同的通用 Windows 应用和针对触控操作优化的 Office。部分新设备可以使用 Continuum 功能,因此连接外置大尺寸显示屏时,用户可以把智能手机用作 PC

续表

版本	介绍
企业移动版 Windows 10 Mobile Enterprise	以 Windows 10 移动版为基础,面向企业用户。它将提供给批量许可客户使用,增添了企业管理更新,以及及时获得更新和安全补丁软件的方式
物联网版 Windows 10 IoT Core	一个定位于小型、低成本设备的特制版本,主要面向工业设备、移动设备、小型设备

电脑端 Windows 10 操作系统的主要系统特性如下:

(1)开始菜单。

开始菜单的旁边新增加了一个 Modern 风格的区域,改进的传统风格与新的现代风格被结合在一起。

(2)虚拟桌面。

Windows10 新增了 Multiple Desktops 功能。该功能可让用户在同个操作系统下使用多个桌面环境,即用户可以根据自己的需要,在不同桌面环境间进行切换。微软还在"Task-view"模式中增加了应用排列建议选择——不同的窗口会以某种推荐的排版显示在桌面环境中,点击右侧的加号即可添加一个新的虚拟桌面。

(3)应用商店。

来自 Windows 应用商店中的应用可以和桌面程序一样以窗口化方式运行,可以随意拖动位置,拉伸大小,也可以通过顶栏按钮实现最小化、最大化和关闭应用的操作。当然,也可以像 Windows 8 / Windows 8.1 那样全屏运行。

(4)分屏多窗口。

用户可以在屏幕中同时摆放四个窗口,Windows10 还会在单独窗口内显示正在运行的其他应用程序。同时,Windows 10 还会智能给出分屏建议。微软在 Windows 10 侧边新加入了一个"Snap Assist"按钮,通过它可以将多个不同桌面的应用展示在此,并和其他应用自由组合成多任务模式。

(5)任务管理。

任务栏中出现了一个全新的按键"查看任务(Task View)"。桌面模式下可以运行多个应用和对话框,并且可以在不同桌面间自由切换。能将所有已开启窗口缩放并排列,以方便用户迅速找到目标任务。通过点击该按钮可以迅速地预览多个桌面中打开的所有应用,点击其中一个可以快速跳转到该页面。传统应用和桌面化的 Modern 应用在多任务中可以更紧密地结合在一起。

(6)系统用户。

命令提示符(Command Prompt)中增加了对粘贴键(Ctrl + V)的支持——用户终于可以直接在指令输入窗口下快速粘贴文件夹路径了。

(7)通知中心。

在 Windows Technical Preview Build 9860 版本之后,增加了行动中心(通知中心)功能,可以显示信息、更新内容、电子邮件和日历等消息,还可以收集来自 Windows 8 应用的信息,但用户尚不能对收到的信息进行回应。9941 版本后通知中心还有了"快速操作"功能,提供快速进入设置或开关设置。

(8)升级方式。

在 Windows Technical Preview Build 9860 版本之后,微软允许用户自选收到最新测试版本的频率,可选择快、慢两种设定,用户设定前者可以较快地收到测试版本,但可能存在漏洞;后者频率较低,但稳定性相对较高。

(9)设备平台。

Windows 10 恢复了原有的开始菜单,并将 Windows 8 和 Windows 8.1 系统中的"开始屏幕"集成至菜单当中。Modern 应用(或叫 Windows 应用商店应用/Windows Store 应用)则允许在桌面以窗口化模式运行。

Windows 10 将为所有硬件提供一个统一的平台,支持广泛的设备类型,从互联网设备到全球企业数据中心服务器。其中一些设备屏幕只有 4 英寸,有些屏幕则有 80 英寸,有的甚至没有屏幕。有些设备是手持类型,有的则需要远程操控。这些设备的操作方法各不相同,手触控、笔触控、鼠标键盘,以及动作控制器,微软都将全部支持。这些设备将会拥有类似的功能,微软正在从小功能到云端整体构建这一统一平台,跨平台共享的通用技术也在开发中。

Windows 10 覆盖所有尺寸和品类的 Windows 设备,所有设备将共享一个应用商店。因为启用了 Windows Run Time,用户可以跨平台地在 Windows 设备(手机、平板电脑、个人电脑以及 Xbox)上运行同一个应用。

(10)Microsoft Edge 浏览器。

Microsoft Edge 浏览器,已在 Windows10 Techicnal Preview Build 10049 及以后版本开放使用,项目代号为 Spartan(斯巴达)。HTML 5 测试分数高于 IE11.0。同时,Windows 10 中 Internet Explorer 将与 Edge 浏览器共存,前者使用传统排版引擎,以提供旧版本兼容支持;后者采用全新排版引擎。在 Build2015 大会上,微软提出把这个全新的代号为斯巴达的浏览器正式取名为 Microsoft Edge。这意味着,在 Windows 10 中,IE 和 Edge 会是两个不同的独立浏览器,功能和目的也有着明确的区分。

(11)Cortana For Windows10。

Windows 10 中的 Cortana 从 Build 9926 正式启用,位于底部任务栏开始按钮右侧,支持使用语音唤醒。可以支持要求小娜为你打开相应的文件,也可以在搜索本地文件,或者直接展示在某段时间内所拍摄的照片。也可以底部搜索栏中输入例如 Skype,它还会直接把你带到应用商店中。

(12)智能家庭控制。

智能家庭控制是 Windows 10 系统中最重要且最激动人心的新元素。Windows 10 整合了一项名为 AllJoyn 的新技术。这种新技术是一种开源框架,作用是鼓励 Windows 设备增强协作性。

AllJoyn 技术是由 AllSeen Alliance 组织开发出来的,该组织由伊莱克斯、霍尼韦尔、LG 和高通等在内的 150 家公司组成,目的是为物联网设备的彼此互通建立一个开放性的标准。即不管你购买的是何种智能家庭产品,不管它是由哪家厂商生产的或用何种方式与网络连接,一旦它们被接入网络,就能被网络识别出来,并且跟网络上的其他 AllJoyn 设备联网。

(13)“微软 Wi - Fi”。

“微软 Wi - Fi”工具将会对当前用户电脑识别出的 Wi - Fi 网络进行鉴别,如果某个付费热点支持快速购买,用户可通过微软官方的“Windows 商店”,购买付费接入的 Wi - Fi 热点。在购买 Wi - Fi 热点的支付工具上,微软提供了信用卡、借记卡、微软礼品卡、PayPal 支付工具以及移动运营商话费账单扣费等模式。由于采用 Windows 10 内部的支付框架工具,因此用户的账户信息将得到保护。

另外,如果用户已经是“Windows 商店”的注册用户,那么购买 Wi - Fi 付费接入服务的过程更为简单,无须输入更多的个人信用卡信息。

(14)上帝模式。

从 Windows Vista 开始,微软就在系统中加入了一个“上帝模式”,通过该模式用户能快速对系统进行设置,无须在菜单中一个个找选项。

第一步:我们要在桌面上新建一个文件夹。

第二步:我们要对刚才的文件夹重命名,将“GodMode.{ED7BA470 - 8E54 - 465E - 825C - 99712043E01C}”(不含引号)复制过去,保存即可。

第三步:这时你会惊奇地发现一个命名“Godmode”的按钮出现了,其图标跟控制面板差不多。打开之后,你就能快速设置一些内容,无须在系统选项中一个个寻找。

(15)其他功能。

命令提示符:CMD 程序可以直接使用“Ctrl + V”来实现粘贴。

微软针对账户安全问题添加了 Windows Hello 生物特征授权方式,需要有专业的指纹识别器或虹膜摄像头,用户只需动动手指,露个脸即可登录到 Windows,相对于传统的密码登录,这种登录方法既便捷又安全。